全国专业技术人员
计算机应用能力考试
系列教材

PowerPoint 2003 中文演示文稿

新大纲专用

全国专业技术人员计算机应用能力考试命题研究组 编著

机械工业出版社
CHINA MACHINE PRESS

本书严格遵循国家人力资源和社会保障部考试中心最新版《全国专业技术人员计算机应用能力考试〈PowerPoint 2003 中文演示文稿〉考试大纲》，汇集了编者多年来研究命题特点和解题规律的宝贵经验。全书共8章，包括PowerPoint 2003的基本操作、编辑幻灯片、设计幻灯片、丰富幻灯片内容、制作个性化幻灯片、设置演示文稿的动画效果、演示文稿的放映和打包及PowerPoint 2003的协同工作。在各章最后提供了与光盘配套的上机练习题，供考生上机测试练习。

本书双色印刷，阅读体验好，易读易学，并提供免费的网上和电话专业客服。随书光盘模拟全真考试环境，收入450道精编习题和10套模拟试卷，全部题目均配有操作提示和答案视频演示，并可免费在线升级题库。

本书适用于参加全国专业技术人员计算机应用能力考试“PowerPoint 2003 中文演示文稿”科目的考生，也可作为计算机初学者的自学用书和各类院校、培训班的教材使用。

图书在版编目（CIP）数据

PowerPoint 2003 中文演示文稿：新大纲专用/全国专业技术人员计算机应用能力考试命题研究组编著.—北京：机械工业出版社，2012.1
全国专业技术人员计算机应用能力考试系列教材
ISBN 978-7-111-36181-7

Ⅰ.①P… Ⅱ.①全… Ⅲ.①图形软件，PowerPoint 2003-资格考试-自学参考资料 Ⅳ.①TP391.41

中国版本图书馆CIP数据核字（2011）第213848号

机械工业出版社（北京市百万庄大街22号 邮政编码 100037）
责任编辑：孙 业
责任印制：杨 曦

北京双青印刷厂印刷
2012年1月第1版·第1次印刷
184mm×260mm·12.5印张·307千字
0 001—4 000册
标准书号：ISBN 978-7-111-36181-7
ISBN 978-7-89433-208-0（光盘）
定价：40.00元（含1CD）

凡购本书，如有缺页、倒页、脱页，由本社发行部调换
电话服务
社服务中心：（010）88361066
销售一部：（010）68326294
销售二部：（010）88379649
读者购书热线：（010）88379203
网络服务
门户网：http://www.cmpbook.com
教材网：http://www.cmpedu.com

前　言

全国专业技术人员计算机应用能力考试是由国家人力资源和社会保障部在全国范围内面向非计算机专业人员推行的一项考试，考试全部采用实际上机操作的考核形式。考试成绩将作为评聘专业技术职务的条件之一。

由于非计算机专业的考生很难掌握考试重点、难点，加之缺乏上机考试的经验，使学习和应试的压力很大，为了帮助广大考生提高应试能力，顺利通过考试，我们精心编写了本教材。全书内容紧扣最新考试大纲，重点突出，是考生自学的理想用书。

1. 紧扣最新考试大纲

本教材紧扣全国专业技术人员计算机应用能力考试2010年最新考试大纲进行编写，在全面覆盖考试大纲知识点的基础上突出重点、难点，帮助考生用最短的复习时间通过考试。

2. 配套上机练习题库

每章都配备上机练习题库，手把手教学，耐心细致地教考生进行上机操作，并提供题库免费升级服务，帮助考生在不知不觉中学会解题，顺利通过考试。

3. 考点讲解清晰准确

本教材详细介绍了最新考试大纲中每个考点的操作方法和操作步骤，叙述准确，通俗易懂。

4. 上机模拟考试

光盘中提供了10套上机模拟试题，模拟真实考试系统，帮助考生提前熟悉考试环境，做到胸有成竹，临场不乱。

参加本书编写的人员有吕岩、张翰峰、李浩岩、王娜、张成、王超、杨梅、尹玲、张晓玲、李文华、王磊、吕超、荆凯、张影、张瑜。

由于时间和水平有限，书中难免有疏漏和不足之处，敬请广大读者和专家批评指正。

最后祝愿广大考生通过考试并取得好成绩！

全国专业技术人员计算机应用能力考试命题研究组

光盘的安装、注册及使用方法

本软件只能注册在一台计算机上，一旦注册将不能更换计算机（包括不能更换该计算机的任何硬件），注册前请仔细确认，并严格按照本说明进行操作。

一、光盘的安装和注册

（1）在安装软件之前，用户需要调整计算机屏幕分辨率为1024×768像素。值得注意的是索尼笔记本用户不能使用本软件。

（2）将光盘放入光驱内，打开【我的电脑】，双击光驱所在盘符可打开光盘，双击文件名为“软件安装－天宇考王”的红色图标，会自动弹出图1所示的界面。

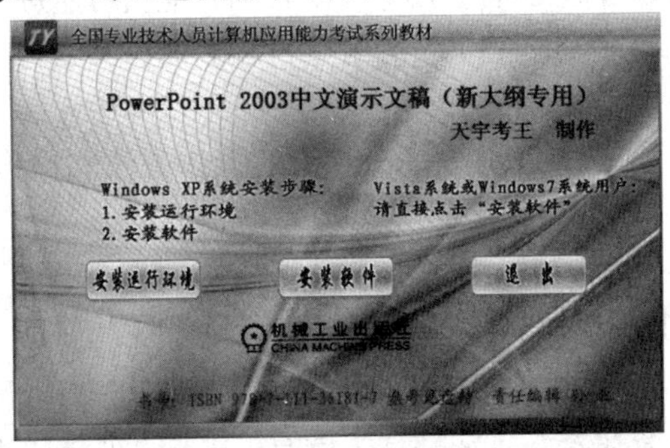

图1　主界面

（3）如果是Windows XP系统的用户在开始安装软件前，要先单击【安装运行环境】按钮，再单击【安装软件】按钮；如果是Windows Vista或Windows 7系统的用户，可直接单击【安装软件】按钮，光盘会自动开始运行，打开【安装向导——PowerPoint 2003中文演示文稿】对话框，如图2所示。

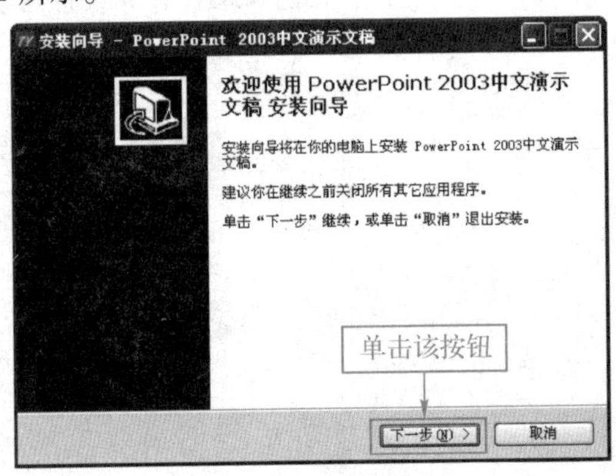

图2　欢迎界面

（4）根据提示连续单击【下一步】按钮直至安装结束，如图 3 所示。单击【完成】按钮，进入图 4 所示的提示界面。

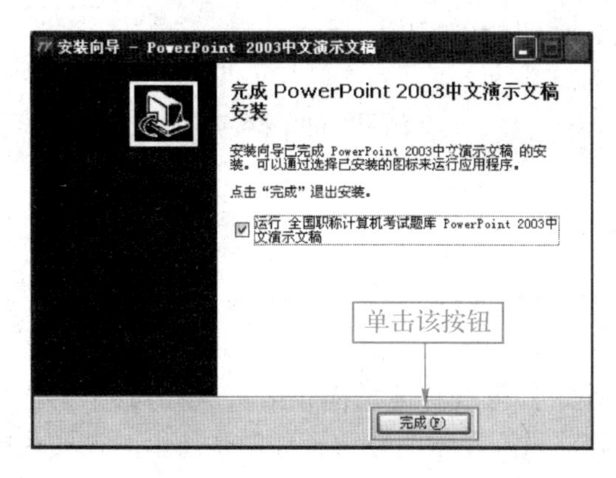

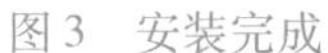
图 3　安装完成

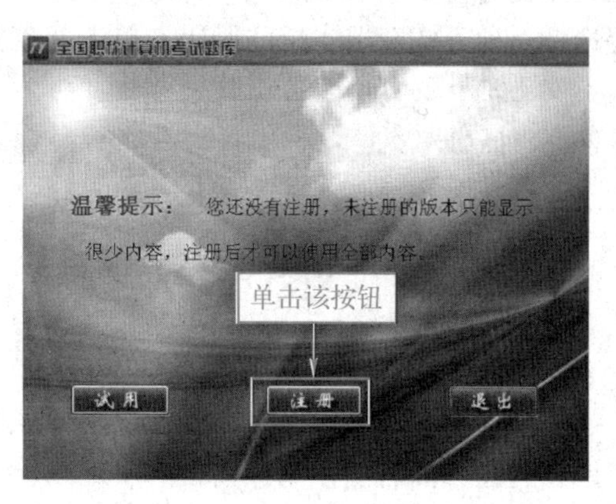

图 4　选择需要的操作

（5）单击【注册】按钮打开【注册协议】界面，读者应仔细阅读《用户注册协议》，稍等几秒后会显示【接受】按钮，如图 5 所示。单击该按钮打开【注册】界面，如图 6 所示。

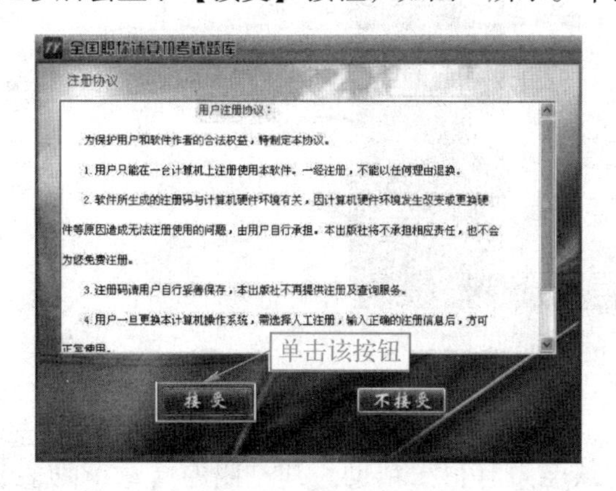

图 5　【注册协议】界面

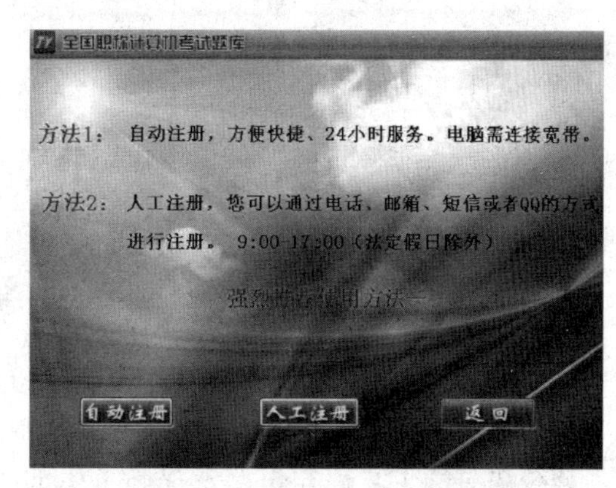

图 6　【注册】界面

（6）已联网的用户单击【自动注册】按钮，进入图 7 所示的界面，未联网的用户单击【人工注册】按钮进入图 8 所示的界面。

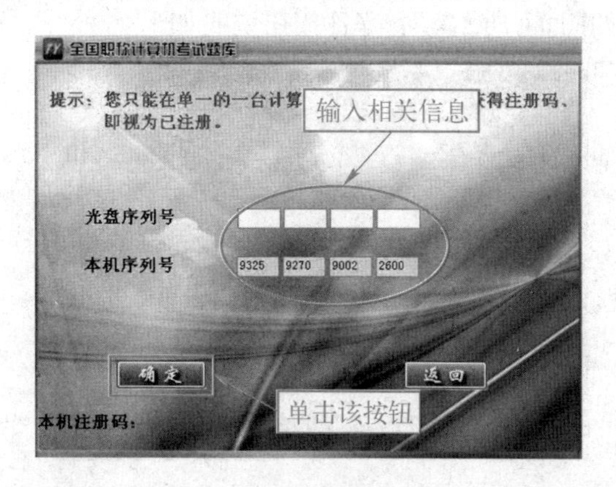

图 7　【自动注册】界面

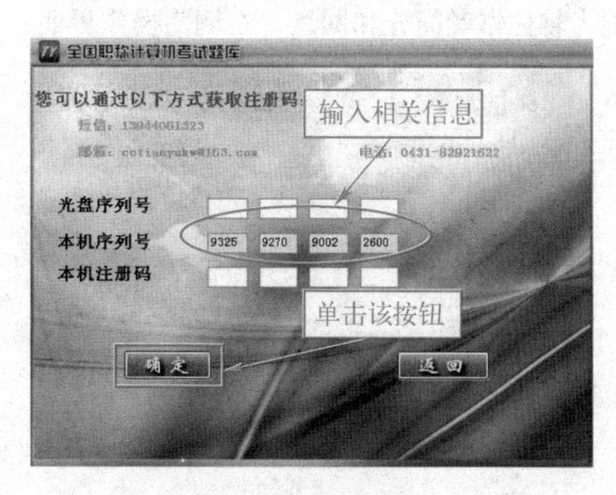

图 8　【人工注册】界面

（7）自动注册的用户在相应的界面输入相关信息，光盘序列号见盘袋正面的不干胶标签，单击【确定】按钮即可完成软件注册；人工注册的用户根据图 8 所示界面中提示的内容选择一种方式获取本机注册码，单击【确定】按钮即可完成注册。

成功注册后，系统会在桌面上自动生成名为“注册信息”的文本文件，内含光盘序列号和本机注册码，请读者妥善保存，以备重新注册本软件时使用（重新注册本软件只能选择“人工注册”方式）。

二、光盘的使用方法

1.【课程计划】模块

该模块位于光盘界面左上方，单击【课程计划】可查看【课程介绍】，单击其中的任一节课，可在界面右侧预览课程目的、难度、内容、重点及学习建议，如图 9 所示。该模块能够帮助考生更好地学习和复习。

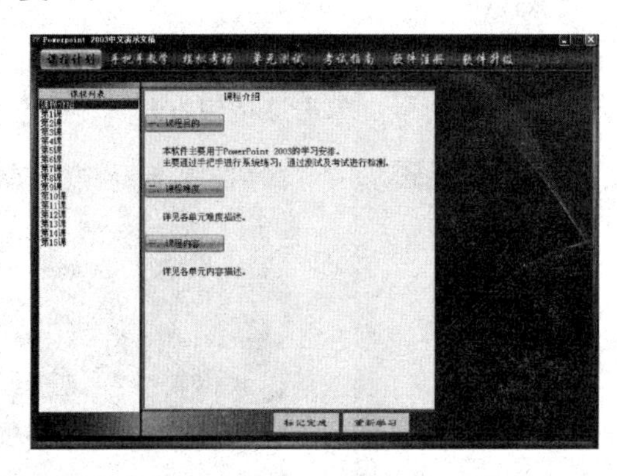

图 9 【课程计划】模块

2.【手把手教学】模块

该模块对考生掌握知识点及提高考生的应试能力有很大帮助。其左侧的【章节列表】显示出各章节的题目及考点综合，单击章节任一题目，在其右下方可显示各章题目、题数；【章节列表】右侧显示各章知识点的类型题，单击任一类型题，在其下方将显示各章题目号及题目要求；单击下方【开始练习】按钮切换到所选题目界面，如图 10 所示。在该界面左侧为软件作者简介和网址，右侧为操作界面，如图 11 所示。下方各按钮说明如下。

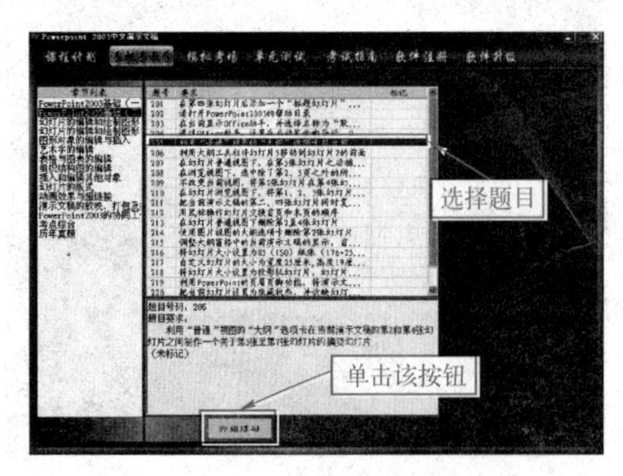

图 10 【手把手教学】界面

图 11 操作界面

- 【答案提示】：提示帮助信息，提示考生下一步操作。
- 【答案演示】：自动演示答案操作过程，单击其中【停止播放】按钮可停止自动演示。
- 【标记】：可以设置对已练习的题目进行标注。
- 【上一题】或【下一题】：切换要练习的题目。
- 【重做】：重新操作本题。
- 【选题】：切换至题目列表界面，选择需要练习的题目。
- 【返回】：返回至章节列表进行其他章节或模块的操作。

3.【模拟考场】模块

该模块模仿真实考场环境，单击【模拟考场】显示说明界面，如图 12 所示。在该界面左侧显示了【固定考试】和【随机考试】；右侧显示了【考场说明】及【操作提示】，单击其下方的【开始考试】按钮即可进入登录界面，如图 13 所示。输入座位号和身份证号，单击【登录】按钮稍等片刻便可进入模拟考场，如图 14 所示。

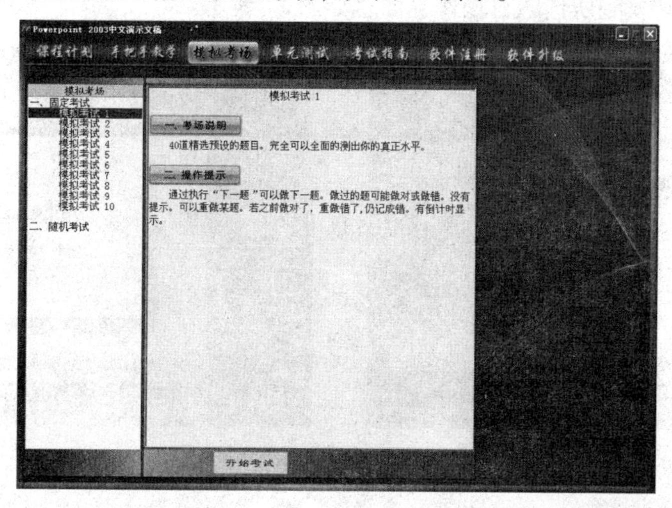

图 12 【模拟考场】界面

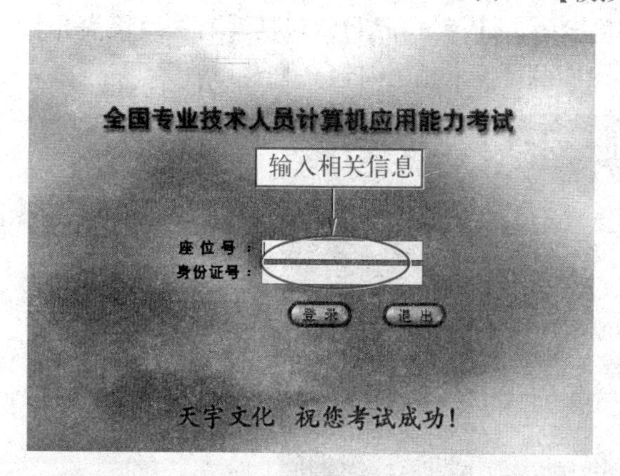

图 13 填写登录信息

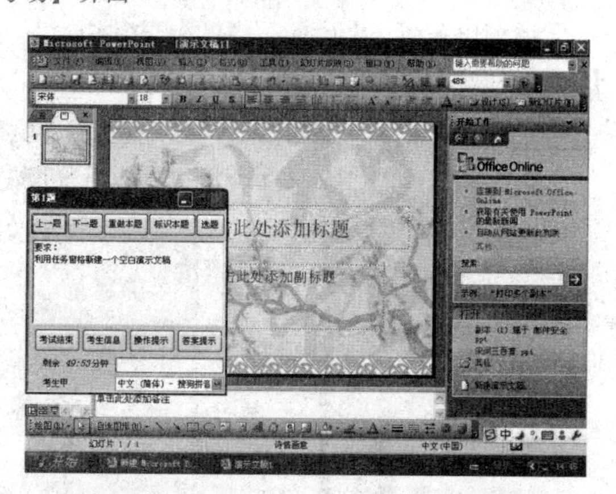

图 14 考试界面

在该界面的对话框中显示了一些操作信息，考生可根据实际情况选择需要的操作，完成考题后单击【考试结束】按钮，系统会自动显示出考生的答题情况，帮助考生了解自己的考试水平，如图 15 所示。

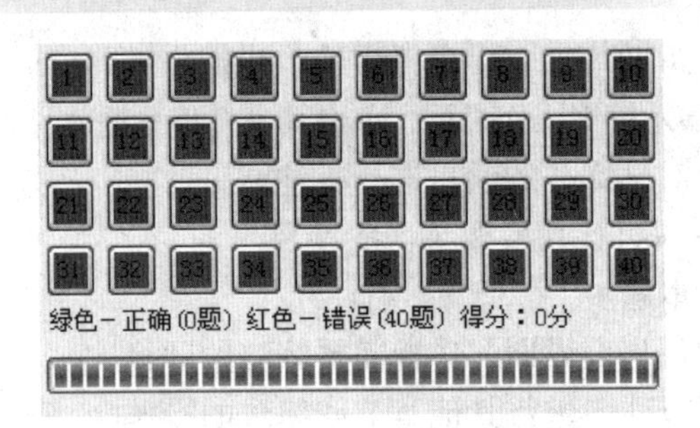

图 15　考试结果显示

4.【单元测试】模块

该模块左侧【单元列表】显示出各单元的题目及考点综合，右侧显示各单元知识点的类型题，单击任一类型题，在其下方显示题目号及题目要求，如图 16 所示。单击下方的【开始测试】按钮切换到所选题目操作界面，如图 17 所示。

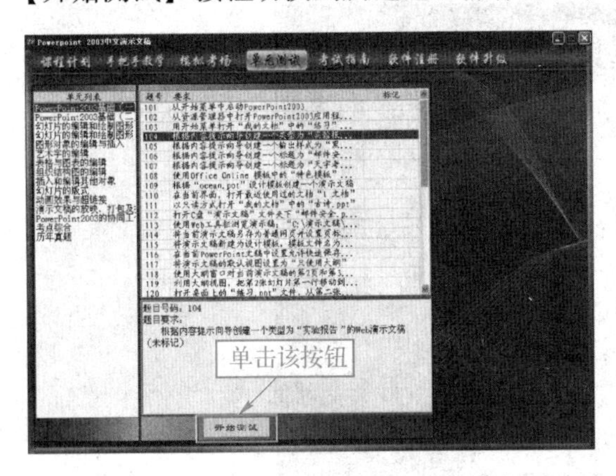

图 16　【单元测试】界面

图 17　【单元测试】操作界面

5.【考试指南】模块

该模块介绍了考生应了解的考试常识，其左侧显示了【考试介绍】，包括【有关政策简介】、【考试指南】及【答题技巧】，单击任一选项在界面右侧可显示相关内容，如图 18 所示。

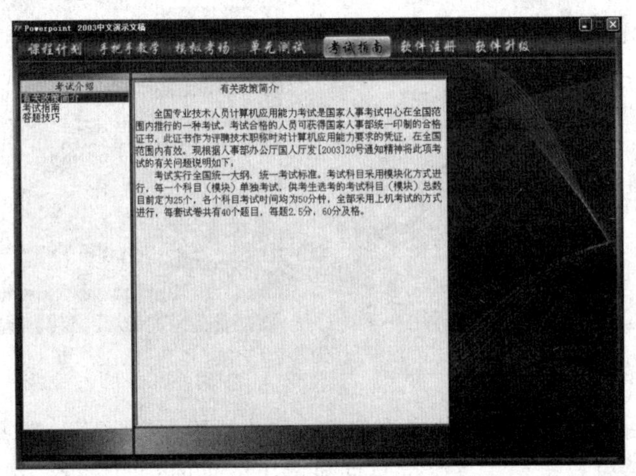

图 18　【考试指南】界面

6.【软件注册】模块

该模块是注册界面，当用户在图 4 所示的界面中单击【试用】按钮，可试用本软件前几章的题。如果想正式注册，在该界面中单击【注册】按钮，具体方法在前面已做了详细介绍。

7.【软件升级】模块

单击【软件升级】后将弹出【软件升级】对话框，用户可以单击【确定】按钮使用升级后的新版本，如图 19 所示。

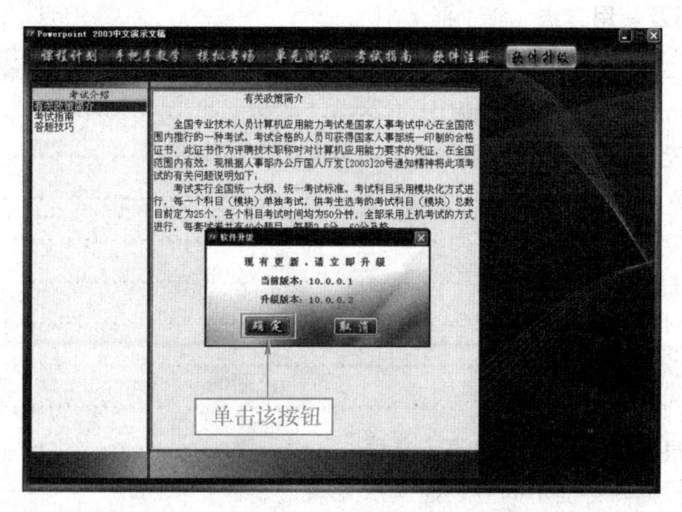

图 19　升级提示

用户如果要关闭软件，可以单击界面右上方的【关闭（×）】按钮。

我们将及时、准确地为您解答有关光盘安装、注册、使用操作、升级等方面遇到的所有问题。客服热线：0431 – 82921622，QQ：1246741047，短信：13944061323，电子邮箱：cctianyukw@163.com，读者交流 QQ 群：186765239，客服时间：9:00 – 17:00。

目　　录

第1章 PowerPoint 2003的基本操作

PowerPoint 2003 是微软公司出品的 Office 办公软件系列重要组件之一，以帮助用户创建、演示和协作开发更有感染力的演示文稿。

本章详细讲解 PowerPoint 2003 的启动、PowerPoint 2003 的工作界面、创建演示文稿等功能。读者可以一边阅读教材，一边在配套的光盘上操作练习，效果最佳。

1.1 PowerPoint 2003 的启动和退出

1.1.1 PowerPoint 2003 的启动

启动 PowerPoint 2003 有很多种方法：通过【开始】菜单启动、通过桌面快捷方式启动，也可以通过已存在的演示文稿文档启动。

(1) 利用【开始】菜单启动 PowerPoint 2003

单击桌面下方任务栏中的【开始】→【所有程序】→【Microsoft Office】→【Microsoft Office PowerPoint 2003】菜单命令，如图 1-1 所示。

图 1-1 利用【开始】菜单启动 PowerPoint 2003

(2) 通过桌面快捷方式启动 PowerPoint 2003

1) 如果桌面上没有建立 PowerPoint 2003 快捷方式图标，可以自己创建，具体操作步骤如下：

步骤1 双击桌面上【我的电脑】图标，打开我的电脑。

步骤2 双击打开“C:\ FICE11”文件夹。

步骤3 在 POWERPOINT. EXE 图标上单击鼠标右键，在弹出的快捷菜单中选择【发送到】→【桌面快捷方式】命令。

2）如果在桌面上已经建立了 PowerPoint 2003 的快捷方式图标，可以直接双击【PowerPoint 快捷方式】图标，或在【PowerPoint 快捷方式】图标上单击鼠标右键，在弹出的快捷菜单中选择【打开】命令，也可以在桌面上单击鼠标左键选中【PowerPoint 快捷方式】图标，再按〈Enter〉键，可以启动 PowerPoint 2003。

(3) 利用已打开的演示文稿文件启动 PowerPoint 2003

方法1 在【文件】菜单的下端列出了最近打开过的文件名列表，单击文件名即可打开该文件。

方法2 单击【开始】菜单，在弹出的菜单列表中选择【我最近的文档】，然后在子菜单中选择想要的演示文稿并打开。

1.1.2 PowerPoint 2003 的退出

将打开的 PowerPoint 2003 退出，可以使用以下 4 种方法：

方法1 选择【文件】→【退出】菜单命令。

方法2 按快捷键〈Ctrl + F4〉。

方法3 用鼠标单击 PowerPoint 2003 窗口标题栏右上角的【关闭（×）】按钮。

方法4 用鼠标双击 PowerPoint 2003 窗口标题栏左上角的【控制菜单】按钮。

1.2 PowerPoint 2003 的工作界面

1.2.1 工作界面介绍

启动 PowerPoint 2003 后，弹出的窗口就是 PowerPoint 2003 的工作界面。由该图可以看出界面中包括了标题栏、菜单栏、工具栏、大纲视图窗格、幻灯片窗格、幻灯片编辑窗格、备注窗格、任务窗口及状态栏等，如图 1-2 所示。

1. 标题栏

标题栏显示目前正在使用软件的名称和当前文档的名称，其右侧是常见的【最小化】、【最大化/还原】、【关闭】按钮。

2. 菜单栏

菜单栏包括【文件】、【编辑】、【视图】、【插入】、【格式】、【工具】、【幻灯片放映】、【窗口】、【帮助】9 个菜单项。单击某菜单项，可以打开对应的菜单，执行相关的操作命令。菜单栏中包含了 PowerPoint 2003 的所有控制功能。

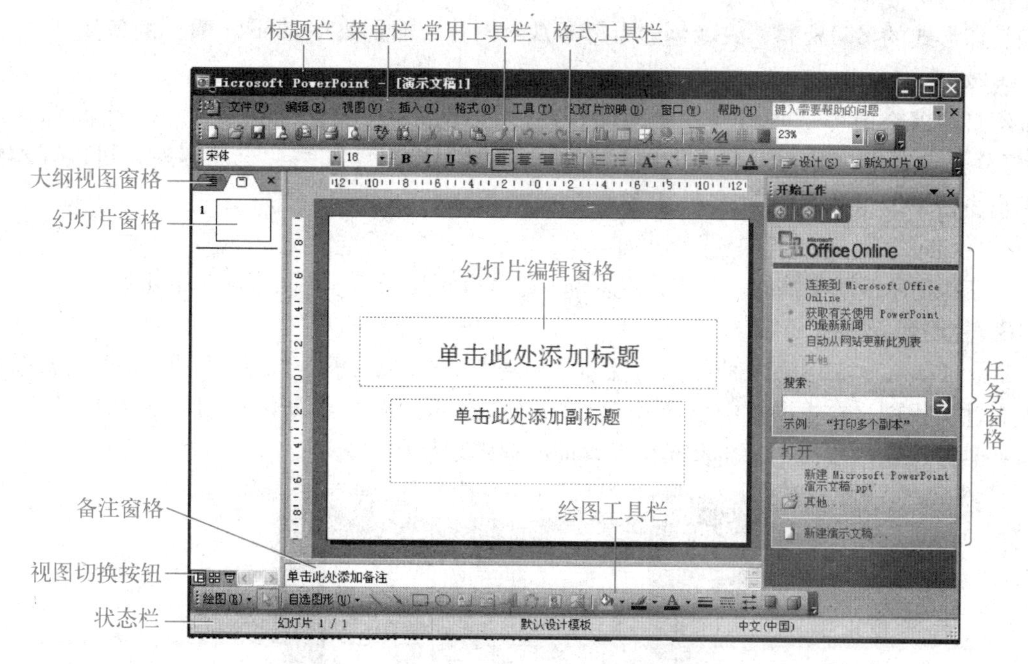

图 1-2　PowerPoint 2003 的工作界面

- 文件菜单：对 PowerPoint 2003 文件进行操作，如新建、打开、保存等。
- 编辑菜单：对正处于使用状态的 PowerPoint 2003 文件执行一些编辑操作，如剪切、复制、粘贴等。
- 视图菜单：用于改变屏幕界面的分布，如显示或隐藏工具栏、状态栏及编辑栏、改变窗口的显示比例等。
- 插入菜单：对幻灯片进行操作，如插入新幻灯片、幻灯片编号、图片、文本框等。
- 格式菜单：对文稿中的内容进行格式化操作，如改变字体、项目符号和编号、幻灯片设计、幻灯片版式、背景等。
- 工具菜单：主要进行一些辅助操作，如检查拼写错误等。
- 幻灯片放映菜单：主要针对幻灯片放映过程进行各种处理，如对幻灯片进行动作设置、设置幻灯片的放映方式等。
- 窗口菜单：对窗口中打开的演示文稿进行排列或选择不同的演示文稿，如新建窗口、全部重排、重叠等。
- 帮助菜单：向读者提供有关操作和使用方法上的帮助信息。

3. 工具栏

工具栏是菜单栏的直观化表示，工具栏中的所有按钮都可以在菜单栏里找到。每一个按钮代表一个命令。通过工具栏进行操作和通过菜单进行操作的结果是一样的。工具栏中的工具按钮是可以改变的，用户可以根据需要来选择自己喜欢的工具，制定个性化的工具栏。

4. 幻灯片编辑窗格

编辑窗格是用来显示当前幻灯片的一个大视图，可以添加文本，插入图片、表格、图表、绘制图形、文本框、电影、声音、超级链接和动画等。

5. 备注窗格

用户可在备注窗格添加与每张幻灯片的内容相关的备注，并且在放映演示文稿时将它们用做打印形式的参考资料，或者创建希望让观众以打印形式或在 Web 上看到的备注。

6. 幻灯片窗格

幻灯片窗格由每一张幻灯片的缩略图组成。此窗格中有两个选项卡，一个是默认的【幻灯片】选项卡，另一个是【大纲】选项卡。当切换到【大纲】选项卡时，可以在幻灯片编辑窗格中编辑文本信息。

7. 状态栏

状态栏显示演示文稿的一些相关信息，如总共有多少张幻灯片、当前是第几张幻灯片等。

8. 视图切换按钮

PowerPoint 2003 中有 4 种不同的视图，包括普通视图、幻灯片浏览视图、幻灯片放映视图及备注页视图。在视图栏中有 3 个视图（除备注页视图）的切换按钮，如图 1-3 所示，将鼠标悬停在这些按钮上，会自动出现对应的视图切换按钮名称。

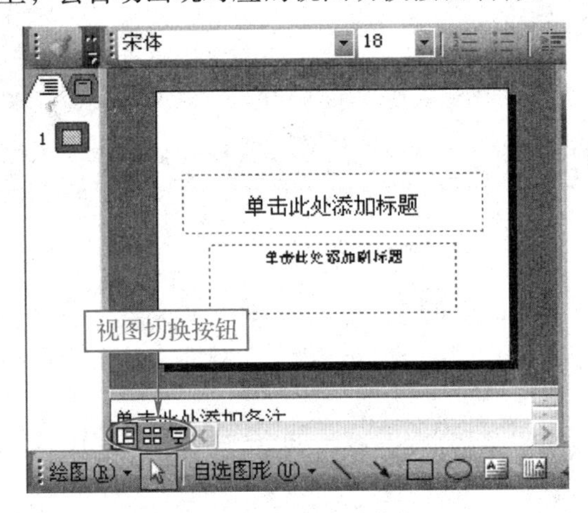

图 1-3　视图切换按钮

(1) 普通视图

将普通视图、幻灯片视图、大纲和备注视图组合到一个窗口，形成3 个窗格的结构（即大纲窗格、幻灯片窗格和备注窗格），为当前幻灯片和演示文稿提供全面的显示，如图 1-4 所示。

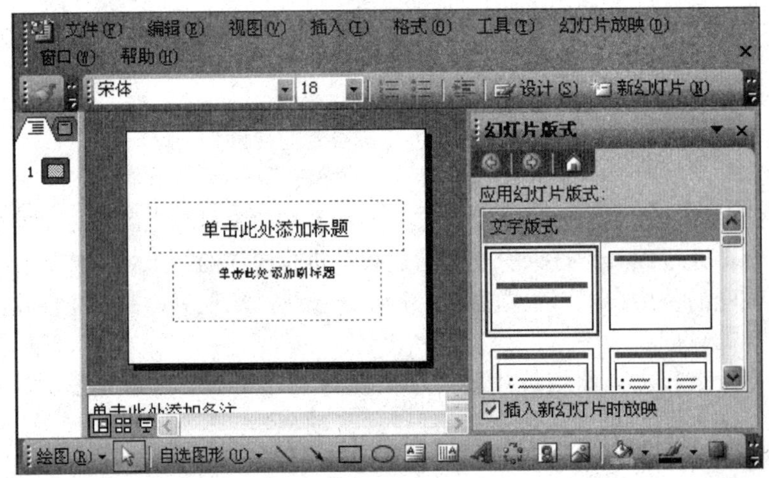

图 1-4　普通视图

（2）幻灯片浏览视图

在此视图中，演示文稿中所有的幻灯片将以缩略图的形式按顺序显示出来，以便一目了然地看到多张幻灯片的效果，且可以对各幻灯片进行移动、复制、删除等操作，如图 1-5 所示。但在该视图下无法编辑幻灯片中的各种对象。

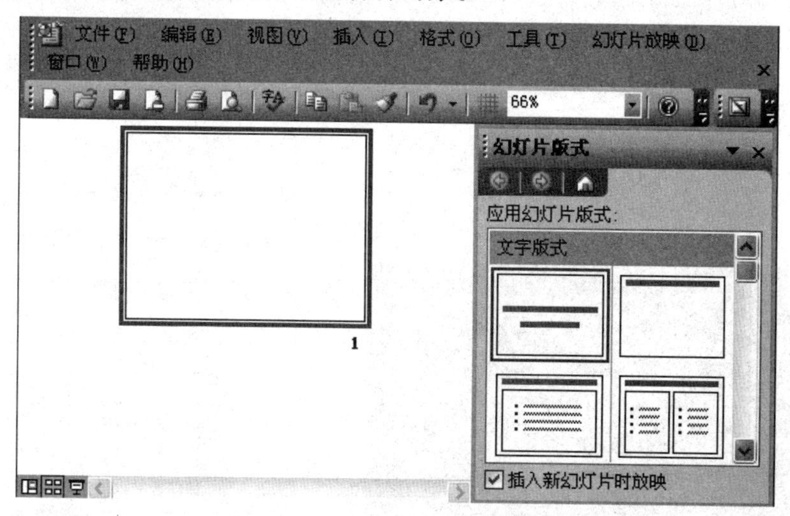

图 1-5 幻灯片浏览视图

（3）备注页视图

选择【视图】菜单中的【备注页】命令，进入幻灯片备注视图，可以在备注窗格中添加备注信息（备注是演示者对幻灯片的注释或说明），备注信息只在备注页视图中显示出来，在演示文稿放映时不会出现，如图 1-6 所示。

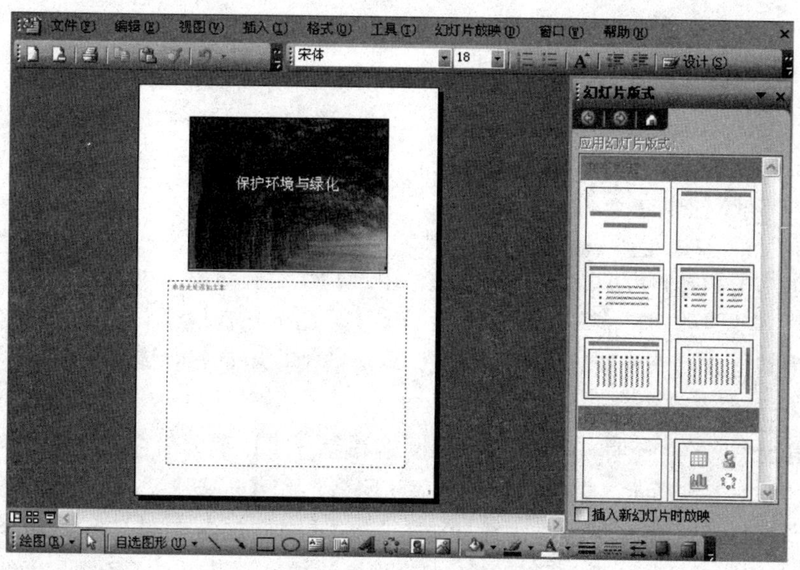

图 1-6 备注页视图

（4）幻灯片放映视图

使幻灯片占据整个计算机屏幕，可以看到图形、图像、影片、动画元素及切换效果，如图 1-7 所示。

9. 任务窗格

【任务窗格】是不同于以前 PowerPoint 版本的“新特性”。任务窗格可用于完成以下任务：创建新演示文稿、选择幻灯片的版式、选择设计模板、配色方案或动画方案、创建自定义动画、设置幻灯片切换、查找文件，以及同时复制并粘贴多个项目。单击任务窗格的下拉菜单即可选择相应的任务，如图 1-8 所示。

图 1-7　幻灯片放映视图

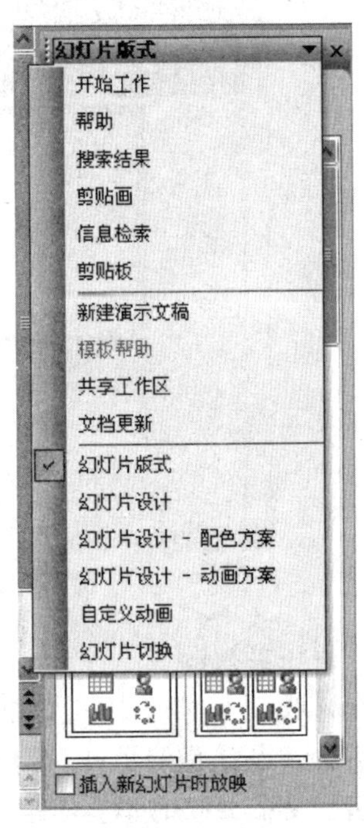

图 1-8 【任务窗格】下拉菜单

若不小心关闭了任务窗格，可通过【视图】→【任务窗格】菜单命令或按快捷键〈Ctrl + F1〉再次打开。

1.2.2　网格和参考线

参考线指水平和垂直方向的非打印直线，用于直观对齐对象。网格是用于对齐对象的一系列相交线。参考线和网格能简化对齐对象的工作，因为它提供了与对象和幻灯片相关的视觉提示。使用网格有助于更精确地对齐对象，特别是在互相对齐的情况下。

1. 显示或隐藏参考线和网格

如果没有显示网格，选择【视图】→【网格和参考线】菜单命令，打开【网格线和参考线】对话框，如图 1-9 所示。选中【屏幕上显示网格】和【屏幕上显示绘图参考线】复选框。

当需要隐藏参考线和网格时，选择【视图】→【网格和参考线】菜单命令，在弹出的【网格线和参考线】对话框中取消【屏幕上显示网格】或【屏幕上显示绘图参考线】复选框即可。也可以通过拖动来调整参考线，参考线和网格线在演示文稿放映时不可见且无法打印。

2. 设置网格线的间距

用户可以对网格线之间的间距进行设置。单击【间距】右侧的下拉箭头，弹出网格线间距下拉列表，在列表中选择合适的间距后单击【确定】按钮。

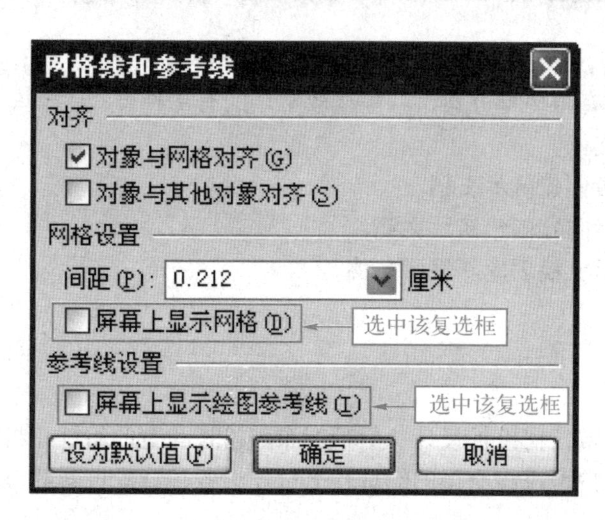

图1-9 【网格线和参考线】对话框

3. 将对象按参考线对齐

将对象按参考线对齐时，首先拖动参考线，将它定位在要对齐对象的位置，然后靠近参考线拖动每一个对象，这样对象的中心或边缘会自动对齐参考线。

4. 将对象按网格线对齐

在默认情况下，无论何时绘制或移动形状或其他对象，或调整形状或其他对象的大小，都将按网格中的线条进行定位或对齐。若要自动对齐网格上的对象，则检查是否选中【对象与网格对齐】复选框。若要让对象自动与经过其他形状垂直和水平边缘的网格线对齐，则检查是否选中【对象与其他对象对齐】复选框。为了屏蔽对齐设置，可在拖动或绘制对象时按住〈Alt〉键，此时，移动对象的步幅是连续和精细的。

要在幻灯片窗格中设置网格及参考线。当拖动参考线时，在其旁边出现的数据是离开中心点的距离。

1.3 创建演示文稿

在 PowerPoint 2003 中要创建一个演示文稿，最便捷的方法是利用任务窗格中的【新建演示文稿】任务窗格（如果在启动 PowerPoint 2003 后，任务窗格没有显示，可以选择【视图】→【任务窗格】菜单命令或按快捷键〈Ctrl + F1〉来打开），具体操作步骤如下：

步骤1 在【开始工作】下拉菜单中选择【新建演示文稿】命令或直接单击【新建演示文稿】超链接，打开【新建演示文稿】任务窗格，如图1-10所示。

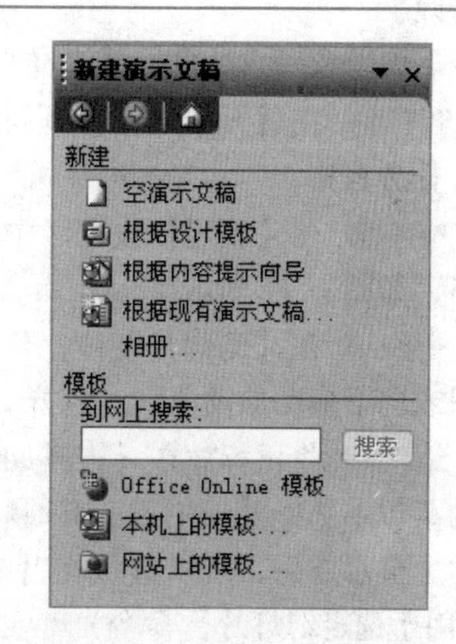

图1-10 【新建演示文稿】任务窗格

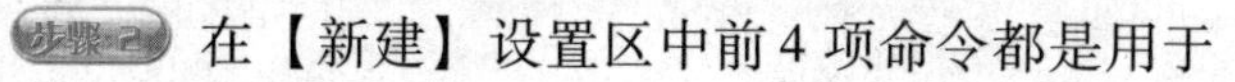
步骤2 在【新建】设置区中前4项命令都是用于

创建常用演示文稿的，最后一项命令是用来创建相册的。

创建演示文稿还有很多种方式，其中比较常用的有 4 种方式：

1）创建空演示文稿。

2）根据设计模板创建演示文稿。

3）根据内容提示向导创建演示文稿。

4）根据现有演示文稿创建新演示文稿。

1.3.1 创建空演示文稿

空演示文稿由不带任何模板设计、但带有布局格式的空白幻灯片组成，是最常用的建立演示文稿的方式。用户可以在空白的幻灯片上设计出各种背景色彩的对象，从而创建具有自己特色的演示文稿。

创建一个空演示文稿有 4 种方法，具体操作方法如下：

方法 1　单击【常用】工具栏中的【新建】按钮。

方法 2　在打开的【新建演示文稿】任务窗格中单击【空演示文稿】超链接。

方法 3　选择【文件】→【新建】菜单命令。

方法 4　按快捷键〈Ctrl + N〉。

利用上述 4 种方法创建空演示文稿后，用户还需要将新建的演示文稿保存并重新命名，这样创建演示文稿的操作才算真正完成，保存文档操作是非常重要的，如果用户新建演示文稿后不保存，则新建的演示文稿及对文稿的操作都将是无效的操作。

1.3.2 根据设计模板创建演示文稿

设计模板是预先定义好的演示文稿的样式、风格，包括幻灯片的背景、装饰图案、文字布局及颜色、大小等，PowerPoint 2003 为用户提供了许多美观的设计模板，用户在设计演示文稿时可以先通过选择设计模板来确定演示文稿的整体风格，然后再做进一步的编辑修改。

下面以选择设计模板【吉祥如意】为例来演示制作演示文稿的具体操作步骤：

步骤 1　在【开始工作】下拉菜单中选择【新建演示文稿】命令，打开【新建演示文稿】任务窗格。

步骤 2　在【新建】设置区中单击【根据设计模板】超链接，打开【幻灯片设计】任务窗格，如图 1-11 所示。

步骤 3　在【幻灯片设计】任务窗格中单击【应用设计模板】设置区右侧的向下滚动条按钮或向下拖动滚动条到【吉祥如意】模板。

步骤 4　将鼠标放在【吉祥如意】模板上会出现一个下拉箭头，单击此下拉箭头，在弹出的菜单中选择【应用于所有幻灯片】命令，如图 1-12 所示（如果用户要在当前设置的幻灯片上显示效果，可以直接在【吉祥如意】模板上单击鼠标左键，或在弹出菜单中选择【应用于选定幻灯片】命令）。

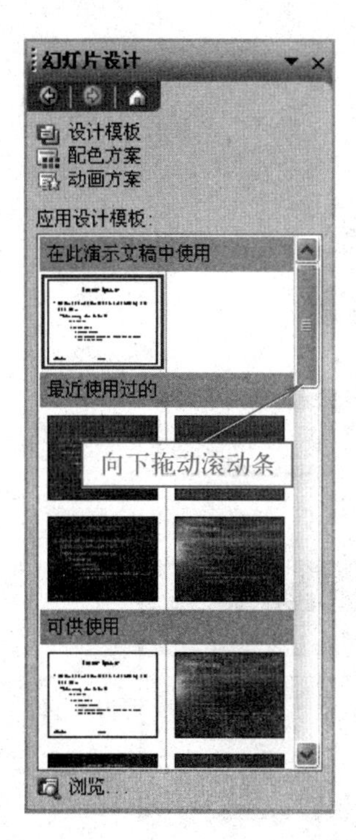

图 1-11　【幻灯片设计】任务窗格

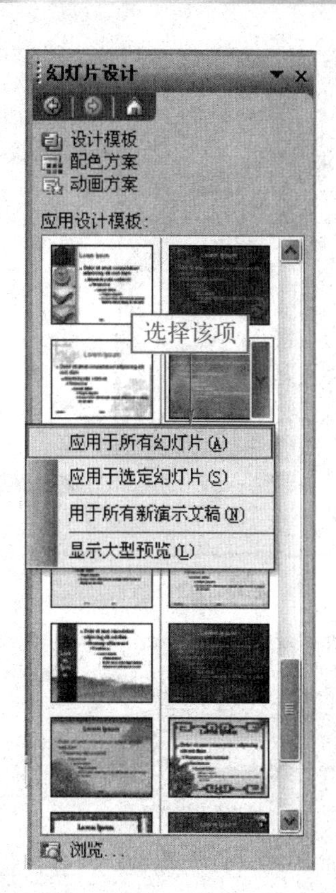

图 1-12　【吉祥如意】模板右侧的下拉箭头弹出的菜单

1.3.3　根据内容提示向导创建演示文稿

内容提示向导提供了多种不同主题及结果的演示文稿示范，如培训、论文、学期报告及商品介绍等。可以直接在这些演示文稿类型上进行修改和编辑，从而创建所需的演示文稿。

用户先按照前面介绍的方法打开【新建演示文稿】任务窗格，在【任务窗格】中单击【根据内容提示向导】超链接，即可按照向导中的提示逐步创建演示文稿，使用内容向导创建演示文稿，具体操作步骤如下：

步骤 1 在【新建演示文稿】任务窗格中单击【根据内容提示向导】超链接，打开【内容提示向导】对话框，如图 1-13 所示。

步骤 2 单击【下一步】按钮，打开【内容提示向导—［实验报告］】对话框，在【选择将使用的演示文稿类型】列表框中选择【实验报告】选项，如图 1-14 所示，单击【下一步】按钮，选择演示文稿的输出类型，单击【下一步】按钮，打开如图 1-15 所示的对话框，根据需要在【演示文稿标题】文本框和【页脚】文本框中输入需要的文稿标题和幻灯片页脚。

步骤 3 根据需要选中【上次更新日期】和【幻灯片编号】复选框。

步骤 4 单击【完成】按钮。

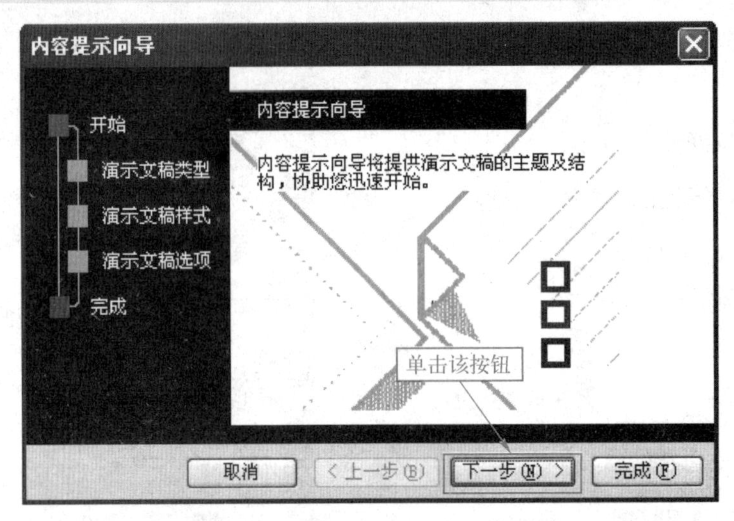

图 1-13 【内容提示向导】对话框

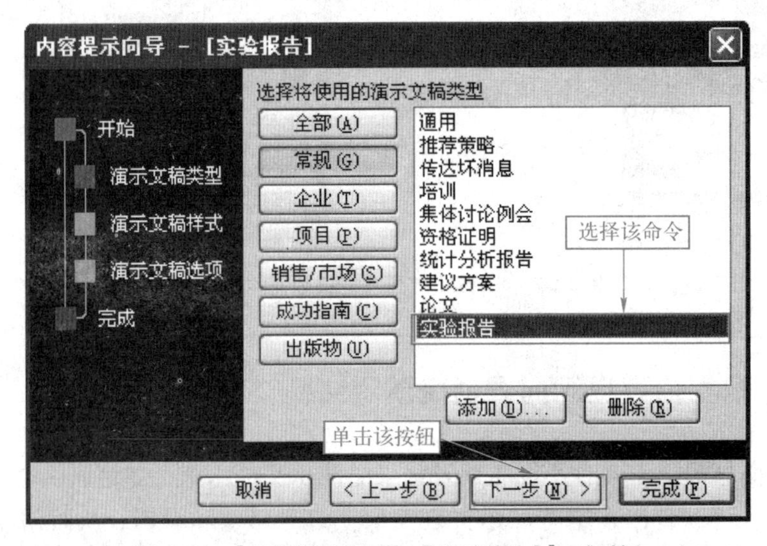

图 1-14 【内容提示向导—［实验报告］】对话框

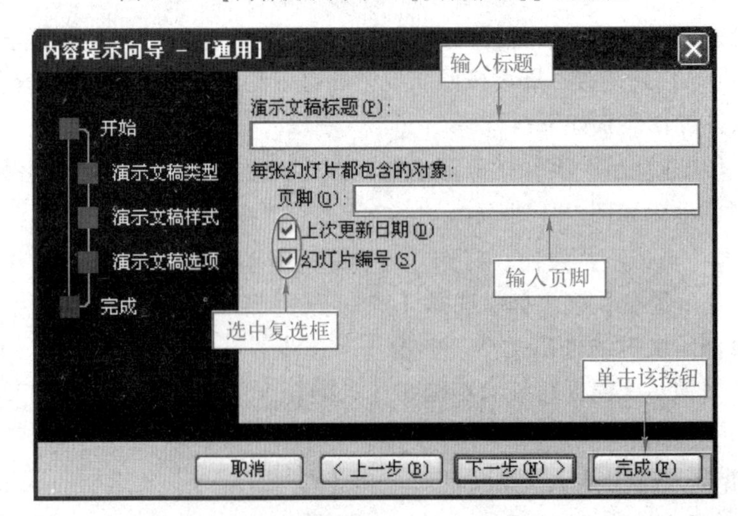

图 1-15 【内容提示向导—［通用］】对话框

1.3.4 通过现有演示文稿创建新演示文稿

在创建演示文稿时，可以充分利用现有的样式或内容相似的演示文稿快速创建新的演示文稿。这样可以得到和现有演示文稿具有相同内容和风格的新演示文稿，只需在原有的基础上进行修改即可，从而提高工作效率。

首先按照前面介绍的方法打开【新建演示文稿】任务窗格，然后通过现有演示文稿新建演示文稿，具体操作步骤如下：

步骤1 在【新建演示文稿】任务窗格中单击【根据现有演示文稿】超链接，打开【根据现有演示文稿新建】对话框，如图1-16所示。

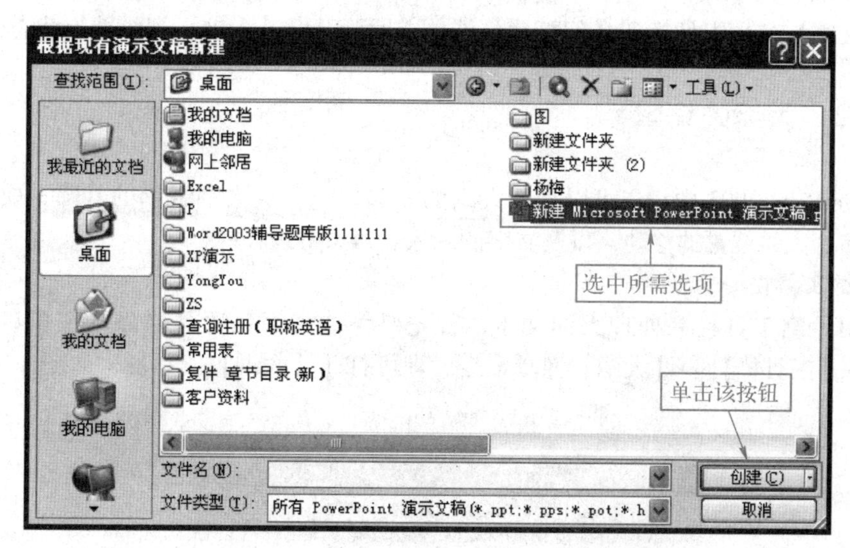

图1-16 【根据现有演示文稿新建】对话框

步骤2 在【查找范围】内选择已有的演示文稿。

步骤3 单击【创建】按钮。

步骤4 根据需要更改演示文稿，选择【文件】→【另存为】菜单命令，打开【另存为】对话框。

步骤5 在【文件名】文本框中输入新演示文稿的名称。

步骤6 单击【保存】按钮。

1.4 演示文稿大纲的编写

1.4.1 大纲视图的进入与退出

大纲视图是组织和创建演示文稿文本内容的理想方式。

大纲的内容来源有以下几种：自行输入、使用【内容提示向导】提供的文字或是插入其他文件格式中已具有标题与副标题的文字，如 Microsoft Word 的 . txt 或 . doc 文件。

1. 大纲视图的进入

在 PowerPoint 2003 中，要打开大纲视图，先要在窗口中切换到普通视图，然后单击【大纲】选项卡，进入到大纲编辑状态。切换到普通视图有两种方法，具体操作方法如下：

方法 1　直接单击窗口任务栏左上角的【普通视图】按钮。

方法 2　选择【视图】→【普通】菜单命令。

进入大纲视图后可以根据需要调整【大纲】选项卡所占区域的宽度，将鼠标放在【大纲】选项卡区域的右边框上，鼠标呈左右箭头形状时，按住鼠标不放拖动到相应位置即可。

2. 大纲视图的退出

从【大纲】选项卡切换到【幻灯片】选项卡即可退出【大纲】视图编辑状态。

1.4.2　大纲的编辑

在 PowerPoint 2003 中用户可以利用大纲的一些功能完成大纲级别的升降、项目符号和编号的调整、大纲位置的移动，以及文字的录入、修改等操作。

1. 大纲工具栏

要利用大纲工具栏来处理大纲文本，首先要将【大纲】工具栏显示在窗口中，选择【视图】→【工具栏】→【大纲】菜单命令，即可打开【大纲】工具栏，如图 1-17 所示。

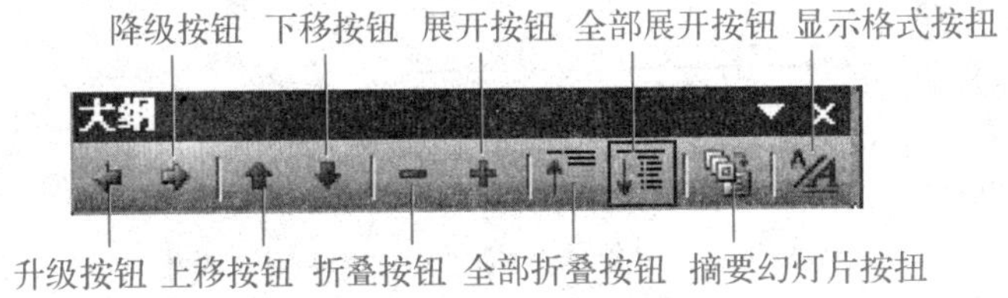

降级按钮　下移按钮　展开按钮　全部展开按钮　显示格式按扭

大纲

升级按钮　上移按钮　折叠按钮　全部折叠按钮　摘要幻灯片按扭

图 1-17　【大纲】工具栏

【大纲】工具栏中各按钮的作用如下：

- 升级：将选定的文本上升一级。
- 降级：将选定文本降至下一较低标题级。
- 上移：将选定文本和其中折叠的附加文本向上移到前面显示的文本之上。
- 下移：将选定文本和其中折叠的附加文本向下移到后面已显示的文本之下。
- 折叠：隐藏选定幻灯片除标题外的所有正文内容，已折叠的文本由灰色线表示。
- 展开：显示选定幻灯片的标题和所有折叠文本。
- 全部折叠：只显示每张幻灯片的标题，标题下的灰色下画线代表不是标题的文字。
- 全部展开：显示每张幻灯片的标题和全部正文。
- 摘要幻灯片：在幻灯片浏览或大纲视图中根据用户所选幻灯片的标题创建新的幻灯片，并在所选幻灯片前插入。
- 显示格式：在大纲视图中显示或隐藏字符格式（比如加粗或倾斜），使用幻灯片浏览视图时，在显示每张幻灯片的所有文字、图片和只显示标题之间进行切换。

2. 输入演示文稿主标题和副标题

要建立演示文稿的大纲，必须输入演示文稿的标题及要论述的一系列主题。所有输入的这些，不论是标题还是主题都会变成该演示文稿中最初的幻灯片标题。所有这些主题的顺序都不是预先规定的，可以按需要随时调换。

在大纲视图中输入主题的具体操作步骤如下：

步骤1 在要输入幻灯片旁单击，然后输入该幻灯片的标题，此标题作为主题，按〈Enter〉键。

步骤2 当完成上一步后，插入点另起一行，并自动加上标题2，紧接着输入第二个主题。

步骤3 根据此方法，输入下一个幻灯片的主题，并按〈Enter〉键。

当输入到最后一个时，不用再按〈Enter〉键，否则 PowerPoint 2003 会再增加一个主题。

3. 输入演示文稿的副标题

在主标题下输入副标题，作为该主题的一个论点，具体操作步骤如下：

步骤1 单击要添加的主题的末尾。

步骤2 在 PowerPoint 2003 的编辑区单击【文本占位符】，在【文本占位符】中输入副标题，并添加项目符号或编号，选择【格式】→【项目符号和编号】菜单命令，打开【项目符号和编号】对话框，选择要添加的样式，单击【确定】按钮。

步骤3 根据此方法，输入下一个幻灯片副标题，并按〈Enter〉键。

4. 升降大纲文本级别

在创建演示文稿的过程中，可以利用【大纲】工具栏中的【升级】按钮（或按快捷键〈Shift + Tab〉）和【降级】按钮（或按〈Tab〉键）来改变标题的级别。

如果要将一个标题变为更下一级的标题，那么应在输入该标题之前，在操作界面单击左边的【大纲】工具栏中的【降级】按钮（或按〈Tab〉键），该层的标题便会往右缩几格，成为更下一级的标题。

如果要将一个标题升为上一级的标题，那么在输入该级标题文字之前，单击【大纲】工具栏中的【升级】按钮（或按快捷键〈Shift + Tab〉），该标题便往左进几格，升级为更上一级的标题。

除了利用【大纲】工具栏之外，单击【格式】工具栏中的【减少缩进量】按钮和【增加缩进量】按钮，也可以实现大纲级别的升降。

5. 移动大纲文本顺序

利用【大纲】工具栏中的【上移】按钮或【下移】按钮，可调整大纲文本的顺序（移动大纲文本的顺序不会影响它们在幻灯片中的级别顺序），具体操作方法如下：

方法1 选中要操作的段落，然后直接单击【大纲】工具栏上的【上移】按钮或【下移】按钮。

方法2 选中要操作的段落，在选中段落上按住鼠标左键将所选段落拖到合适的位置。

调整幻灯片的顺序和调整大纲的顺序基本相同，选中幻灯片标题，按住鼠标左键拖到合适的位置即可。

1.5 快速保存演示文稿

在制作演示文稿时，用户需要对文稿随时进行保存，以防止出现死机或断电，使未保存的文稿丢失。保存文稿的几种方法如下：

方法1　单击【常用】工具栏中的【保存】按钮。

方法2　选择【文件】→【保存】菜单命令。

方法3　按快捷键〈Ctrl + S〉。

方法4　选择【文件】→【另存为】菜单命令，打开【另存为】对话框。

在演示文稿中，如果是第一次保存，上述4种方法都可以打开【另存为】对话框，在【另存为】对话框中可以对演示文稿进行重命名、设置文件格式、更改文稿文件保存路径等操作。

1.6 上机练习

1. 从【开始】菜单中启动 PowerPoint 2003。
2. 从资源管理器中打开 PowerPoint 2003 应用程序（程序安装在C盘）。
3. 根据内容提示向导创建一个类型为【实验报告】的 Web 演示文稿。
4. 根据内容提示向导创建一个标题为【邮件安全技术】的论文类型的演示文稿。
5. 使用 Office Online 模板中的【特色模板】中的【培训演示文稿】（第1个）新建一个演示文稿。
6. 在当前界面，打开最近使用过的文档【1 文档】。
7. 将演示文稿新建为设计模板，模板文件名为【我自己的模板】，保存位置为【我的文档】（要求：模板中没有任何文字）。
8. 将演示文稿的默认视图设置为【只使用大纲】。
9. 利用大纲视图，将第2张幻灯片的第1行移动到第3张幻灯片第1行的前面。
10. 使用工具栏使幻灯片窗格显示网格线，同时将显示比例更改为【75%】。
11. 取消幻灯片窗格中的标尺和网格显示。
12. 在当前界面下关闭【常用】、【格式】工具栏。
13. 在当前界面下调出【格式】工具栏，并将工具栏显示为大图标。
14. 利用任务窗格新建一个空白演示文稿。
15. 设置【显示关于工具栏的屏幕提示】，并且将菜单打开方式更改为【展开】，并关闭对话框。
16. 在幻灯片普通视图下，在第5张幻灯片之后插入一个具有【标题和两项内容】版式的空白幻灯片。
17. 调整大纲窗格中的当前演示文稿的显示，首先展开所有幻灯片，然后分别使第2、4张幻灯片折叠。

18. 用【开始】菜单打开【我的文档】中的【练习】文件，启动 PowerPoint 2003，然后关闭该文档，但不退出 PowerPoint 2003。

19. 根据【ocean. pot】设计模板创建一个演示文稿。

上机操作提示（具体操作请参考随书光盘中【手把手教学】第1章01～19题）

1. 选择【开始】→【所有程序】→【Microsoft Office】→【Microsoft Office PowerPoint 2003】菜单命令。

2. 步骤1 选择【开始】→【所有程序】→【附件】→【Windows 资源管理器】菜单命令，打开一个空白工作簿。

步骤2 选择【文件夹】列表下的【我的电脑】，单击【文件夹】列表下的【本地磁盘(C:)】，单击【文件夹】列表下的【Program Files】文件夹，单击【文件夹】列表下的【Microsoft Office】，单击【文件夹】列表下的【Office11】文件夹。

步骤3 向下拖动窗口右侧的滚动条，找到【PowerPoint】图标，然后双击该图标。

3. 步骤1 选择【文件】→【新建】菜单命令，打开【新建演示文稿】任务窗格。

步骤2 单击【根据内容提示向导】超链接，打开【根据内容提示向导】对话框。

步骤3 单击【下一步】按钮，在【选择将使用的演示文稿类型】列表框中选择【实现报告】选项，单击【下一步】按钮，选中【Web 演示文稿】单选按钮，单击【下一步】按钮，单击【下一步】按钮，单击【完成】按钮。

4. 步骤1 单击【开始工作】任务窗格，在弹出的下拉菜单中选择【新建演示文稿】命令。

步骤2 单击【根据内容提示向导】超链接，打开【内容提示向导】对话框，单击【下一步】按钮，在【选择将使用的演示文稿类型】列表框中选择【论文】选项，依次单击【下一步】按钮，在【演示文稿标题】文本框中输入“邮件安全技术”，单击【下一步】按钮。

步骤3 单击【完成】按钮。

5. 步骤1 选择【文件】→【新建】菜单命令，打开【新建演示文稿】任务窗格。

步骤2 单击【Office Online 模板】超链接，进入【模板类别】网页，在【模板】输入框中输入“特色模板”。

步骤3 单击【搜索】按钮或按〈Enter〉键。

步骤4 单击搜索结果中的第一种模板，单击【下载】按钮。

6. 步骤 选择【文件】→【1 文档】菜单命令。

7. 步骤1 选择【工具】→【选项】菜单命令，打开【选项】对话框。

步骤2 单击【保存】选项卡，选中【允许快速保存】复选框，在【每隔】数值框中输入“5”，将【默认文件位置】文本框中的内容修改为“C:\”。

步骤3 单击【确定】按钮。

8. 步骤1 选择【工具】→【选项】菜单命令，打开【选项】对话框。

步骤2 单击【在该视图打开所有文档】列表框右侧的下拉箭头，在弹出的下拉列表框中选择【只使用大纲】选项。

步骤3 单击【确定】按钮。

9. 步骤1 单击【大纲】选项卡。

步骤2 拖动鼠标选中文字【问题1】，将文字【问题1】拖动至第3张幻灯片文字【问题3】处。

10. 步骤1 单击【常用】工具栏上的【显示/隐藏网格】按钮。

步骤2 单击【显示比例】列表框右侧的下拉箭头，在弹出的列表框中选择【75%】。

11. 步骤1 选择【视图】→【标尺】菜单命令。

步骤2 选择【视图】→【网格和参考线】菜单命令，打开【网格和参考线】对话框。

步骤3 取消选中【屏幕上显示网格】复选框。

步骤4 单击【确定】按钮。

12. 步骤1 选择【视图】→【工具栏】→【常用】菜单命令。

步骤2 选择【视图】→【工具栏】→【格式】菜单命令。

13. 步骤1 选择【视图】→【工具栏】→【格式】菜单命令。

步骤2 选择【工具】→【自定义】菜单命令，打开【自定义】对话框。

步骤3 单击【选项】选项卡，选中【大图标】复选框。

步骤4 单击【关闭】按钮。

14. 步骤1 单击【开始工作】任务窗格，在弹出的下拉菜单中选择【新建演示文稿】命令。

步骤2 单击【空演示文稿】超链接。

15. 步骤1 选择【工具】→【自定义】菜单命令，打开【自定义】对话框。

步骤2 单击【选项】选项卡，选中【显示关于工具栏的屏幕提示】复选框，单击【菜单的打开方式】列表框右侧的下拉箭头，在弹出的列表框中选择【展开】选项。

步骤3 单击【关闭】按钮。

16. 步骤1 单击【幻灯片】窗格中的第5张幻灯片。

步骤2 选择【插入】→【新幻灯片】菜单命令。

步骤3 向下拖动文字版式滚动条，找到【内容版式】列表框中第2行第2列版式，单击版式右侧的下拉箭头，在弹出的列表中选择【应用于选定幻灯片】选项。

17. 步骤1 选择【视图】→【工具栏】→【大纲】菜单命令。

步骤2 单击【大纲】工具栏上的【全部展开】按钮。

步骤3 单击【大纲】选项卡中的第2张幻灯片，单击【大纲】工具栏上的【折叠】按钮，向下拖动大纲滚动条，单击【大纲】选项卡下的第4张幻灯片，单击【大纲】工具栏上的【折叠】按钮。

18. 步骤1 选择【开始】→【我的文档】→【练习演示文稿】命令。

步骤2 选择【文件】→【关闭】菜单命令。

19. 步骤1 在【新建演示文稿】任务窗格中单击【根据设计模板】超链接。

步骤2 单击【应用设计模板】列表下的第1行第1列样式。

第2章 编辑幻灯片

本章详细讲解PowerPoint 2003中幻灯片的插入及删除，编辑和设置幻灯片中的文字和段落，插入文本框，演示文稿的放映及跳转，打印演示文稿等功能。读者可以一边阅读教材，一边在配套的光盘上操作练习，效果最佳。

2.1 演示文稿中幻灯片的编辑

在PowerPoint 2003中，幻灯片作为一种对象，可以对其进行编辑操作。主要的编辑操作包括添加新幻灯片、选择幻灯片、复制幻灯片、调整幻灯片顺序和删除幻灯片等。在对幻灯片的编辑过程中，最方便的视图模式是幻灯片浏览视图，小范围或少量的幻灯片操作也可以在普通视图模式下进行。

2.1.1 添加新幻灯片

在启动PowerPoint 2003应用程序后，PowerPoint 2003会自动建立一张空白幻灯片，而大多数演示文稿需要两张或更多张幻灯片来表达主题，这时就需要添加幻灯片。

添加幻灯片有4种方法，具体操作方法如下：

方法1 单击【格式】工具栏中的【新幻灯片】按钮。

方法2 选择【插入】→【新幻灯片】菜单命令。

方法3 按快捷键〈Ctrl+M〉。

方法4 在【幻灯片】选项卡下单击鼠标右键，在弹出的快捷菜单中选择【新幻灯片】命令。

2.1.2 选择幻灯片

在PowerPoint 2003中，用户可以一次选中一张或多张幻灯片，然后对选中的幻灯片进行操作，在普通视图中选择幻灯片的方法如下：

(1) 选择一张幻灯片

无论是在幻灯片视图还是在幻灯片浏览视图模式下，单击需要的幻灯片，即可选中该张幻灯片。

(2) 选择编号相连的多张幻灯片

首先单击起始编号的幻灯片，然后在按住快捷键〈Shift〉的同时单击结束编号的幻灯片，此时起始编号至结束编号之间的多张幻灯片被同时选中。

（3）选择编号不相连的多张幻灯片

在按住快捷键〈Ctrl〉的同时依次单击需要选择的每张幻灯片，此时被单击的多张幻灯片均被选中。在按住快捷键〈Ctrl〉的同时再次单击已被选中的幻灯片，则该幻灯片被取消选择。

当需要经常对幻灯片进行复制、调整顺序或删除等操作时，可以切换至【幻灯片浏览】视图。在该视图模式下，可以方便地对幻灯片进行操作。在选择多张幻灯片时，除了可以用按住快捷键〈Shift〉或〈Ctrl〉键的方法外，还可以直接在幻灯片之间的空隙中按下鼠标左键拖动，此时，鼠标划过的幻灯片都会被选中，如图 2-1 所示。

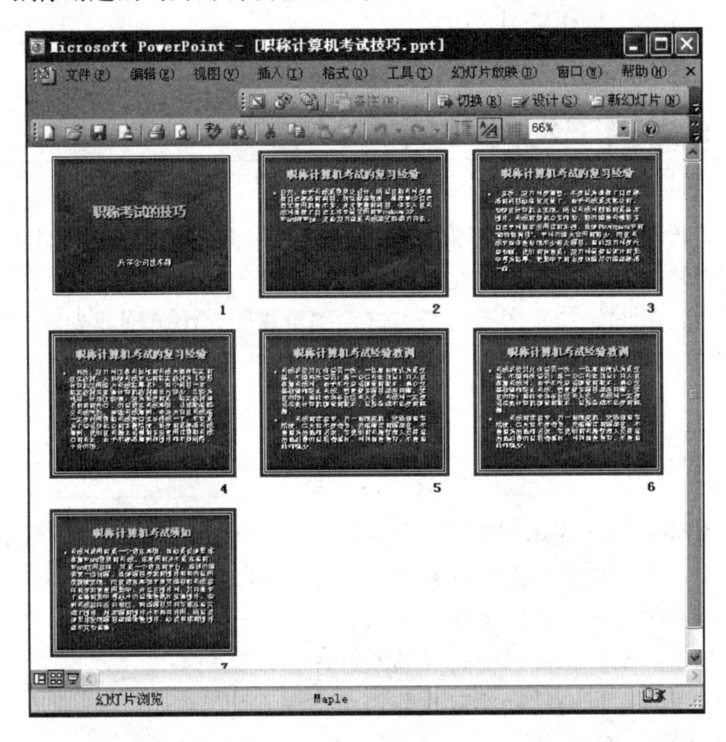

图 2-1　在【幻灯片浏览】视图模式下同时选择多张幻灯片

2.1.3　删除幻灯片

删除多余幻灯片是清除大量冗余信息的有效方法。删除幻灯片的方法很简单，在幻灯片预览窗格中选中幻灯片缩略图后，按〈Delete〉键即可。

例如，在“职称计算机考试技巧”演示文稿中选中连续编号的幻灯片（2 ~ 5）将其删除，具体操作步骤如下：

步骤 1　在已打开的【职称计算机考试技巧】演示文稿中，在【幻灯片】预览窗格中，单击第 2 张幻灯片，如图 2-2 所示。

步骤 2　按快捷键〈Shift〉，同时单击第 5 张幻灯片，如图 2-3 所示。

步骤 3　删除选中的幻灯片，具体操作方法如下：

方法1 按快捷键〈Delete〉。

方法2 在选中幻灯片上单击鼠标右键，在弹出的快捷菜单中选择【删除幻灯片】命令。

方法3 选择【编辑】→【删除幻灯片】菜单命令。

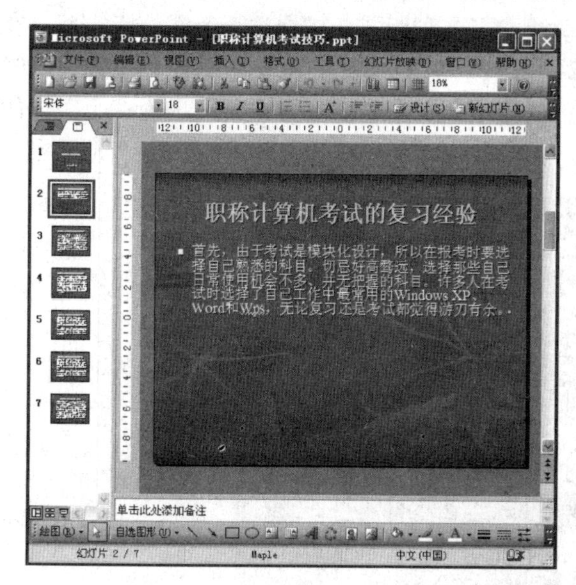

图 2-2 选中第 2 张幻灯片

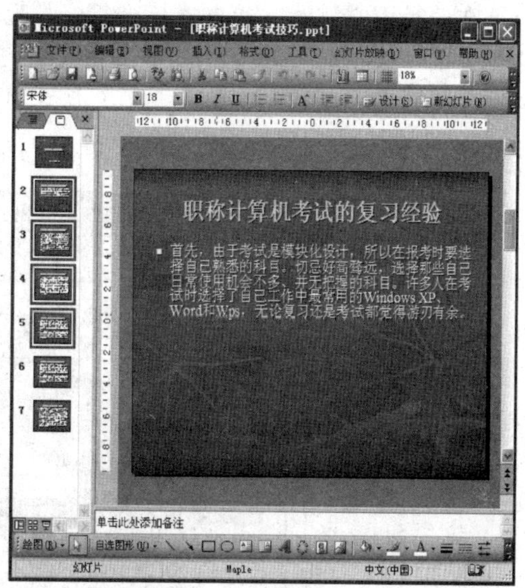

图 2-3 选中第 2 ~5 张幻灯片

2.1.4 幻灯片顺序的调整

在制作幻灯片的过程中，如果发现个别幻灯片的次序需要调整时，具体操作步骤如下：

(1) 打开需调整顺序的演示文稿。

(2) 单击【幻灯片浏览视图】按钮，或者选择【视图】→【幻灯片浏览】菜单命令，此时工作区按【幻灯片浏览视图】方式显示。

(3) 找到需要挪动位置的幻灯片，用鼠标拖动它到待插入的位置。这时鼠标变为带虚线框的空心箭头的形状。每当鼠标移到新的位置时，就会有一条竖线指明该幻灯片与其他幻灯片的相对位置，松开鼠标，幻灯片就调整到了合适的位置。

需要说明的是，在【幻灯片浏览视图】状态下，双击任意一张幻灯片，即可进入【普通视图】状态，这时又可以对该张幻灯片进行编辑了。

2.2 在幻灯片中编辑文本

在幻灯片中编辑文本是幻灯片制作中的基本操作。PowerPoint 2003 中所有的正文输入都是输入到【占位符】中。这里的【占位符】指创建新幻灯片时出现的虚线方框。这些方框作为一些对象，如幻灯片标题、文本、图表、表格、组织结构图和剪贴画等的【占位符】，单击标题、文本等占位符可以添加文字，双击图表、表格等占位符可以添加相应的对象。

2.2.1 幻灯片中文本的输入

1. 在【占位符】中添加文本

在选择用空演示文稿方式建立幻灯片后，列出了各种版式，用户选择所需的版式后，在幻灯片工作区就会看到各【占位符】，如图2-4所示。单击【占位符】中的任意位置，此时虚线框将被加粗的斜线边框代替。【占位符】的原示例文本将消失，在其内出现一个闪烁的插入点，表明可以输入文本了。

图2-4　输入文字之前所见的文本框

输入文本时，PowerPoint 2003 会自动将超出【占位符】的部分转到下一行，或者按〈Enter〉键开始新的文本行。

2. 通过【文本框】输入文本

如果用户选择了内容版式中的空白，或需要在幻灯片中的【占位符】以外的位置添加文本时，可以利用【绘图】工具栏中的【文本框】按钮来输入文本，其操作方法与 Word 中的操作方法类似。

2.2.2 幻灯片中文字和段落的编辑

PowerPoint 2003 可以在两种操作环境中进行文字处理操作，即幻灯片视图和大纲视图，两种环境各有优点。

1. 幻灯片视图

在幻灯片视图方式下输入文字的方法与 Word 中的有关操作相似。区别在于该方式下输入文本内容必须在文本框中进行，文本框中的使用方法是：单击【常用】工具栏中的【文本框】按钮（或者选择【插入】→【文本框】菜单命令），此时鼠标变成竖线，然后在输入位置单击鼠标，待显示文本框即可输入文本内容。

2. 幻灯片大纲视图

在大纲视图中，每一张幻灯片前面都有一个标号，表明是第几张幻灯片。在标号旁边有一个图标，代表一张幻灯片。图框右侧输入的文字将作为标题。在标题下面的提示点的文字是正文。

- 在文字尾按〈Enter〉键出现的新段落与上一段同级。
- 在标题位置按〈Enter〉键将产生一张新幻灯片。此时按快捷键〈Tab〉，新幻灯片将降为上一张幻灯片的正文级别。
- 在标题尾按快捷键〈Ctrl + Enter〉将不产生新幻灯片，而直接进入原幻灯片的正文部分。

对 PowerPoint 2003 中的文字或段落进行编辑，首先要选中它们，选中文字或段落的方法如下：

（1）选中幻灯片上所有的文字

在普通视图的【大纲】选项卡中定位光标到要选择的幻灯片图标，光标会变成四向箭头，单击鼠标左键。

（2）选中某一段落及下属的所有文字

方法1 在要选中的段落任意位置快速单击鼠标左键三次。

方法2 将鼠标定位在该段落的项目符号上，光标变为四向箭头，单击鼠标左键。

（3）文本占位符、文本框中的所有文字

方法1 将鼠标定位在该文本占位符或文本框边框上，光标变为四向箭头，单击鼠标左键。

方法2 光标放置在该段落的任意位置，按快捷键〈Ctrl + A〉。

（4）幻灯片上的部分文字

方法1 单击要选中文字的起始位置，按住鼠标左键，拖动鼠标至要选中文字的结束位置。

方法2 单击要选中文字的起始位置，按快捷键〈Shift〉用光标移动键【↑】、【↓】、【←】、【→】配合使用选中文字。

（5）整篇演示文稿中的所有文字

在普通视图的【大纲】选项卡中单击鼠标左键，按快捷键〈Ctrl + A〉。

2.2.3 幻灯片中文字和段落的删除

在 PowerPoint 2003 中，可以根据需要对文字或段落进行删除。例如，图 2-4 所示的“职称计算机考试技巧”演示文稿中第 3 张幻灯片中内容的删除，具体操作步骤如下：

步骤 1 单击第 3 张幻灯片。

步骤 2 在段落首字“其”前单击鼠标左键，按住鼠标，拖动到段落结尾处，如图 2-5 所示。

步骤 3 选择【编辑】→【清除】菜单命令或按快捷键〈Delete〉，即可删除选中的内容，如图 2-6 所示。

如果要删除一个文字，可以将光标定位在文字后，按快捷键〈Backspace〉，也可以快速完成删除操作。

图 2-5　选中后的段落内容

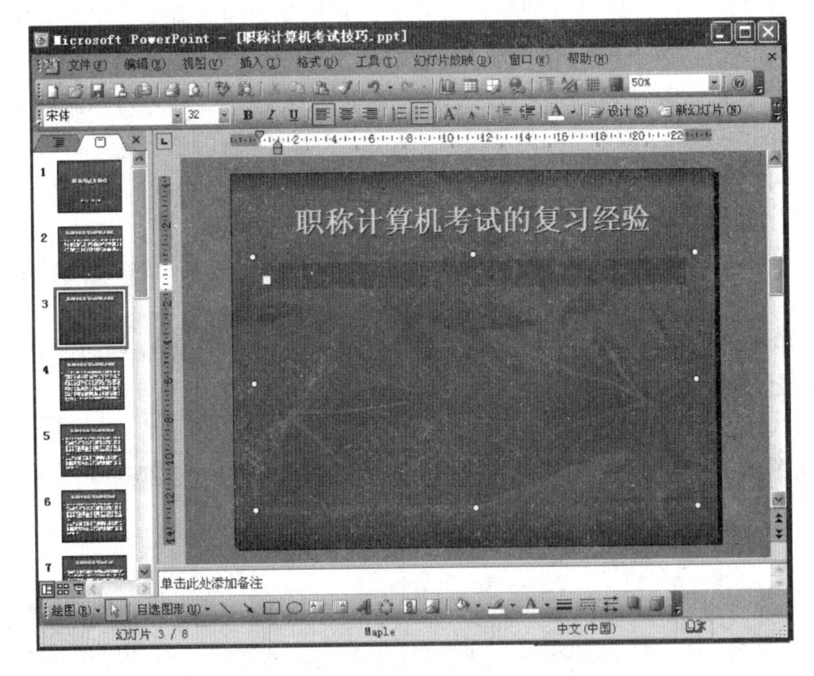

图 2-6　删除内容后的幻灯片

2.2.4　幻灯片中文字和段落的复制、剪切及移动

在 PowerPoint 2003 中，利用复制功能可以节省重复输入文本的时间，选中要复制的文字或段落后，具体操作方法如下：

方法 1　选择【编辑】→【复制】菜单命令。

方法 2 按快捷键〈Ctrl + C〉。

方法 3 单击【常用】工具栏中的【复制】按钮。

方法 4 在选中的文字或段落上单击鼠标右键，在弹出的快捷菜单中选择【复制】命令。

例如，将“职称计算机考试技巧”演示文稿中第 2 张幻灯片中的内容复制到第 6 张幻灯片中，具体操作步骤如下：

步骤 1 在【大纲】选项卡中单击第 2 张幻灯片，单击编辑区文字位置。

步骤 2 首先在文字的前面单击鼠标左键，按住鼠标左键拖动到结尾处。

步骤 3 选择【编辑】→【复制】菜单命令，如图 2-7 所示。

步骤 4 在【大纲】选项卡中单击第 6 张幻灯片，单击编辑区。

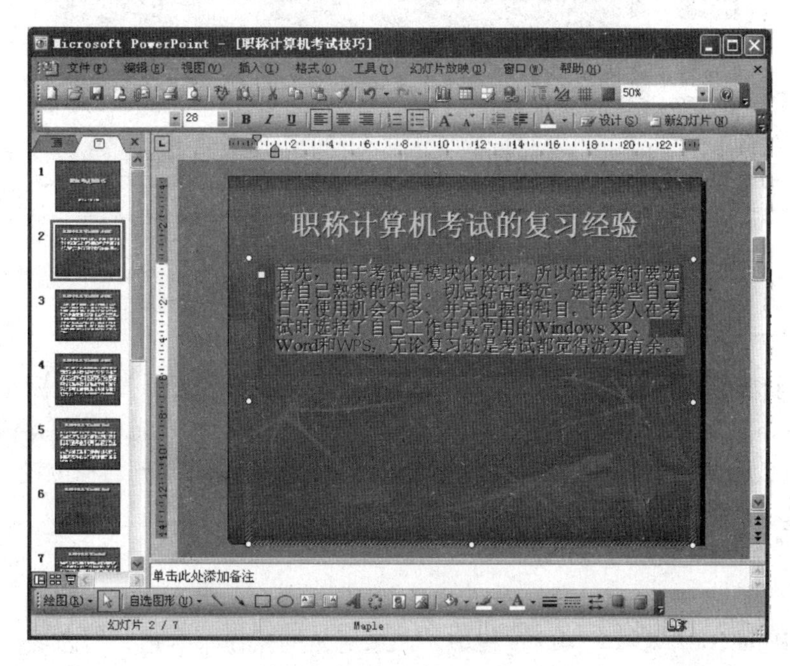

图 2-7 复制后的段落

步骤 5 选择粘贴。粘贴的方法有 4 种，具体操作方法如下：

方法 1 选择【编辑】→【粘贴】菜单命令。

方法 2 按快捷键〈Ctrl + V〉。

方法 3 单击【常用】工具栏中的【粘贴】按钮。

方法 4 在选中的段落上单击鼠标右键，在弹出的快捷菜单中选择【粘贴】命令。

选择上述一种方法操作，完成后的结果如图 2-8 所示。

通过移动文本可以将选择的文本从一个位置移动到另一个位置，也可将文本剪切后在其他多个位置进行粘贴，对多余的文本可以将其删除。这些功能可以用于文本、表格、图形等其他对象。将选中文字或段落移动的具体操作方法如下：

方法 1 选择【编辑】→【剪切】菜单命令。

方法 2 按快捷键〈Ctrl + X〉。

方法 3 单击【常用】工具栏中的【剪切】按钮。

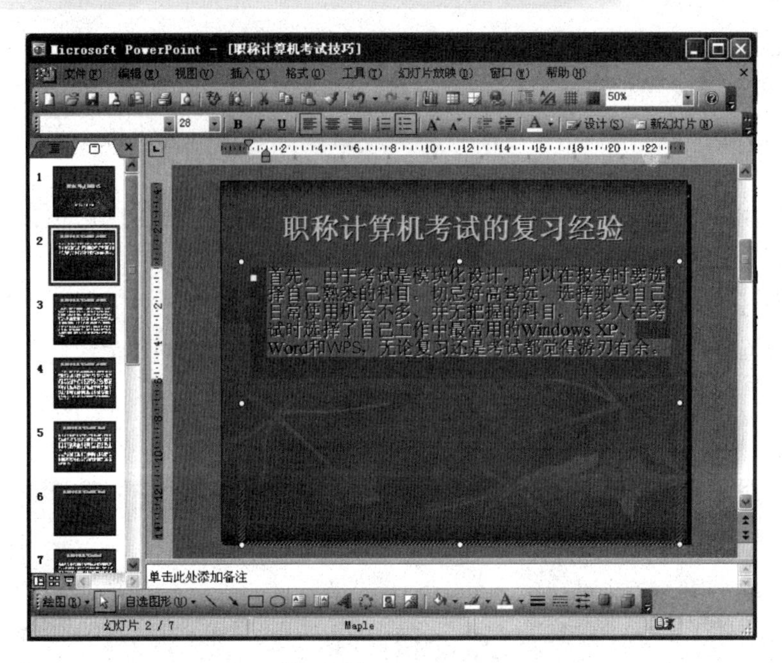

图 2-8　粘贴后的段落

方法 4　在选中的文字或段落上单击鼠标右键，在弹出的快捷菜单中选择【剪切】命令。

方法 5　将光标指向被选中的文本框，当光标呈现箭头状时，按住鼠标左键并拖动鼠标，光标下方将出现一个虚线方框，同时还会出现一条虚线插入点光标。将虚线插入点光标移动到目标位置并释放鼠标左键，则被选中的文本就从原位置移动到目标位置。

2.2.5　撤销已完成的操作

在 PowerPoint 2003 编辑文档的过程中，如果所做的操作不合适，而想返回到当前结果前面的状态，则可以通过【撤销】或【恢复】功能进行撤销或恢复，具体操作方法如下：

方法 1　选择【编辑】→【撤销……】菜单命令，或单击【常用】工具栏中的【撤销】按钮，可以撤销最近一次的操作。

方法 2　选择【编辑】→【恢复……】菜单命令，或单击【常用】工具栏中的【恢复……】按钮，可以恢复最近一次的撤销。

方法 3　按快捷键〈Ctrl + Z〉或按快捷键〈Ctrl + Y〉。

方法 4　单击【常用】工具栏中的【撤销……】或【恢复……】按钮旁的下拉箭头，在弹出的列表中将看到已经完成的操作列表，如图 2-9 所示，单击列表中的某一步操作，可撤销或恢复此前的所有操作。

对于【撤销】或【恢复】等操作，用户可以对其最多可取消的操作数进行设置，具体操作步骤如下：

步骤 1　选择【工具】→【选项】菜单命令，打开【选项】对话框。

步骤 2　单击【编辑】选项卡，如图 2-10 所示。

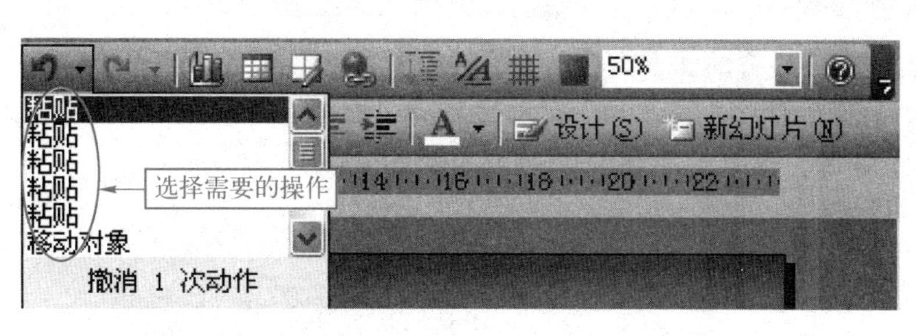

图 2-9 已经完成的操作列表

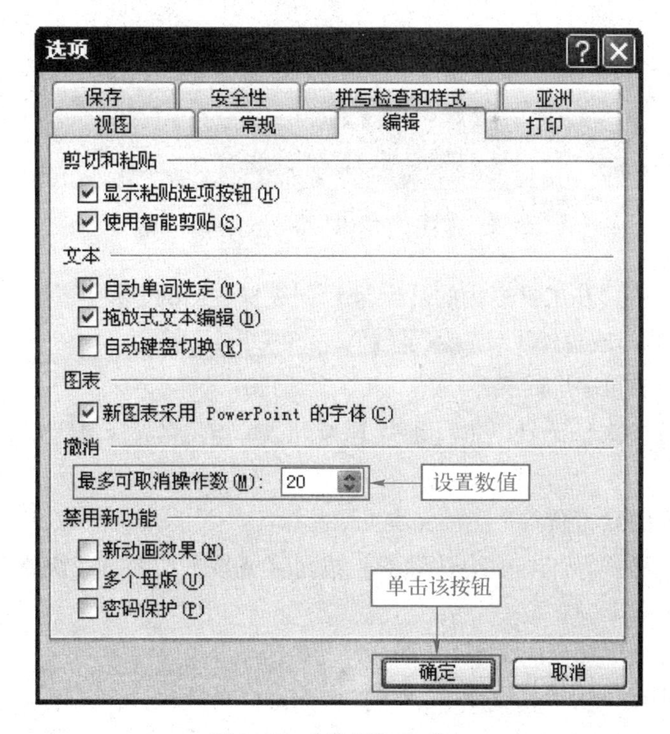

图 2-10 【编辑】选项卡

步骤3 在【撤销】设置区的【最多可取消操作数】数值框中设置要保留的步骤数。

步骤4 单击【确定】按钮。

2.3 幻灯片中内容的设置

2.3.1 设置文字和段落格式

1. 设置文字格式

在 PowerPoint 2003 中用户可以根据需要将文字进行美化，可以通过【格式】工具栏和【字体】对话框两种方式完成。

(1) 使用【格式】工具栏设置字符格式

具体操作步骤如下：

步骤1 选中需要设置的文本内容。

步骤2 单击【格式】工具栏中的【字体】列表框右侧的下拉箭头，在弹出的下拉列表框中选择需要的字体，如图2-11所示。

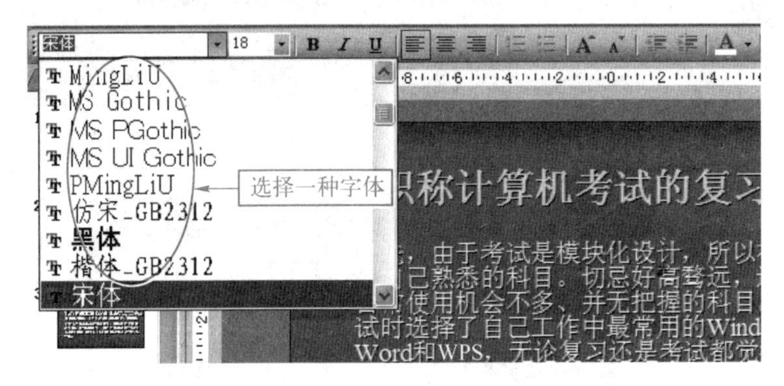

图2-11 【字体】下拉列表框

步骤3 单击【格式】工具栏中的【字号】列表框右侧的下拉箭头，在弹出的下拉列表框中选择需要的字号，或直接手动输入字号值，如图2-12所示。

步骤4 选中要加粗字形的文本。

步骤5 单击【格式】工具栏中【加粗】按钮 **B** 或按〈Ctrl + B〉快捷键，可以设置文本的粗体效果。

步骤6 选中要设置为倾斜字形的文本。

步骤7 单击【格式】工具栏中【倾斜】按钮 *I* 或按〈Ctrl + I〉快捷键，可以设置文本的斜体效果。

步骤8 选中要设置颜色的文本。

步骤9 单击【格式】工具栏中【颜色】旁的倒三角按钮，在弹出的下拉菜单中选择需要的颜色，如图2-13所示。

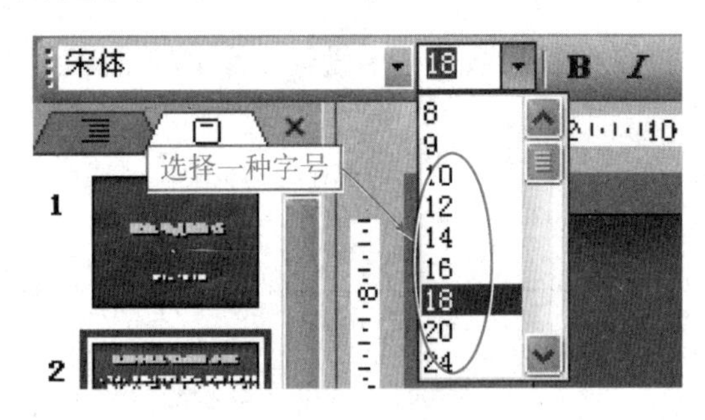

图2-12 【字号】下拉列表框

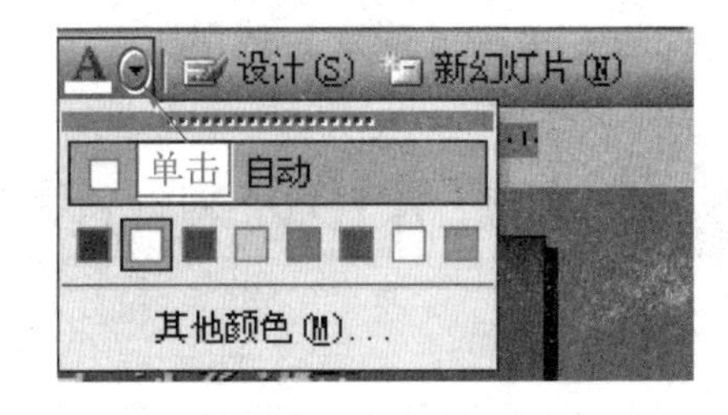

图2-13 颜色菜单

（2）使用【字体】对话框设置字符格式

具体操作步骤如下：

步骤1 选中需要设置文本的内容。

步骤2 选择【格式】→【字体】菜单命令，也可以在选择的文字上单击鼠标右键，在弹出的快捷菜单中选择【字体】命令，打开【字体】对话框，如图2-14所示。

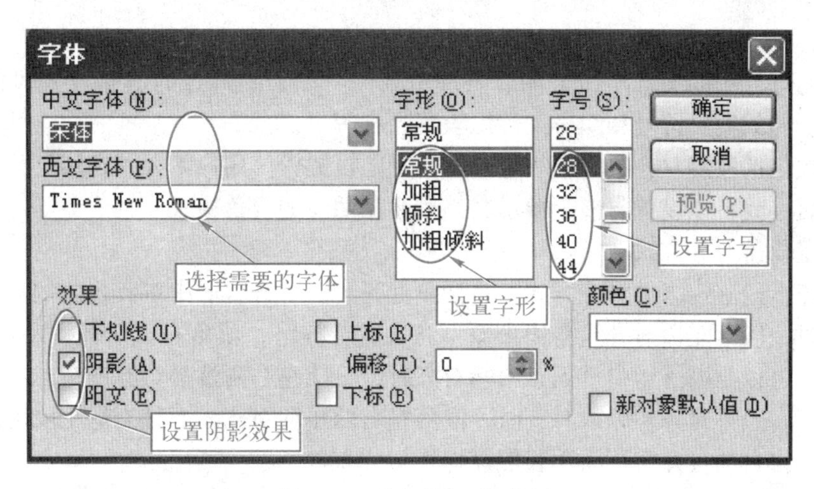

图 2-14 【字体】对话框

步骤 3 在【字体】对话框中，可以设置文本的字体、字形、字号、颜色等。

步骤 4 单击【确定】按钮或按〈Enter〉键。

将文字加上阴影效果，可以利用【阴影设置】工具栏设置阴影效果，如图 2-15 所示。

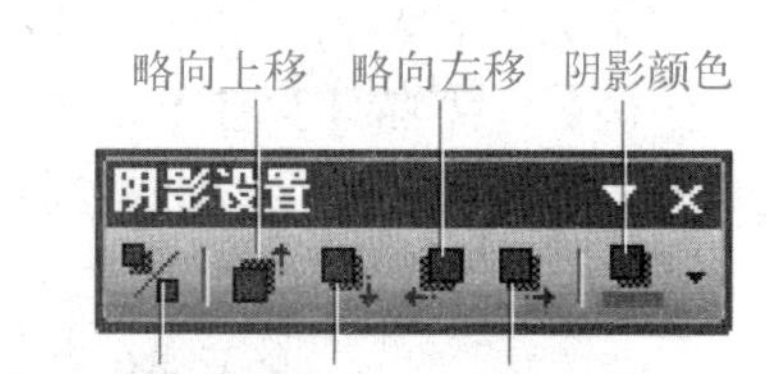

图 2-15 【阴影设置】工具栏

例如，将幻灯片中已选中的文字设置为阴影效果，阴影效果为第二行第二列，具体操作步骤如下：

步骤 1 单击【绘图】工具栏中的【阴影样式】按钮，弹出【阴影样式】列表，如图 2-16 所示。

步骤 2 单击第 6 种样式（第 2 行第 2 列）。

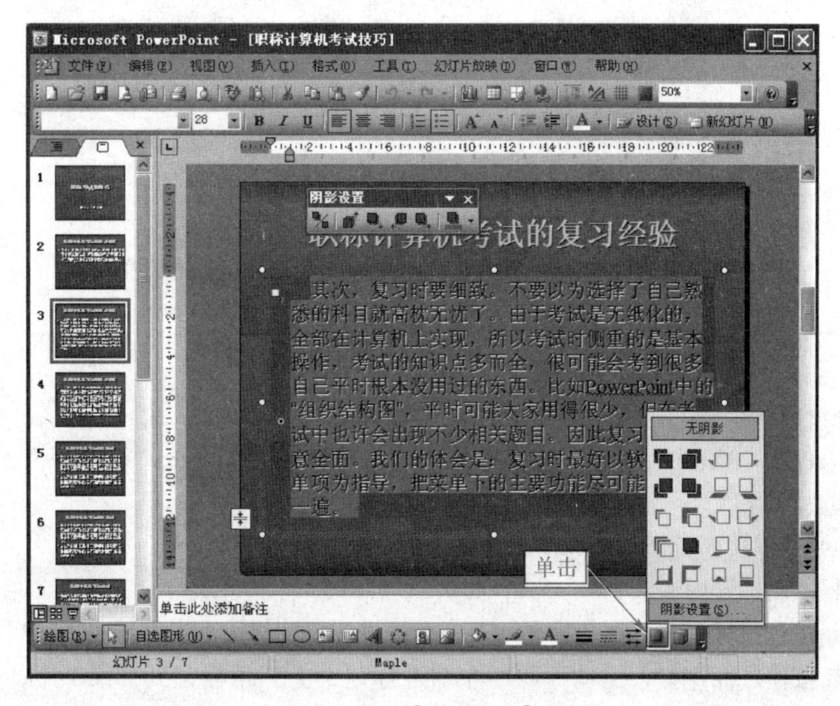

图 2-16 打开【阴影样式】列表

2. 设置段落格式

为了使幻灯片中的文本层次分明、条理清晰，可以为幻灯片的段落设置段落格式和级别，如使用不同的项目符号和编号来标识段落层次等。

段落格式包括段落对齐、段落缩进及段落间距设置等。用户掌握了在幻灯片中编排段落格式的方法后，就可以设置与整个演示文稿风格相适应的段落格式。

（1）设置段落对齐方式

段落对齐指段落边缘的对齐方式，包括左对齐、右对齐、居中对齐、两端对齐和分散对齐。左对齐时，段落左边对齐，右边参差不齐；右对齐时，段落右边对齐，左边参差不齐；居中对齐时，可以是段落居中排列；两端对齐时，段落左右两端都对齐分布，但段落最后不满一行的文字右边不对齐；分散对齐时，段落左右两端均对齐，而且当每个段落的最后一行不满一行时，将自动拉开字行间距，使该行均匀分布。

设置文字和段落之间的对齐方式，有两种方法，具体操作方法如下：

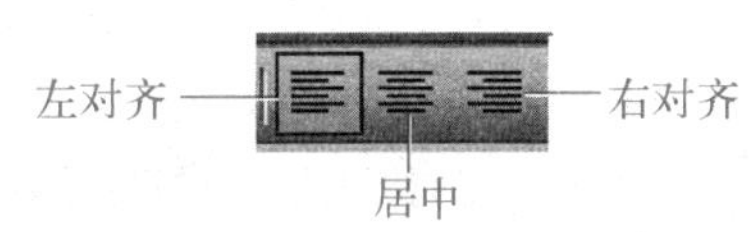

图 2-17 【左对齐】、【居中】、【右对齐】按钮

方法 1　单击【格式】工具栏中的【左对齐】、【居中】、【右对齐】按钮，如图 2-17 所示。

方法 2　选择【格式】→【对齐方式】菜单命令，选择要设置的对齐方式，如图 2-18 所示。

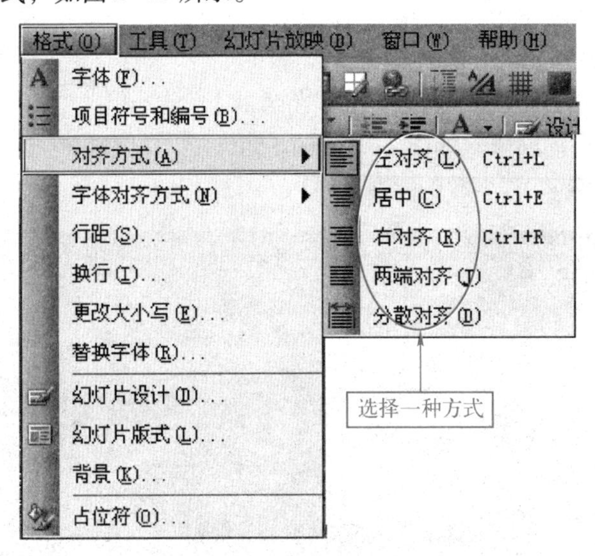

图 2-18 【对齐方式】级联菜单

（2）设置段落缩进

在 PowerPoint 2003 中，可以设置文本段落与占位符或文本框或边框的距离，也可以设置段落缩进量。

例如，调整段落缩进格式的操作步骤如下：

步骤 1　单击标题内部文字。

步骤 2　按住鼠标左键，拖动标题的第一行缩进标记到标尺 1 上，如图 2-19 所示。

步骤 3　按住鼠标左键，拖动标题的左缩进标记中上三角标记到标尺 1 上，如图 2-20 所示。

缩进标记

图 2-19 拖动标题的缩进标记到标尺 1 上

图 2-20 拖动标题的上三角标记到标尺 1 上

步骤 4 单击正文内部文字。

步骤 5 单击【格式】工具栏中的【项目符号】按钮，取消正文上的项目符号，如图 2-21 所示。

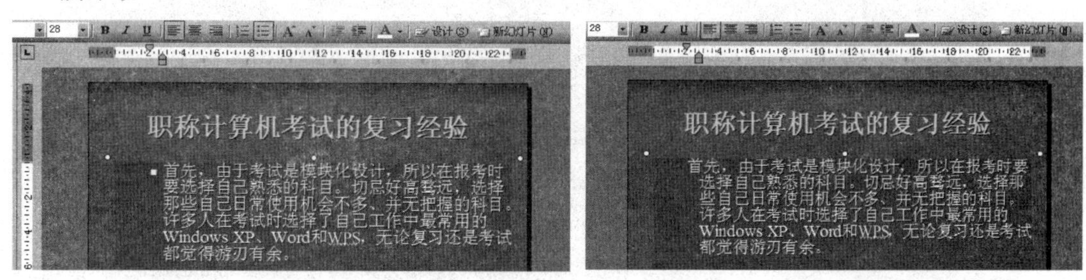

图 2-21 取消正文上的项目符号

步骤 6 按住鼠标左键，拖动正文左缩进中上三角标记到标尺 4 上，如图 2-22 所示。

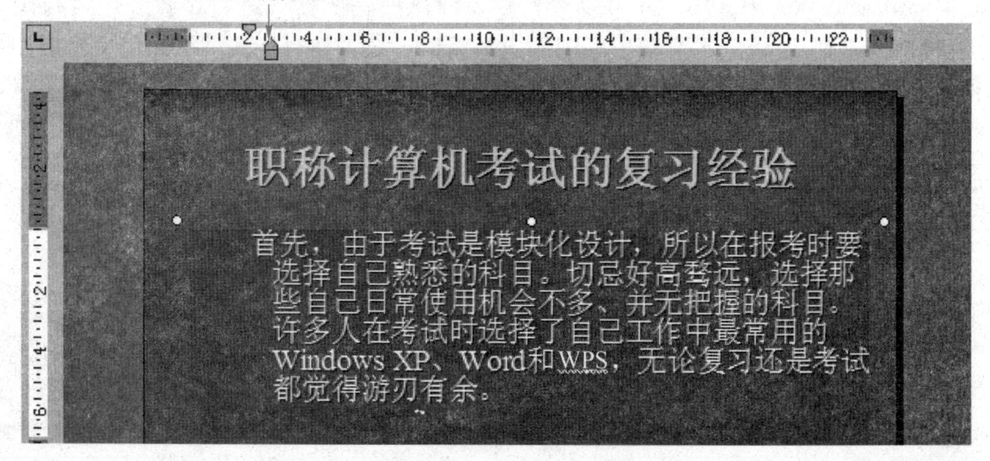

图 2-22 拖动正文的上三角标记到标尺 4 上

步骤 7 按住鼠标左键，拖动正文左缩进中下三角标记到标尺 6 上，如图 2-23 所示。

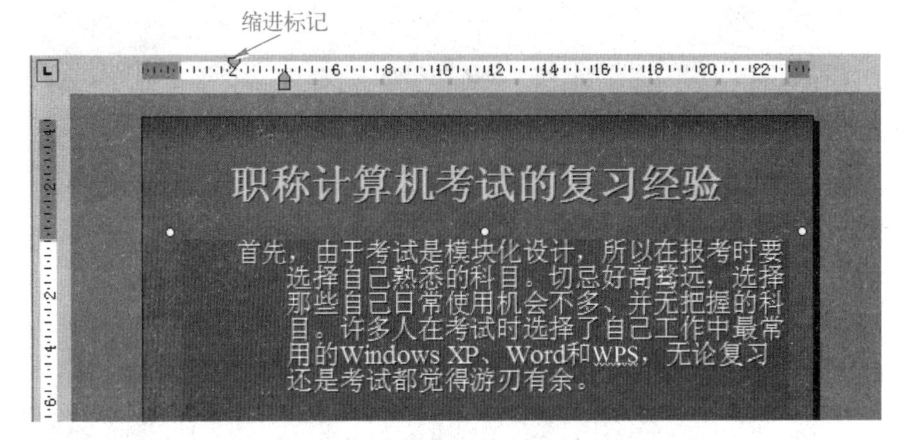

图 2-23　拖动标题的下三角标记到标尺 6 上

设置完成后的效果如图 2-24 所示。

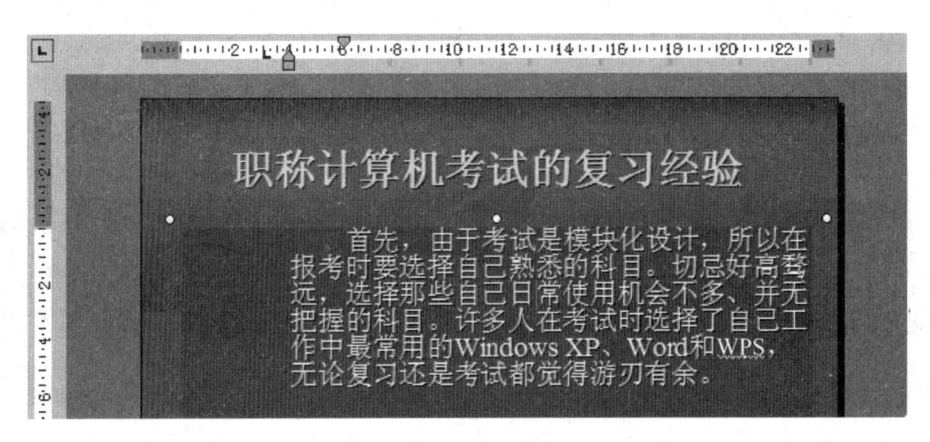

图 2-24　设置段落缩进

（3）设置行距和换行的格式

在 PowerPoint 2003 中，用户还可以对行距及段落换行的格式进行设置。设置行距可以改变默认设置的行距，使演示文稿中的内容更为清晰；设置换行格式，可以使文本以用户规定的格式分行。

- 设置段落行距。选择需要设置的段落，选择【格式】→【行距】菜单命令，打开【行距】对话框，如图 2-25 所示，在该对话框中用户可根据需要设置段落行距。
- 设置换行格式。选择【格式】→【换行】菜单命令，打开【亚洲换行符】对话框。如图 2-26 所示，在该对话框中用户可根据需要设置换行格式。

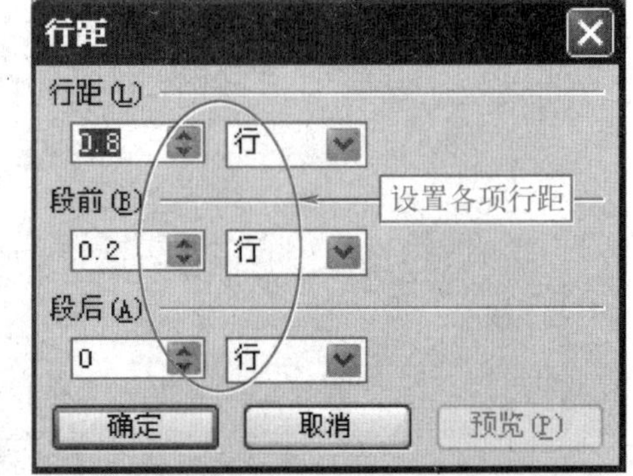

图 2-25　【行距】对话框

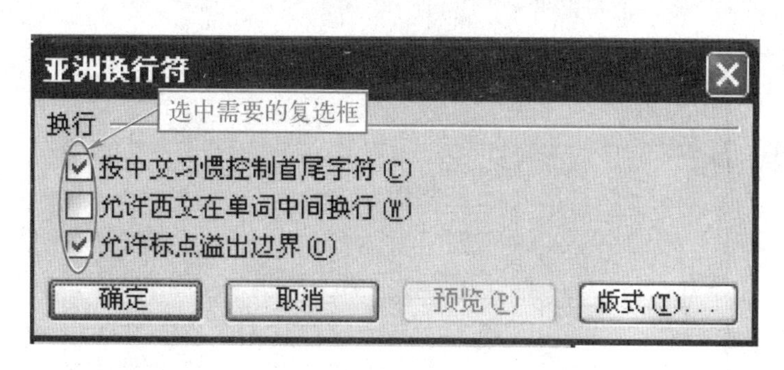

图 2-26 【亚洲换行符】对话框

(4) 设置项目符号和编号

在演示文稿中，为了使某些题目更为醒目，经常要用到项目符号和编号。项目符号和编号用于强调一些特别重要的观点或条目，从而使主题更加美观、突出。

例如，给已选中的段落设置项目符号，项目符号形式为第 1 行第 3 个，具体操作步骤如下：

步骤 1 选择【格式】→【项目符号和编号】菜单命令，打开【项目符号和编号】对话框，如图 2-27 所示。

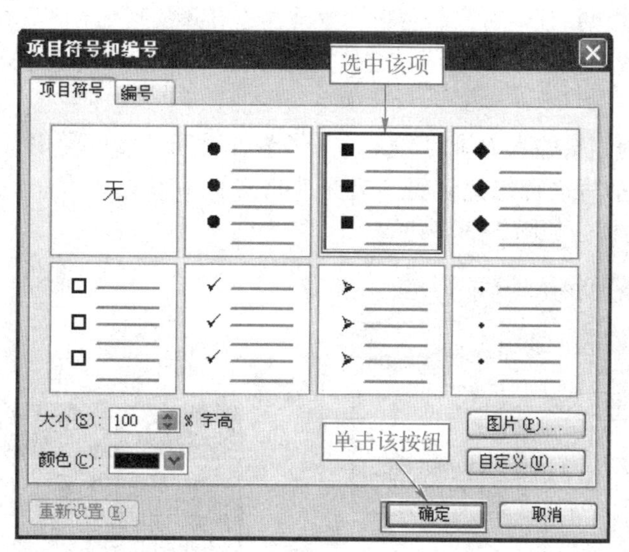

图 2-27 【项目符号和编号】对话框

步骤 2 单击第 1 行第 3 个项目符号。

步骤 3 单击【确定】按钮。

再如，为选中的段落添加项目编号，编号形式为【A.、B.、C.】，具体操作如下：

步骤 1 选择【格式】→【项目符号和编号】菜单命令，打开【项目符号和编号】对话框，如图 2-27 所示。

步骤 2 单击【编号】选项卡，如图 2-28 所示。

步骤 3 选择项目编号【A.、B.、C.】。

步骤 4 单击【确定】按钮。

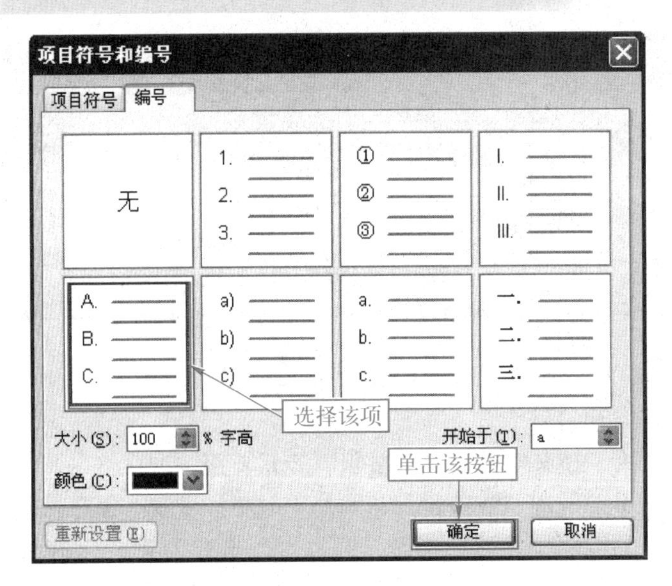

图 2-28 【编号】选项卡

3. 中西文混排的特殊格式

字体的对齐方式包括顶端对齐、居中、罗马方式对齐及底端对齐，用户可以根据需要利用菜单对其进行设置，如图 2-29 所示。选择【格式】→【字体对齐方式】菜单命令来选择需要设置的命令。

在编辑幻灯片时，会输入大量的英文，为了节省时间，可以利用【更改大小写】对话框对英文字母的大小写进行快速设置。选择【格式】→【更改大小写】菜单命令，打开【更改大小写】对话框，如图 2-30 所示。

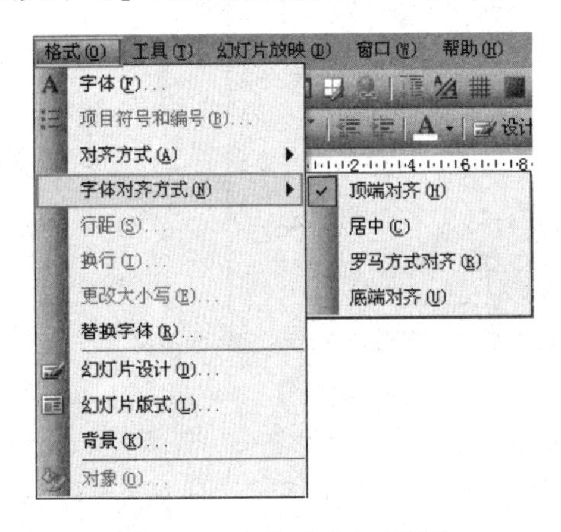

图 2-29 字体对齐方式菜单

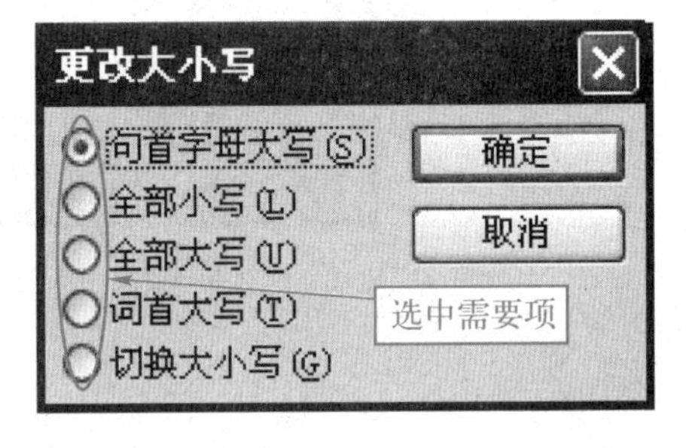

图 2-30 【更改大小写】对话框

4. 使用格式刷

如果很多文本都是一个格式，可以利用【格式刷】进行快速设置。【格式刷】是一种可以复制和粘贴段落格式及字符格式的工具。在文稿的排版操作中，利用【格式刷】可以像复制文本一样，复制文字或段落的格式，以提高文稿编辑的效率。

利用【格式刷】进行复制，具体操作步骤如下：

步骤 1 选中要复制格式的对象。

步骤2 单击【常用】工具栏中的【格式刷】按钮，光标变成了形状。

步骤3 单击要设置的格式对象。

但是单击【格式刷】按钮，只能进行一次格式复制。下面双击【格式刷】，然后粘贴一种格式，光标还保持着小刷子形状，这时就可以“批量生产”了，想把格式粘贴多少次都行。如果不想再粘贴格式了，就再单击一下【格式刷】按钮，或者按〈Esc〉键取消格式粘贴。

2.3.2　幻灯片中占位符的设置

占位符是用来储存文字和图形的容器，其本身是构成幻灯片内容的基本对象，具有自己的属性。用户可以对其中的文字进行操作，也可以对占位符本身进行大小调整、移动、复制、粘贴及删除等操作。

1. 调整占位符的大小

占位符常见的操作状态有两种：文本编辑与整体选中。在文本编辑状态下，占位符中出现闪烁的光标，用户可以编辑其中的文本；在整体选中状态下，用户可以对占位符调整大小。

调整占位符大小的具体操作步骤如下：

步骤1 单击占位符边框，鼠标变成四向箭头，选中后的占位符边框如图2-31所示。

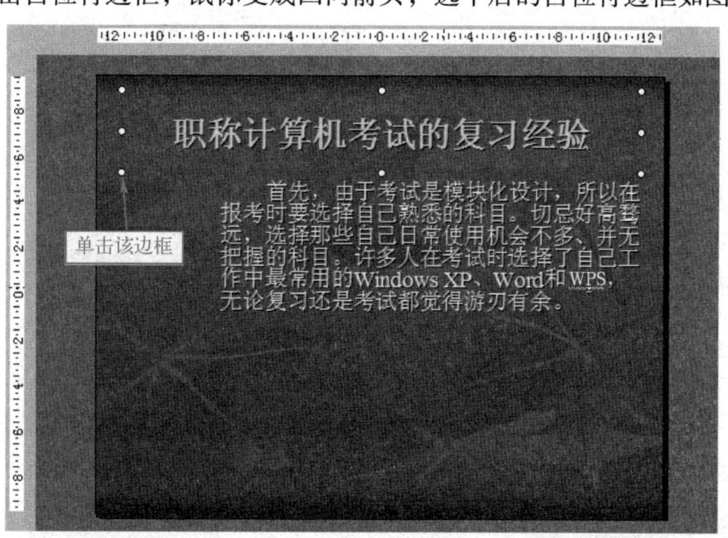

图2-31　选中后的占位符边框

步骤2 选中后的占位符边框有8个控制点，用户可以根据需要利用光标来调整占位符边框的大小，也可以将光标放在占位符边框的四角，光标会斜着变成双向箭头，也可以调整占位符边框的大小。

利用光标只能粗略调整占位符的尺寸，如果需要精确设置占位符的大小，可以利用【设置自选图形格式】对话框来调整。

打开【设置自选图形格式】对话框，如图2-32所示，有3种方法，具体操作方法如下：

方法 1　选择【格式】→【占位符】菜单命令，打开【设置自选图形格式】对话框。

方法 2　双击占位符边框，打开【设置自选图形格式】对话框。

方法 3　在占位符边框上单击鼠标右键，在弹出的快捷菜单中选择【设置占位符格式】命令，打开【设置自选图形格式】对话框。

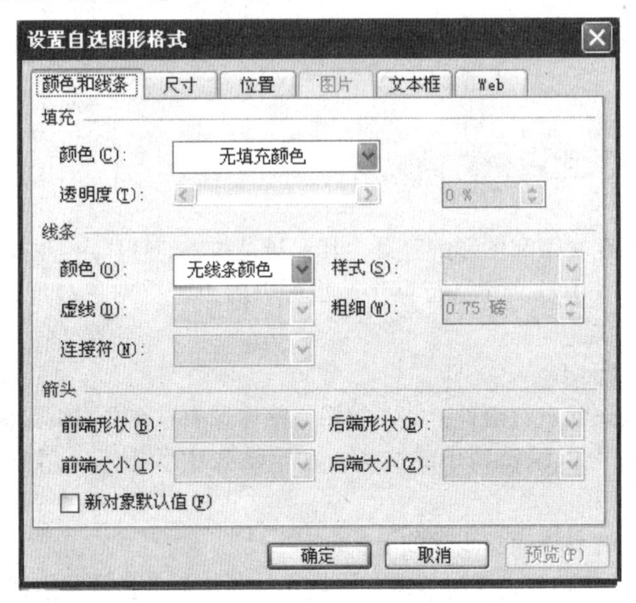

图 2-32　【设置自选图形格式】对话框

调整占位符尺寸的具体操作步骤如下：

步骤 1　双击占位符边框，打开【设置自选图形格式】对话框，如图 2-32 所示。

步骤 2　单击【尺寸】选项卡，如图 2-33 所示。

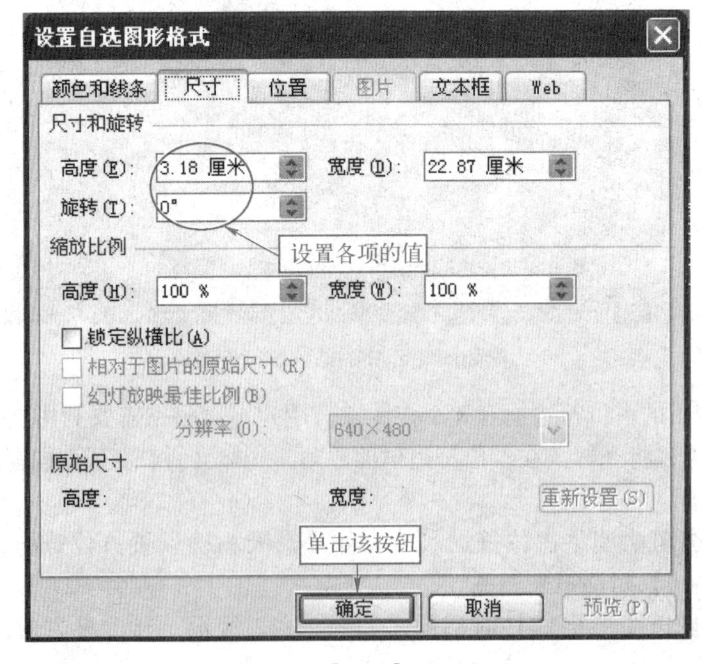

图 2-33　【尺寸】选项卡

步骤 3 在【尺寸和旋转】设置区中调整【高度】、【宽度】或【旋转】角度。

步骤 4 单击【确定】按钮。

调整旋转占位符可以利用【绘图】工具栏进行设置，单击【绘图】工具栏中的【绘图】按钮，在弹出的菜单中选择【旋转或翻转】级联菜单，从中选择需要的命令，如图2-34所示。

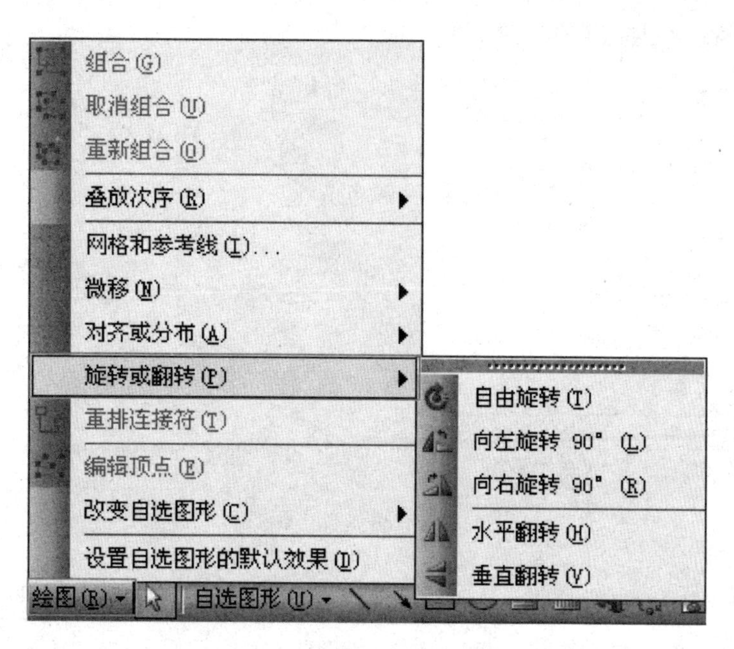

图2-34 旋转或翻转列表

2. 复制、剪切、粘贴和删除占位符

用户可以像对文字对象一样，对占位符进行复制、剪切、粘贴及删除等基本编辑操作。对占位符的编辑操作与对其他对象的操作相同，选中之后在功能区的【剪贴板】选项区域中选择【复制】、【粘贴】及【剪切】等相应选项即可。

- 在复制或剪切占位符时，会连同复制或剪切占位符中的所有内容和格式，以及占位符的大小和其他属性。
- 当把复制的占位符粘贴到当前幻灯片时，被粘贴的占位符将位于原占位符的附近；当把复制的占位符粘贴到其他幻灯片时，被粘贴的占位符的位置将与原占位符在幻灯片中的位置完全相同。
- 占位符的剪切操作常用来在不同的幻灯片间移动内容。
- 选中占位符后按键盘上的〈Delete〉键，可以把占位符及其内部的所有内容删除。

2.3.3 幻灯片中文本框的使用

文本框是一种可移动、可调整大小的文字或图形容器，它与文本占位符非常相似。使用文本框，可以在幻灯片中放置多个文字块，可以使文字按照不同的方向排列，也可以打破幻灯片版式的制约，实现在幻灯片中的任意位置添加文字信息的目的。

1. 插入文本框

在 PowerPoint 2003 中插入一个文本框，文本框中包含水平文本框和垂直文本框，本例中选择水平文本框，具体操作步骤如下：

步骤 1 选择【插入】→【文本框】→【水平】菜单命令，或者单击【绘图】工具栏中的【文本框】按钮，如图 2-35 所示。

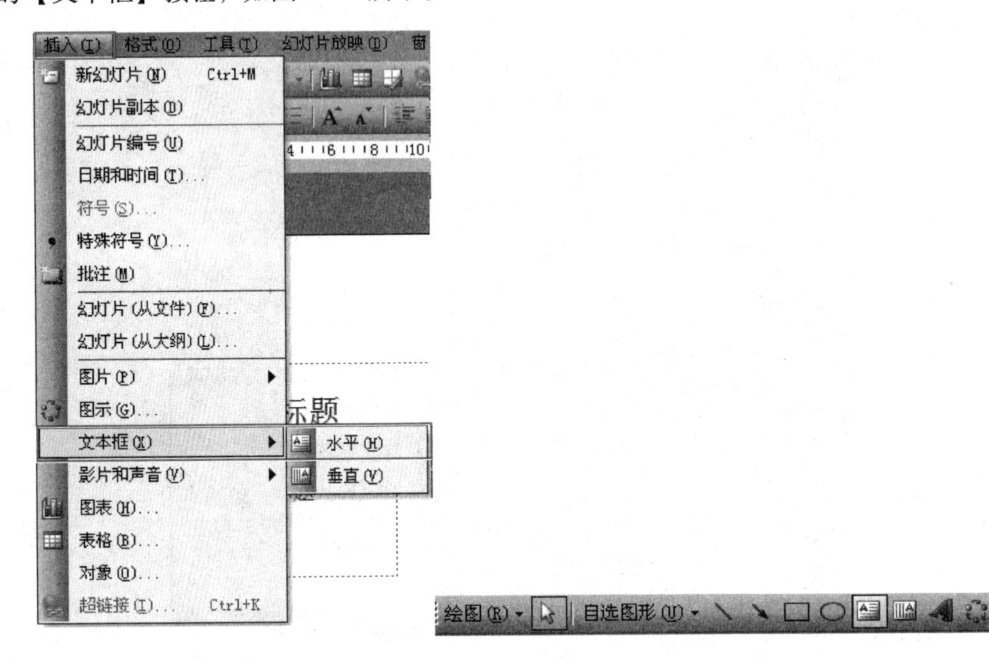

图 2-35 两种插入水平文本框的方法

步骤 2 在编辑区拖动鼠标绘制一个水平的文本框，在文本框中出现一个插入点，这时可以在文本框中输入需要的内容，并设置文字的格式。

2. 设置文本框

设置文本框的格式和设置占位符的格式一样，都是先打开【设置自选图形格式】对话框，这里就不再重复了，详见 2. 3. 1 小节相应的内容。

3. 删除文本框

将要删除的文本框选中，然后按〈Delete〉键或选择【编辑】→【清除】菜单命令，即可完成删除操作。

2.4 幻灯片的演示

利用演示文稿在屏幕上演示，其最大的优点是可以在幻灯片中添加特殊效果并切换效果，这样不仅能突出重点，而且能在讲演时增加视觉效果，达到突出主题的目的。

2.4.1 设置幻灯片的切换方式

设置幻灯片切换方式的具体操作步骤如下：

步骤1 打开相应的演示文稿，找到待调整的某张幻灯片。

步骤2 在【任务窗格】下拉列表中选择【幻灯片切换】，弹出如图 2-36 所示的面板，在列表框中选择一种幻灯片切换方式，若最下方的【自动预览】复选框被选中，则当前工作区域的幻灯片马上就能以所选择的切换方式预览效果。

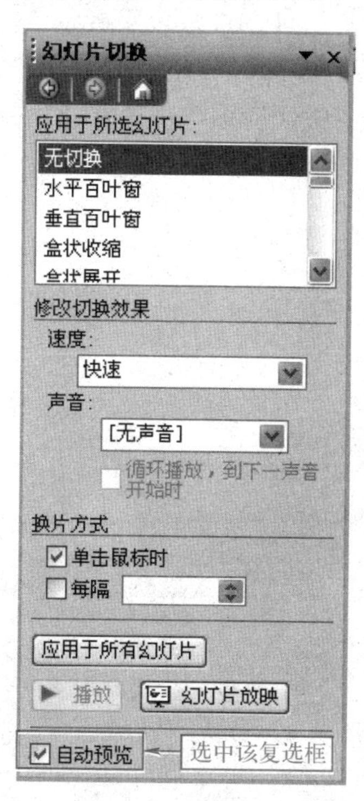

图 2-36 【幻灯片切换】面板

步骤3 切换方式列表下方还有【慢速】、【中速】和【快速】3 种切换速度可供选择。

步骤4 【声音】设置区用来选择切换时的背景声音效果。

步骤5 【换片方式】设置区用来决定手工还是自动切换。如果选中【单击鼠标时】复选框，则在放映幻灯片时，每单击一次鼠标，就切换一张幻灯片；如果选择【每隔】复选框，则需要在数值设置框中设置一个数字，表示经过这段时间（以秒为单位）后自动切换。

如果需要将所选择的切换方式应用于所有的幻灯片，可以单击【应用于所有幻灯片】按钮。

2.4.2 放映演示文稿

1. 放映演示文稿

编辑好演示文稿后，在打印出幻灯片之前，可先观看放映效果。具体操作步骤如下：

步骤1 单击【从当前幻灯片开始放映】按钮；若要从第一张幻灯片开始放映，可以选择【幻灯片放映】→【观看放映】菜单命令，或者选择【视图】→【幻灯片放映】菜单命令，或者按快捷键〈F5〉。

步骤2 当屏幕正处于幻灯片的放映状态时，单击一次鼠标左键，将切换到下一张幻灯片。单击鼠标右键可以打开幻灯片演示控制菜单，利用演示控制菜单就可以进行演示文稿放映过程的控制。

2. 及时指出文稿重点

在放映演示文稿过程中，可以在文稿中画出相应的重点内容。方法是：右击鼠标，在弹出的快捷菜单中选择【指针选项】→【圆珠笔】命令或【毡尖笔】或【荧光笔】命令，此时，光标会变成绘图笔，用户可以在屏幕上画出相应的重点内容。

若要选择绘图笔颜色，可在右键快捷菜单中选择【指针选项】→【墨迹颜色】级联菜单，在弹出的命令列表中选择一种满意的颜色，如图 2-37 所示。

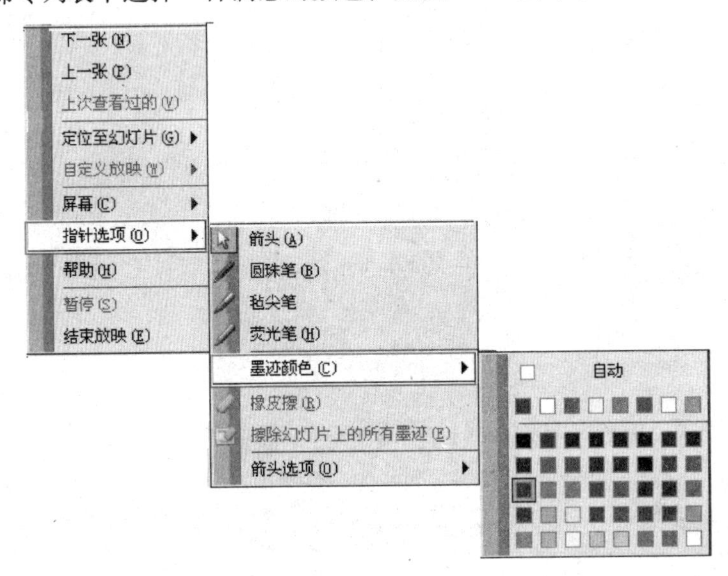

图 2-37　设置绘图笔颜色

2.4.3　幻灯片跳转

在放映文稿时，常常需要从一张幻灯片跳转到另一张幻灯片，可以根据需要选择下面的方法来实现。

方法 1　定位法。

单击鼠标右键，在弹出的快捷菜单中选择【定位至幻灯片】→【（要跳转的）幻灯片】命令。

方法 2　序号法。

如果知道要跳转的幻灯片序号，可以用键盘直接输入相应的序号，然后按〈Enter〉键即可跳转过去。

方法 3　超链接法。

如果要跳转的幻灯片是固定的（如从 2 号跳转到 1 号），可以在制作幻灯片时，将两张幻灯片链接起来。

将两张幻灯片链接起来的方法如下：选中要作为超链接的部分，单击鼠标右键，在弹出的快捷菜单中选择【超链接】命令，打开【插入超链接】对话框，如图 2-38 所示，单击【本文档中的位置（A)】选项，选择另一张幻灯片即可。

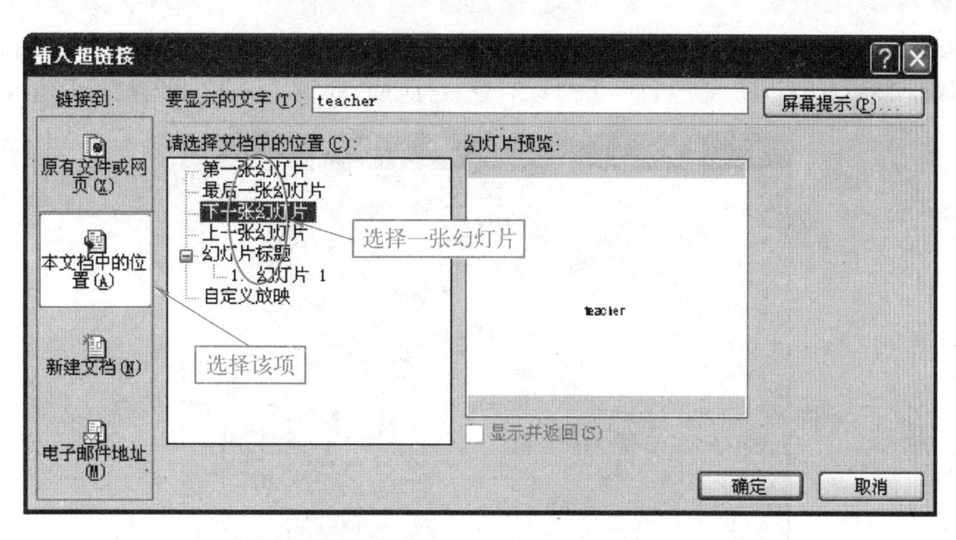

图 2-38 【插入超链接】对话框

2.5 演示文稿的打印

当一份演示文稿制作完成以后，有时需要将演示文稿打印出来。PowerPoint 2003 允许用户选择以彩色或黑白方式（大多数演示文稿设计是彩色的，而打印幻灯片或讲义时通常选用黑白颜色。用户可以在打印演示文稿之前先预览一下幻灯片和讲义的黑白视图，再对黑白对象进行调节）来打印演示文稿的幻灯片、讲义、大纲或备注页。

1. 页面设置

在打印演示文稿之前要进行页面设置，选择【文件】→【页面设置】菜单命令，打开如图 2-39 所示的【页面设置】对话框。在该对话框中可以按照需求设置幻灯片的大小、打印方向等项目。

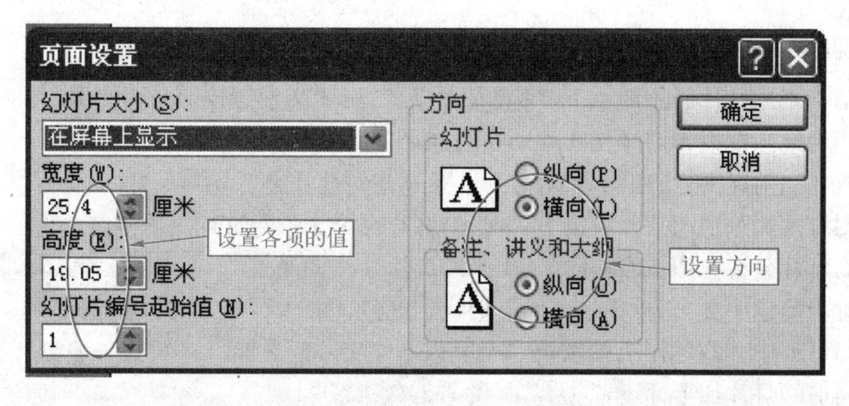

图 2-39 【页面设置】对话框

2. 打印

页面设置完成后，即可进行打印，选择【文件】→【打印】菜单命令，打开如图 2-40 所示的【打印】对话框。【打印范围】设置区用于选择要打印的幻灯片的范围，可以选择全

部打印或只打印当前幻灯片，还可以任意指定要打印幻灯片的编号，比如：选中【幻灯片】单选按钮，然后在右边输入“1, 3, 5 - 12”，就会打印第1、3、5～12张幻灯片的内容。

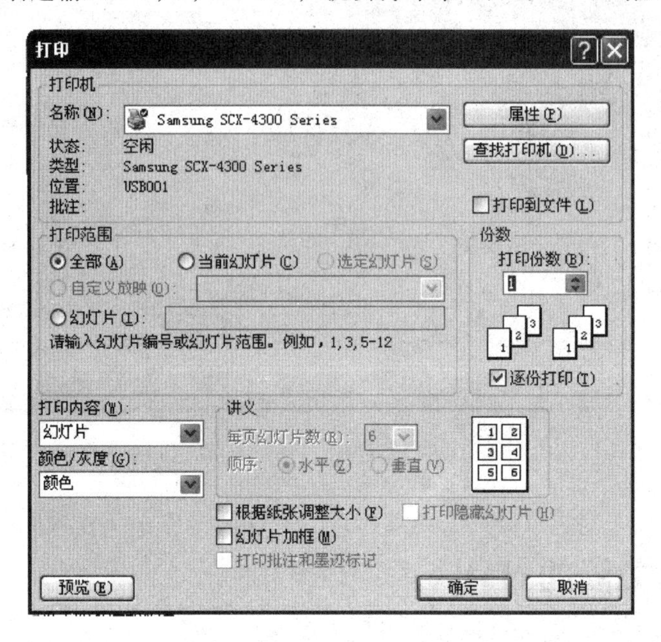

图2-40 【打印】对话框

打印内容包括幻灯片、讲义、备注页和大纲视图等。可以选择在一页打印纸上打印单张幻灯片，也可以选择在一页打印纸上打印2张、3张或是6张幻灯片。在打印【观众讲义】时，一张A4纸通常打印2张或3张较为合适。在打印胶片时，通常选择每页打印一张幻灯片。选择好各选项后，单击【确定】按钮。

2.6 上机练习

1. 在浏览视图下，选中除了第2、5张之外的所有幻灯片。
2. 在第4张幻灯片后添加一个“标题幻灯片”版式的幻灯片，并输入标题：讲解大纲。
3. 利用大纲工具栏将幻灯片5移动到幻灯片2的前面。
4. 不改变当前视图，将第2张幻灯片在第4张幻灯片之后复制一份。
5. 在幻灯片浏览视图下，将第1～3张幻灯片在第5张幻灯片之前复制一份。
6. 在幻灯片普通视图下删除第2～4张幻灯片。
7. 设置当前选中文字为60号、加下划线、红色，字体对齐方式为底端对齐。
8. 将幻灯片中“忽闻岸上踏歌声”及其以下文字一起删除（不可逐一删除）。
9. 给当前幻灯片加上标题“为有”，并查看效果。

10. 请将当前幻灯片中的文本框中的文字在段末复制一份，并使文本框中仍只有一段文字。

11. 请将当前幻灯片中“忽闻岸上踏歌声。”一行整行移到到“桃花潭水深千尺。”一行的上方。

12. 请将当前幻灯片中文本框内三个段落整体左缩进6厘米。

13. 请在第4张幻灯片里，将文本框中三个段落的第一行均缩进2厘米。

14. 编辑当前选中文本字体的格式为：阴影、上标、偏移40%、蓝色，并查看编辑效果。

15. 为当前选中段落添加编号为："①、②、③、…"，大小为文本的120%，红色，从4开始，并查看效果。

16. 将第3张幻灯片文字的菱形项目符号的大小设置为105%，颜色为绿色。

17. 在幻灯片内插入一个文本内容可以自动换行的水平文本框，并在文本框内输入文字"插入文本框练习"，文本框的起始位置在幻灯片右下角。

18. 设置使第二段的文字采用与第一段相同的文字字体格式。

19. 将文本框中的"Office"设置为大写。

20. 将幻灯片大小设置为B5（ISO）纸张（176 * 250毫米），幻灯片编号起始值为0，幻灯片的打印方向为横向，备注、讲义和大纲打印方向为纵向。

21. 将幻灯片中选中的文本框内部的填充效果设置为从左向右逐渐变深，垂直底纹样式。

上机操作提示（具体操作请参考随书光盘中【手把手教学】第2章01～21题）

1. 步骤1 单击第1张幻灯片。

步骤2 按〈Ctrl〉键同时单击第3张幻灯片，按〈Ctrl〉键同时单击第4张幻灯片，按〈Ctrl〉键同时单击第6张幻灯片，按〈Ctrl〉键同时单击第7张幻灯片。

2. 步骤1 在【幻灯片】选项卡下单击第4张幻灯片。

步骤2 选择【插入】→【新幻灯片】菜单命令，打开【幻灯片版式】任务窗格。

步骤3 单击【文件版式】列表下的第1种版式。

步骤4 单击【单击此处添加标题】占位符，在占位符中输入"讲解大纲"。

步骤5 单击文本框外任意位置。

3. 步骤1 单击【大纲】选项卡下的第5张幻灯片。

步骤2 单击【大纲】工具栏上的【上移】按钮，再次单击【大纲】工具栏上的【上移】按钮，然后再单击【大纲】工具栏上的【上移】按钮。

4. 步骤1 单击【大纲】选项卡下的第二张幻灯片。

步骤2 选择【编辑】→【复制】菜单命令。

步骤3 单击【大纲】选项卡下的第4张幻灯片。

步骤4 选择【编辑】→【粘贴】菜单命令。

5. 步骤1 选择【视图】→【幻灯片浏览】菜单命令。

步骤2 按〈Ctrl〉键同时单击第2、3张幻灯片。

步骤3 选择【编辑】→【复制】菜单命令。

步骤4 在第5张幻灯片前单击鼠标左键，选择【编辑】→【粘贴】菜单命令。

步骤5 单击文本框外任意位置。

6. 步骤1 在【幻灯片】选项卡下单击第2张幻灯片。

步骤2 按〈Ctrl〉键的同时单击第3张幻灯片，按〈Ctrl〉键的同时单击第4张幻灯片。

步骤3 选择【编辑】→【删除幻灯片】菜单命令。

7. 步骤1 选择【格式】→【字体】菜单命令，打开【字体】对话框。

步骤2 在【字号】列表框下选择【60】，在【效果】设置区中选中【下划线】复选框。

步骤3 单击【颜色】列表框，在弹出的列表框中选择【红色】。

步骤4 单击【确定】按钮。

步骤5 选择【格式】→【字体对齐方式】→【底端对齐】菜单命令。

步骤6 单击文本框外任意位置。

8. 步骤1 选中文字【忽闻岸上踏歌声】到【不及汪伦送我情】。

步骤2 选择【编辑】→【清除】菜单命令。

步骤3 单击窗口空白处任意位置。

9. 步骤1 在光标处输入“为有”。

步骤2 单击文本框外任意位置。

10. 步骤1 选择【编辑】→【复制】菜单命令。

步骤2 在文本末尾处单击鼠标左键，选择【编辑】→【粘贴】菜单命令。

步骤3 单击窗口空白处任意位置。

11. 步骤1 选中文字【忽闻岸上踏歌声】，在文字上按住鼠标左键，拖动到文字【桃花潭水深千尺】前。

步骤2 单击窗口空白处任意位置。

12. 步骤1 选择【视图】→【标尺】菜单命令。

步骤2 拖拽鼠标选中当前窗口中的文字。

步骤3 在左缩进按钮上按住鼠标左键，拖动至标尺 6 厘米上。

步骤4 单击文本框外任意位置。

13. 步骤1 单击【大纲】选项卡下的第 4 张幻灯片。

步骤2 选择【视图】→【标尺】菜单命令。

步骤3 在文字【茶有健身】单击鼠标左键，在首行缩进上按住鼠标左键拖动至标尺 2 厘米上。

步骤4 单击文本框外任意位置。

14. 步骤1 选择【格式】→【字体】菜单命令，打开【字体】对话框。

步骤2 选中【阴影】复选框，选中【上标】复选框，在【偏值】数值框上输入“40”，单击【颜色】列表框，在弹出的列表中选择【蓝色】。

步骤3 单击【确定】按钮，单击窗口空白处任意位置。

15. 步骤1 选择【格式】→【项目符号和编号】菜单命令，打开【项目符号和编号】对话框。

步骤2 单击【编号】选项卡，单击编号【①、②、③】，将【大小】数值框中的内容修改为“120”，单击【颜色】列表框，在弹出的列表中选择【红色】，在【开始于】数值框中输入“4”。

步骤3 单击【确定】按钮。

步骤4 单击文本框外任意位置。

16. 步骤1 在【幻灯片】选项卡下单击第3张幻灯片。

步骤2 单击文本框，选择【格式】→【项目符号和编号】菜单命令，打开【项目符号和编号】对话框。

步骤3 将【大小】数值框中的内容修改为“105”，单击【颜色】列表框，在弹出的列表中选择【绿色】。

步骤4 单击【确定】按钮，单击窗口空白处任意位置。

17. 步骤1 选择【插入】→【文本框】→【水平】菜单命令。

步骤2 在幻灯片窗口右下角绘制一个水平文本框，在文本框中输入“插入文本框练习”。

步骤3 单击文本框外任意位置。

18. 步骤1 单击第一段文字。

步骤2 单击【常用】工具栏中的【格式刷】按钮。

步骤3 单击第二段文字。

步骤4 单击文本框外任意位置。

19. 步骤1 拖动鼠标选中副标题【Office】。

步骤2 选择【格式】→【更改大小写】菜单命令，打开【更改大小写】对话框。

步骤3 选中【全部大写】单选按钮，单击【确定】按钮。

步骤4 单击文本框外任意位置。

20. 步骤1 选择【文件】→【页面设置】菜单命令，打开【页面设置】对话框。

步骤2 单击【幻灯片大小】列表框右侧的下拉箭头，在弹出的列表中选择【B5（ISO）纸张（176*250毫米）】命令，在【幻灯片】设置区选中【横向】单选按钮，在【备注、讲义和大纲】设置区选中【纵向】单选按钮。

步骤3 单击【确定】按钮。

21. 步骤1 选择【格式】→【文本框】菜单命令，打开【设置文本框格式】对话框。

步骤2 在【填充】设置区中单击【颜色】列表框，在弹出的下拉菜单中选择【填充效果】命令，打开【填充效果】对话框。

步骤3 在【颜色】设置区中选中【单色】单选按钮。

步骤4 在【底纹样式】设置区中选中【垂直】单选按钮，单击【确定】按钮，返回到【设置文本框格式】对话框。

步骤5 单击【确定】按钮。

步骤6 单击文本框外任意位置。

第3章 设计幻灯片

本章详细讲解 PowerPoint 2003 中幻灯片版式的类型、应用，使用项目符号和编号，利用背景、配色方案、模板来修饰，加密演示文稿等功能。读者可以一边阅读教材，一边在配套的光盘上操作练习，效果最佳。

3.1 幻灯片版式

版式是在幻灯片上安排文、图、表和画的相对位置。版式的设计是幻灯片制作中最重要的环节，一个好的布局自然会有良好的演示效果。通过在幻灯片中巧妙地安排各个对象的位置，能够更好地达到吸引观众注意力的目的。

3.1.1 幻灯片版式的类型

幻灯片版式是 PowerPoint 2003 中的一种常规排版的格式，通过幻灯片版式的应用可以对文字、图片等更加合理、简洁地完成布局，版式由文字版式、内容版式、文字版式和内容版式及其他版式这 4 个版式组成。在 PowerPoint 2003 中已经内置了几个版式类型供用户使用，利用这 4 个版式可以轻松地完成幻灯片的制作和运用。

1. 文字版式的具体介绍及作用

- 标题幻灯片版式。该版式主要用于演示文稿的首页幻灯片或内容中的标题幻灯片，包含标题和副标题两个文本占位符。
- 标题和文本版式。该版式用于正文以文字为主的幻灯片，包含一个标题和一个带有项目符号或标号的两个文本占位符。
- 只有标题版式。该版式用于正文以文字为主的幻灯片，包含一个标题的文本占位符。
- 标题和两栏文字版式。该版式用于正文以文字为主的幻灯片，包含一个标题和两个带有项目符号或编号的 3 个文本占位符。
- 标题和竖排文字版式。该版式用于正文以文字为主的幻灯片，包含一个标题和一个竖排带有项目符号或编号的两个文本占位符。
- 垂直排列标题与文本版式。该版式用于正文以文字为主的幻灯片，包含竖排标题和竖排带有项目符号或标号的两个文本占位符。

2. 内容版式的具体介绍及作用

- 空白版式。该版式是没有任何占位符的版式，设计者可以自由设计版面效果。

- 内容版式。该版式用于正文以表格、剪贴画、图表、组织结构图、图示、图片、媒体剪辑等为表现对象，不包含标题的幻灯片，版面上只有一个正文内容占位符。
- 标题和内容版式。该版式用于正文以表格、剪贴画、图表、组织结构图、图示、图片、媒体剪辑等为表现对象，包含一个标题文本占位符和一个正文内容占位符。
- 标题和两项内容版式。该版式用于正文以表格、剪贴画、图表、组织结构图、图示、图片、媒体剪辑等为表现对象，包含一个标题文本占位符和两个正文内容占位符。
- 标题、一项小型内容和一项大型内容版式。该版式用于正文以表格、剪贴画、图表、组织结构图、图示、图片、媒体剪辑等为表现对象，包含一个标题文本占位符和 3 个正文内容占位符。
- 标题、两项小型内容和一项大型内容版式。该版式用于正文以表格、剪贴画、图表、组织结构图、图示、图片、媒体剪辑等为表现对象，包含一个标题文本占位符和 3 个正文内容占位符。
- 标题和 4 项内容版式。该版式用于正文以表格、剪贴画、图表、组织结构图、图示、图片、媒体剪辑等为表现对象，包含一个标题文本占位符和 4 个正文内容占位符。

3. 文字版式和内容版式的具体介绍及作用

- 标题、文本与内容版式。该版式用于正文以表格、剪贴画、图表、组织结构图、图示、图片、媒体剪辑等为表现对象，包括一个标题文本占位符、一个正文文本占位符和一个正文内容占位符。
- 标题、内容与文本版式。该版式用于正文以表格、剪贴画、图表、组织结构图、图示、图片、媒体剪辑等为表现对象，包括一个标题文本占位符、一个正文文本占位符和一个正文内容占位符。
- 标题、文本与两项内容版式。该版式用于正文以表格、剪贴画、图表、组织结构图、图示、图片、媒体剪辑等为表现对象，包括一个标题文本占位符、一个正文文本占位符和两个正文内容占位符。
- 标题、两项内容与文本版式。该版式用于正文以表格、剪贴画、图表、组织结构图、图示、图片、媒体剪辑等为表现对象，包括一个标题文本占位符、一个正文文本占位符和两个正文内容占位符。
- 标题和文本在内容之上版式。该版式用于正文以表格、剪贴画、图表、组织结构图、图示、图片、媒体剪辑等为表现对象，包括一个标题文本占位符、一个正文文本占位符和一个正文内容占位符。
- 标题和内容在文本之上版式。该版式用于正文以表格、剪贴画、图表、组织结构图、图示、图片、媒体剪辑等为表现对象，包括一个标题文本占位符、一个正文文本占位符和一个正文内容占位符。
- 标题和两项内容在文本之上版式。该版式用于正文以表格、剪贴画、图表、组织结构图、图示、图片、媒体剪辑等为表现对象，包括一个标题文本占位符、一个正文文本占位符和两个正文内容占位符。

4. 其他版式的具体介绍及作用

- 垂直排列标题且文本在图表之上版式。该版式用于正文以文字和图表为表现对象，包括标题的幻灯片，包括一个标题文本占位符、一个竖排正文文字的文本占位符和一个正文内容占位符。
- 标题、剪贴画与竖排文字版式。该版式用于正文以文字和剪贴画为表现对象，包括一个标题文本占位符、一个竖排正文文字的文本占位符和一个正文内容占位符。
- 标题、文本与剪贴画版式。该版式用于正文以文字和剪贴画为表现对象，包括一个标题文本占位符、一个正文文本占位符和一个正文内容占位符。
- 标题、剪贴画与文本版式。该版式用于正文以文字和剪贴画为表现对象，包括一个标题文本占位符、一个正文文本占位符和一个正文内容占位符。
- 标题、文本与图表版式。该版式用于正文以文字和图表为表现对象，包括一个标题文本占位符、一个正文文本占位符和一个正文内容占位符。
- 标题、图表与文本版式。该版式用于正文以文字和图表为表现对象，包括一个标题文本占位符、一个正文文本占位符和一个正文内容占位符。
- 标题、文本与媒体剪辑版式。该版式用于正文以文字和媒体剪辑为表现对象，包括一个标题文本占位符、一个正文文本占位符和一个正文内容占位符。
- 标题、媒体剪辑与文本版式。该版式用于正文以文字和媒体剪辑为表现对象，包括一个标题文本占位符、一个正文文本占位符和一个正文内容占位符。
- 标题和表格版式。该版式用于正文以文字和表格为表现对象，包括一个标题文本占位符和一个正文内容占位符。
- 标题和图示或组织结构图版式。该版式用于正文以组织结构图或图示为表现对象，包括一个标题文本占位符和一个正文内容占位符。
- 标题和图表版式。该版式用于正文以图表为表现对象，包括一个标题文本占位符和一个正文内容占位符。

3.1.2 幻灯片版式的应用

版式指幻灯片内容在幻灯片上的排列方式。版式由占位符组成，而占位符可放置文字（如标题和项目符号列表）和幻灯片内容（如表格、图表、图片、形状和剪贴画）。基本版式由标题和项目符号列表的占位符组成。

每次添加新幻灯片时，都可以在【幻灯片版式】任务窗格中为其选择一种版式。版式涉及所有的配置内容，但也可以选择一种空白版式。

打开【幻灯片版式】任务窗格，如图 3-1 所示，有 3 种方法，具体操作方法如下：

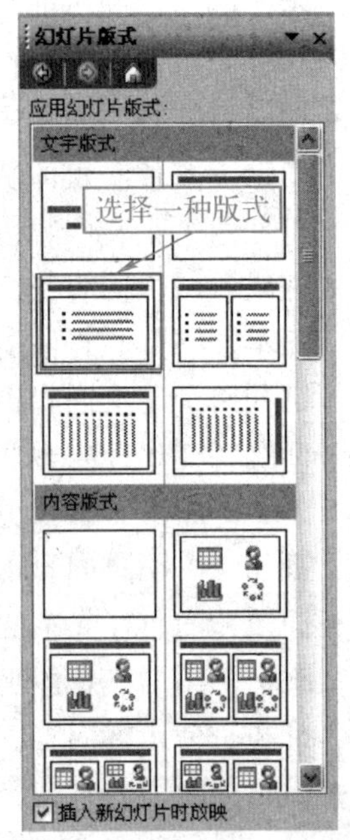

图 3-1 【幻灯片版式】面板

方法 1 选择【格式】→【幻灯片版式】菜单命令。

方法 2 在【幻灯片】选项卡的幻灯片上单击鼠标右键，

在弹出的快捷菜单中选择【幻灯片版式】命令。

方法3　在打开的任务窗格中单击【开始工作】下拉菜单，从中选择【幻灯片版式】命令。

为当前幻灯片设置版式的具体操作步骤如下：

步骤1　选中需要应用版式的幻灯片。

步骤2　选择【格式】→【幻灯片版式】菜单命令，打开【幻灯片版式】面板，如图3-1所示。

步骤3　根据需要选择所需的幻灯片版式。

每一种幻灯片版式都有一个名称以便区分，将光标移动到供选择的幻灯片版式上，光标下方就会出现该版式名称的屏幕提示。如果只需输入文本，则在文字版式中选择合适的幻灯片版式；如果要插入剪贴画，则在内容版式或文字和内容版式中选择合适的幻灯片版式，例如，在文字和内容版式中选择竖排文本与剪贴画、输入标题和文本内容，双击剪贴画占位符图标，弹出【从剪辑库中插入】对话框，从中选择要插入的剪贴画，完成后的效果如图3-2所示。

图3-2　插入剪贴画后的效果

如果要插入表格，则在【其他版式】中选择表格；如果要插入声音、电影剪辑或者Flash，则在【其他版式】中选择幻灯片版式（插入Flash时会出现F标记，双击占位符将直接播放Flash，若要退出播放，可按〈Esc〉键）；如果要插入图表，在【其他版式】中选择幻灯片版式，例如，选择图表，双击图表占位符图标，幻灯片中插入一个预设的图表，双击图表进入图表数据源进行编辑。

前面介绍的是为当前幻灯片应用版式的方法。当在幻灯片版式面板上选择幻灯片版式时，将光标放到任意一个幻灯片版式上，该版式右侧会出现一个箭头按钮，单击该按钮会弹出一个下拉菜单，如图3-3所示。该菜单包括3个命令：

- 应用于选定幻灯片。选择此命令则将选定的版式应用到当前幻灯片。选择此命令和直接单击幻灯片版式的作用是一样的。
- 重新应用样式。如果当前的幻灯片已经是该版式，但在编辑时无意中移动了占位符或改变了占位符的大小、文字方向等，想要恢复标准的版式，可以用此命令。

- 插入新幻灯片。选择此命令则在当前幻灯片后面插入一个新幻灯片，新幻灯片的版式就是当前选定的版式。

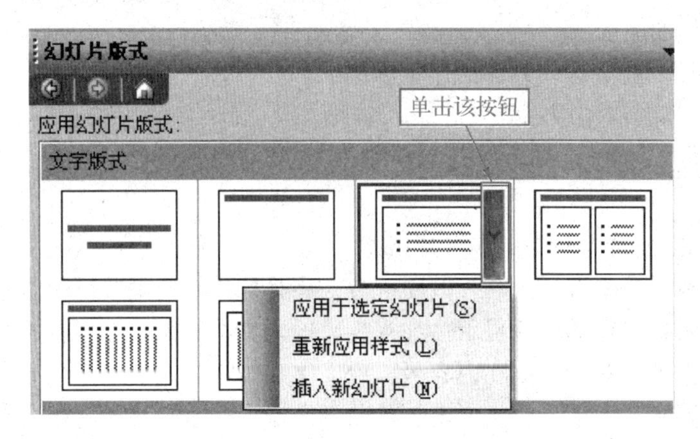

图 3-3　下拉菜单中的 3 个命令

3.1.3　使用自动版式

如果插入了不适合原始版式的项目，PowerPoint 2003 会自动调整该版式。例如，如果使用的版式只有一个用于存放内容（如表格）的占位符，插入一个表格后再插入一张图片时，版式会自动调整，添加一个用于存放图片的占位符。如果不喜欢新版式，可以使用显示于幻灯片底部右侧的【自动版式选项】按钮来撤销它。

如果要打开或停止【自动版式】功能，可以利用【自动更正】对话框来设置，具体操作步骤如下：

步骤 1　选择【工具】→【自动更正选项】菜单命令，打开【自动更正】对话框，如图 3-4 所示。

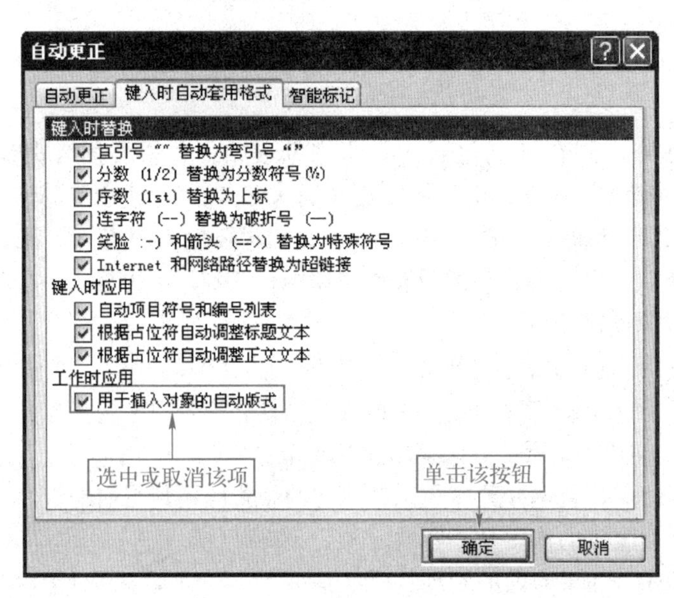

图 3-4　【自动更正】对话框

步骤2 单击【键入时自动套用格式】选项卡。

步骤3 在【工作时应用】设置区中选中或取消【用于插入对象的自动版式】复选框。

步骤4 单击【确定】按钮。

3.2 图片的设置

在 PowerPoint 2003 中用户也可以轻松地插入一些适合演示文稿主题的图片，以达到美化演示文稿的目的，PowerPoint 2003 包含了大量的剪贴画。当然美术水平较高的用户也许不满足于 PowerPoint 2003 的剪辑库所提供的图片种类，这时可以利用 PowerPoint 2003 提供的【绘图】工具自己绘制。组织结构图也可以方便地插入到演示文稿中，更有 Excel 中的精美统计图也可用来装饰演示文稿，同时也可插入用其他方式获取的图片。

3.2.1 插入剪贴画

（1）直接插入剪贴画

具体操作步骤如下：

步骤1 选择【插入】→【图片】→【剪贴画】菜单命令或单击【绘图】工具栏中的【插入剪贴画】工具按钮，均可打开【剪贴画】面板，如图 3-5 所示。

步骤2 在【搜索范围】下拉列表框中选择【所有收藏集】选项。

步骤3 在【结果类型】下拉列表框中选择【剪贴画】选项。

步骤4 单击【搜索】按钮，下方即可显示范围内所有剪贴画，如图 3-6 所示。

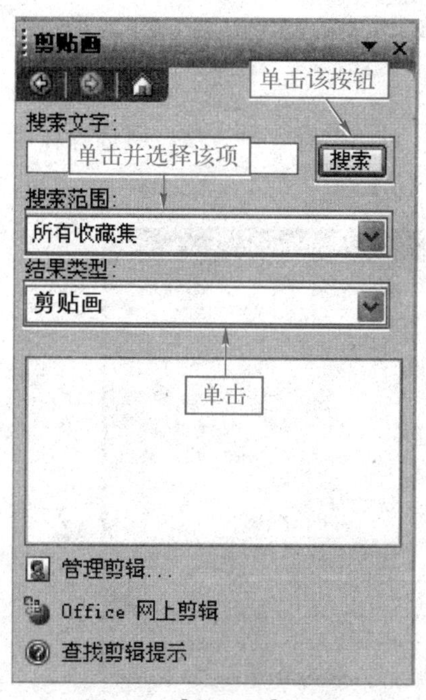

图 3-5 【剪贴画】面板

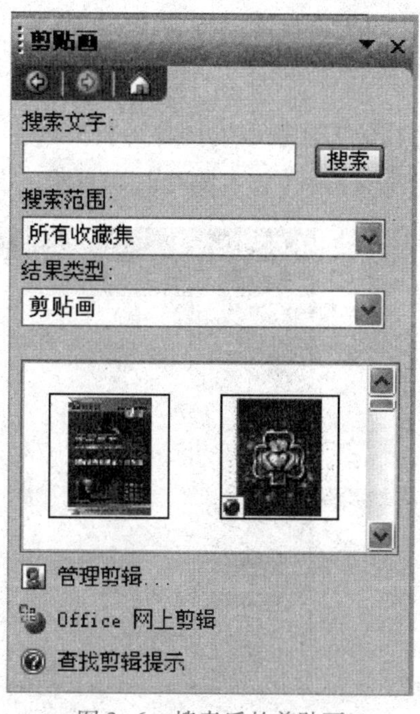

图 3-6 搜索后的剪贴画

步骤5 单击所需的剪贴画即可插入。

（2）利用幻灯片版式建立带有剪贴画的幻灯片

如图 3-7 所示，具体操作步骤如下：

步骤1 双击带有小人图标的剪贴画占位符，打开【选择图片】对话框，如图 3-8 所示。

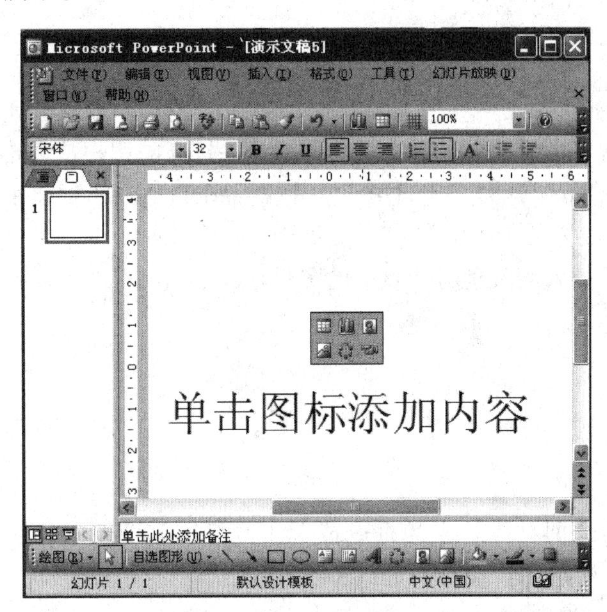

图 3-7 带有剪贴画的幻灯片

图 3-8 【选择图片】对话框

步骤2 从中选择所需的剪贴画，单击【确定】按钮。

3.2.2 插入外部图片

使用其他方式获取的图片，打开【插入图片】对话框有 3 种方法，具体操作步骤如下：

步骤1 打开【插入图片】对话框，如图 3-9 所示。

图 3-9 【插入图片】对话框

方法 1　选择【插入】→【图片】→【来自文件】菜单命令，打开【插入图片】对话框。

方法 2　单击内容占位符（如图 3-7 所示）中插入内容的【插入图片】按钮，打开【插入图片】对话框。

方法 3　单击【绘图】工具栏中的【插入图片】按钮，打开【插入图片】对话框。

步骤 2　找到所需要的图片单击选中。

步骤 3　单击【插入】按钮即可。

3.2.3　图片的编辑

在演示文稿中添加一些图片，可以使演示文稿更加生动、形象。插入 PowerPoint 2003 中的图片可以从剪贴画库、数码相机或扫描仪中获得，也可以从本地磁盘、网络驱动器及 Internet 上获取。图片中的尺寸、亮度、透明度、裁剪、旋转角度等可以根据演示文稿的需要进行调整。

1. 调整图片的尺寸

调整图片尺寸的方法只需在按下鼠标左键的同时拖动图片四周的控制点即可，调整图片尺寸后的效果如图 3-10（b）所示。

a)

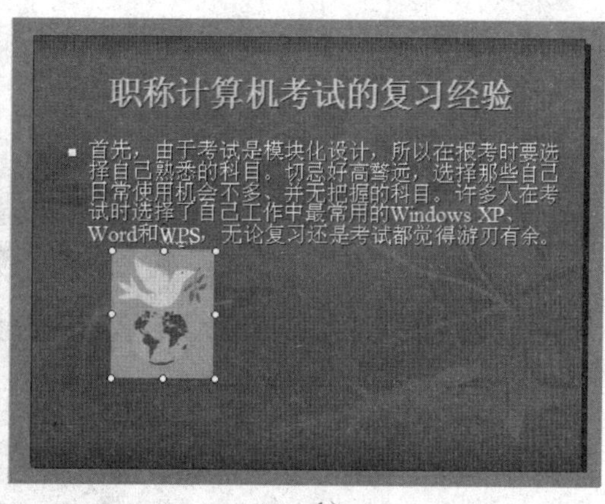

b)

图 3-10　图片调整

a）调整尺寸前　b）调整尺寸后

此外，如果要精确地调整选中的图片尺寸，可单击【图片】工具栏中的【设置图片格式】按钮，或在图片上单击鼠标右键，在弹出的快捷菜单中选择【设置图片格式】命令，打开【设置图片格式】对话框，单击【尺寸】选项卡，在【尺寸和旋转】设置区中输入图片的高度和宽度值，或在【缩放比例】设置区中输入图片的高度和宽度比例值，单击【确定】按钮，如图 3-11 所示。

2. 调整图片的亮度与对比度

如果要调整图片的亮度与对比度，具体操作步骤如下：

步骤 1　选中要调整亮度与对比度的图片。

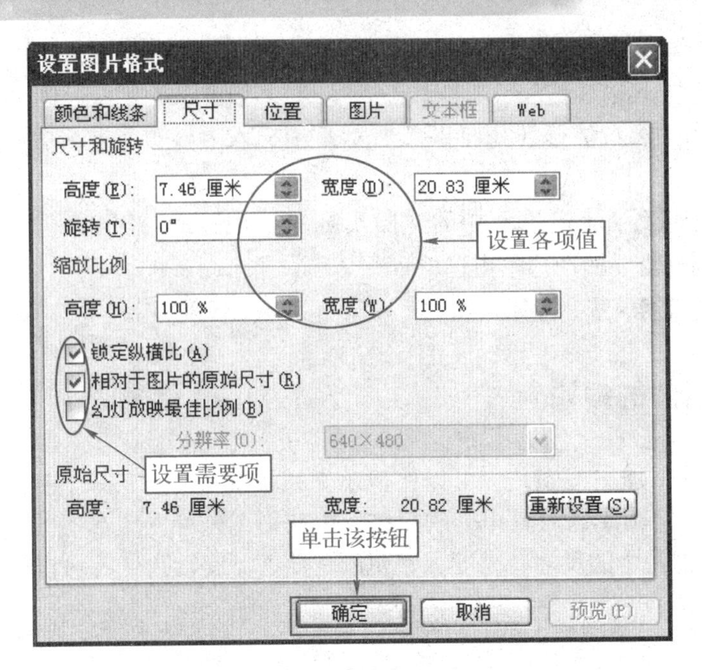

图 3-11 【尺寸】选项卡

步骤 2 单击【图片】工具栏中的【增加对比度】按钮、【降低对比度】按钮、【增加亮度】按钮及【降低亮度】按钮，可以调整图片的亮度与对比度，如图 3-12 所示。图 3-13 是增加图片亮度和对比度后的效果。

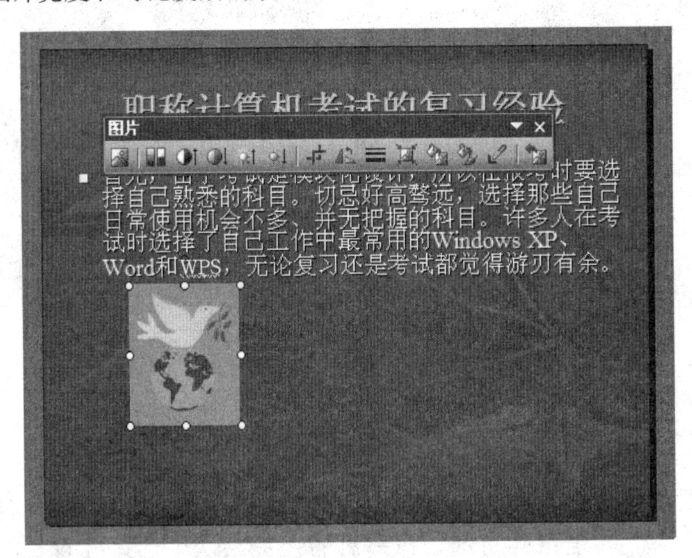

图 3-12 【图片】工具栏的按钮

3. 为图片设置透明色及图片的裁剪

对于插入演示文稿中的图片，用户还可以为其设置透明色、增加边框及进行裁剪。对于非剪贴画的图片而言，当用户将其设置为浮于文字上方时，还可以通过设置图片中的某种颜色为透明色，使其下面的某些文字显露出来，具体操作步骤如下：

步骤 1 选中图片，单击【图片】工具栏中的【设置透明色】按钮，如图 3-14 所示。

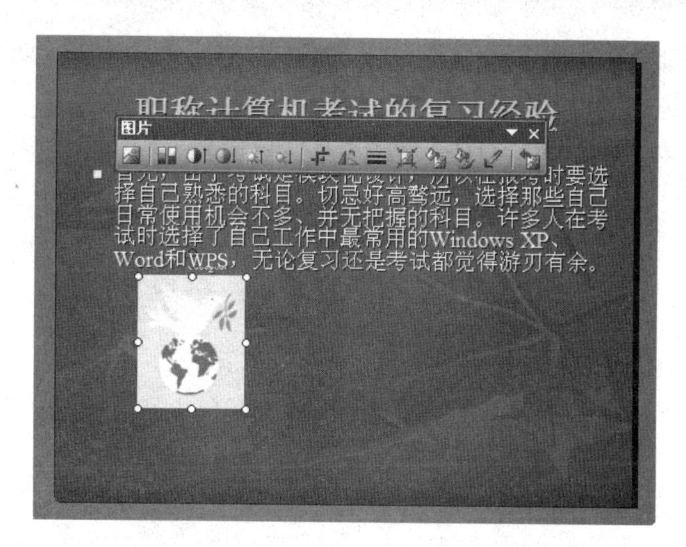

图 3-13 调整图片亮度与对比度的效果

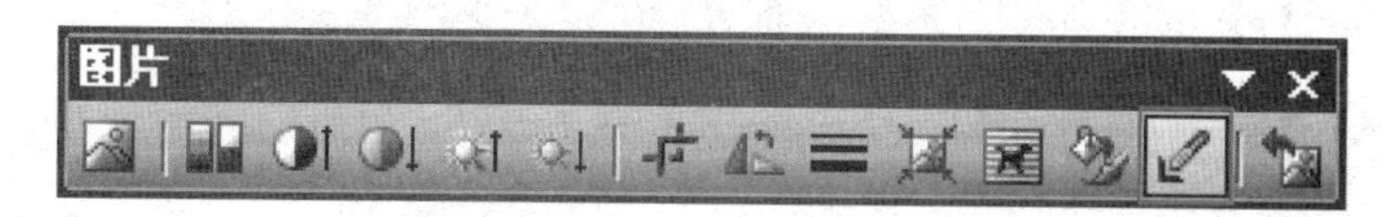

图 3-14 单击【设置透明色】按钮

步骤 2 在图片中单击某个指定为透明色的位置，图片中被该颜色覆盖的内容就显示出来了。

4. 图片的裁剪

如果用户只需要插入图片中的某一部分，此时可单击【图片】工具栏中的【裁剪】按钮，将图片中不需要的一部分裁剪掉，具体操作步骤如下：

1）选中需要裁剪的图片，单击【图片】工具栏中的【裁剪】按钮，此时光标变为形状，将光标移到图片四周边框上的控制点上，按住鼠标左键并拖动，如图 3-15 所示。

2）当图片大小适合后释放鼠标，再单击【图片】工具栏中的【裁剪】按钮，完成裁剪操作。裁剪后的效果如图 3-16 所示。

图 3-15 选中图片进行裁剪

图 3-16 裁剪后的效果

如果要对图片的两侧同时裁剪，可以在向内拖动任一侧中心控制点的同时，按住〈Ctrl〉键，如果对图片的四边同时裁剪，可以在向内拖动角控制点的同时按住〈Ctrl〉键。

如果要精确裁剪图片，可打开【设置图片格式】对话框，选择【图片】选项卡，在【裁剪】设置区中分别设置图片四边的裁剪数值，如图 3-17 所示。

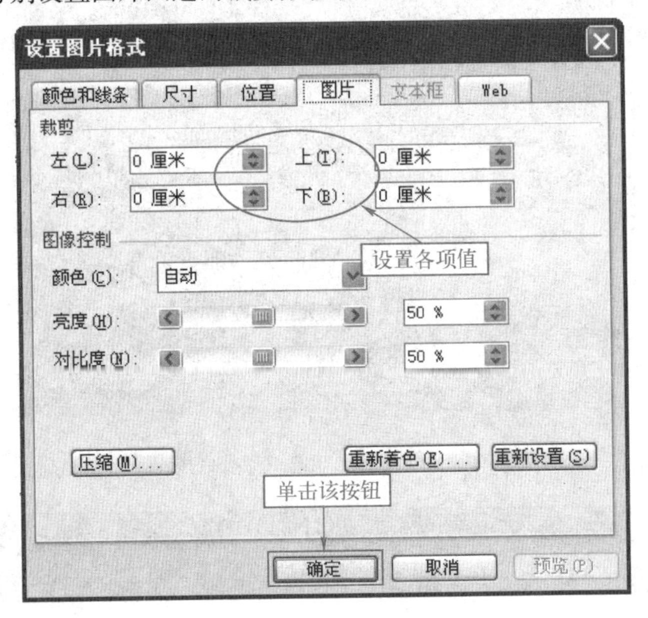

图 3-17 【图片】选项卡

图片被裁剪后，被裁剪部分只是隐藏起来了。要恢复被裁剪的区域，只需单击【裁剪】按钮，按住鼠标左键，然后向图片外侧拖动控制点即可。

3.2.4 图片的压缩

为了避免带有很多图片的文档占用空间，可以压缩图片以减小文件。具体操作步骤如下：

步骤 1 单击【图片】工具栏中的【压缩图片】按钮，或打开【设置图片格式】对话框，单击【图片】选项卡，如图 3-17 所示，单击【压缩】按钮，均可打开【压缩图片】对话框，如图 3-18 所示。

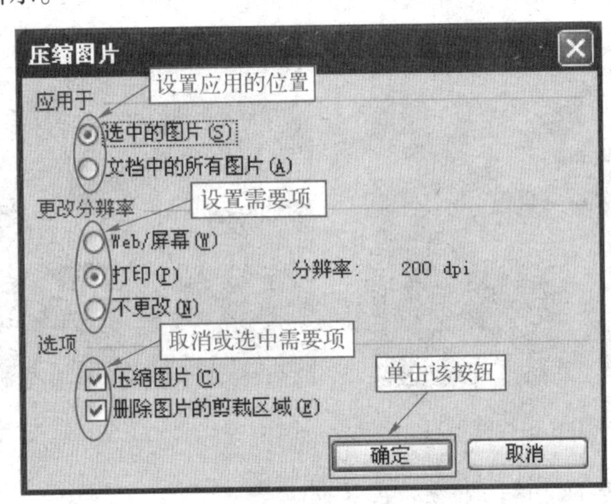

图 3-18 【压缩图片】对话框

步骤2 在【压缩图片】对话框中，可以选择压缩图片的方式，各选项对应的功能见表3-1。

步骤3 单击【确定】按钮或按〈Enter〉键。

【压缩图片】对话框中的选项和对应功能见表3-1。

表3-1 【压缩图片】对话框中的选项和对应功能

选 项	对应功能
选中的图片	只是压缩选中的图片
文档中的所有图片	对文档中的所有图片进行压缩
Web/屏幕	按照网页要求的格式压缩图片，一般图片的质量会下降，只适合在屏幕上显示而不适合打印
打印	若原图的分辨率高于200 dpi，则以200 dpi的分辨率压缩图片，便于打印输出
不更改	保持图片的原始状态进行压缩
压缩图片	隐藏裁剪区域，按照其他选项的设置压缩图片
删除图片的裁剪区域	如果对图片进行了裁剪操作，就删除裁剪区域，再按照设置压缩图片

3.3 修饰幻灯片页面

在PowerPoint 2003中，为了让幻灯片更加美观，以达到良好的视觉效果，可以修饰幻灯片页面，包括幻灯片中段落的修饰、文本框和占位符的修饰。如果幻灯片中有图片，还需要对图片进行调整，从而让幻灯片更加完美。

3.3.1 使用项目符号和编号

在第2章中已经介绍了文字的字号、字形、演示、字体等的设置方法，在幻灯片的段落中，为了让其更加美观，可以为其添加和修改项目符号及编号。项目符号和编号是放在文本前的点或其他符号，起到强调作用。合理使用项目符号和编号，可以使文档的层次结构更清晰、更有条理。

（1）为文档中的段落添加项目符号或编号

具体操作步骤如下：

步骤1 选中要增加项目符号或编号的段落。

步骤2 单击【格式】工具栏中的【项目符号】按钮或【编号】按钮；也可以选择【格式】→【项目符号和编号】菜单命令，均可打开【项目符号和编号】对话框，如图3-19所示，在列表中选中需要的样式。

步骤3 单击【确定】按钮或按〈Enter〉键。

（2）在输入的同时自动创建项目符号或编号

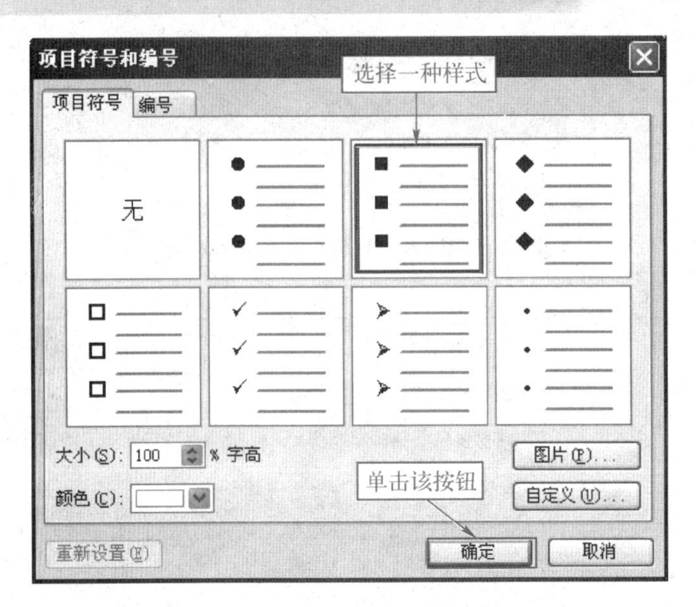

图 3-19 【项目符号和编号】对话框

具体操作步骤如下：

步骤 1 输入一个文字或符号，如“1.”

步骤 2 选择【格式】→【项目符号和编号】菜单命令，选择一种项目符号或编号样式。

步骤 3 按〈Tab〉键或空格键来分割编号或文本。

步骤 4 输入文本内容。

步骤 5 按〈Enter〉键，系统会自动插入下一个项目符号或编号。按两次〈Enter〉键可以结束列表。

（3）重新开始编号列表或继续前面的编号

具体操作步骤如下：

步骤 1 右键单击编号。

步骤 2 在弹出的快捷菜单中选择【重新开始编号】或【继续编号】命令。

3.3.2 项目符号与编号的转换

如果要使项目符号和编号之间进行转换，具体操作方法如下：

方法 1

步骤 1 选中需要转换的项目符号或编号的段落。

步骤 2 单击【格式】工具栏中的【项目符号】或【编号】按钮。

方法 2

步骤 1 选中需要转换的项目符号或编号的段落。

步骤 2 选择【格式】→【项目符号和编号】菜单命令，打开【项目符号和编号】对话框。

步骤3 选择需要的项目符号和编号，如图 3-19 所示。

步骤4 单击【确定】按钮或按〈Enter〉键。

3.3.3 自定义项目符号或编号

如果 Word 原有的项目符号或编号不能满足需要，可以自定义项目符号或编号的样式、字体和缩进等选项。

如果要自定义项目符号或编号，具体操作步骤如下：

步骤1 选中要进行自定义项目符号或编号的段落。

步骤2 选择【格式】→【项目符号和编号】菜单命令，打开【项目符号和编号】对话框。

步骤3 单击【项目符号】或【编号】选项卡。

步骤4 单击任意一个没有在文档中出现的符号格式，然后单击【自定义】按钮，如图 3-19 所示。

步骤5 在弹出的【符号】对话框中选择所需的选项，如图 3-20 所示。

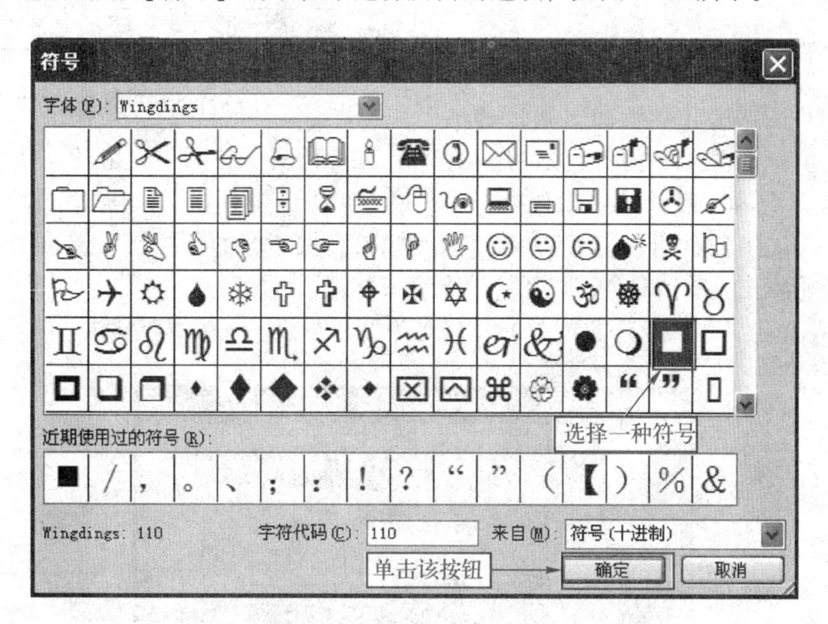

图 3-20 【符号】对话框

步骤6 单击【确定】按钮或按〈Enter〉键，返回【项目符号和编号】对话框。

步骤7 单击【确定】按钮。

3.3.4 多级图片项目符号

多级图片列表类似于多级符号列表，它以不同的级别显示列表项，而不只是缩进一层，每一层分别使用不同的图片项目符号图标。

如果要使用多级图片项目符号，具体操作步骤如下：

步骤1 选择【格式】→【项目符号和编号】菜单命令，打开【项目符号和编号】对话框。

步骤2 单击【项目符号】选项卡。

步骤3 单击【图片】按钮，打开【图片项目符号】对话框，如图3-21所示。

步骤4 选择图片或导入图片。

步骤5 单击【确定】按钮或按〈Enter〉键，返回【项目符号和编号】对话框。

步骤6 单击【确定】按钮。

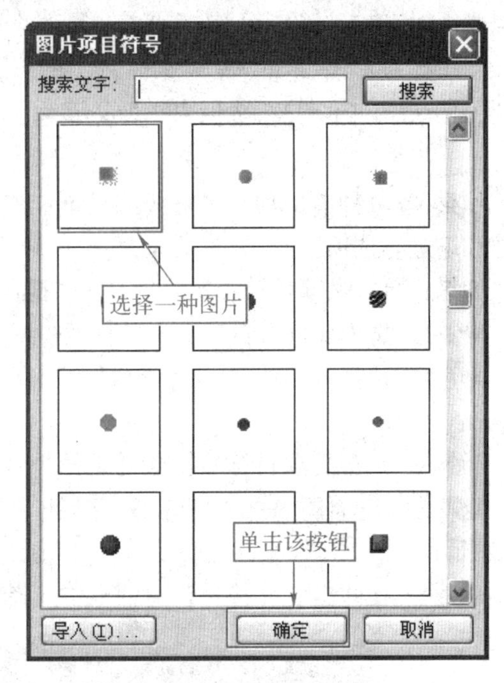

图3-21 【图片项目符号】对话框

3.3.5 修饰占位符和文本框

设置图片为占位符或文本框的背景，具体操作方法如下：

方法1 设置背景可以利用【设置自选图形格式】对话框的【颜色和线条】选项卡，单击【填充】设置区中的【颜色】列表框，在弹出的下拉菜单中选择【填充效果】命令，如图3-22所示，打开【填充效果】对话框，如图3-23所示。

方法2 单击【绘图】工具栏中的【填充颜色】按钮旁的下拉箭头，在弹出的下拉菜单中选择【填充效果】命令，打开【填充效果】对话框。

方法3 单击【绘图】工具栏中的【填充颜色】按钮，直接填充默认的填充效果。

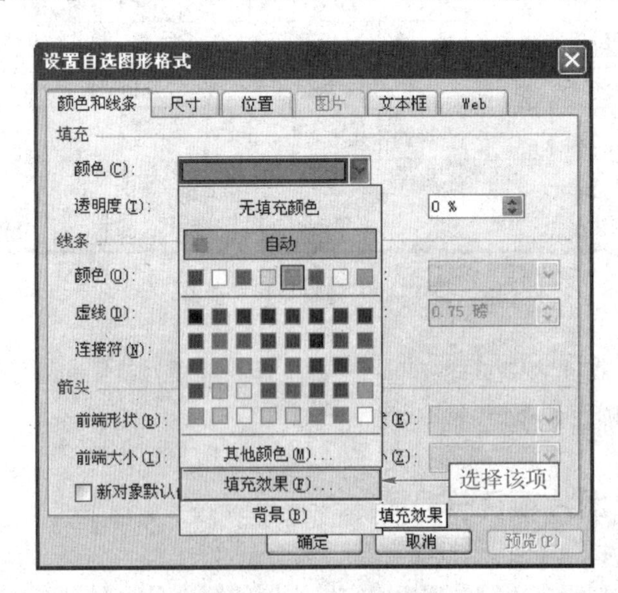

图3-22 打开【填充】设置区中的【颜色】下拉菜单

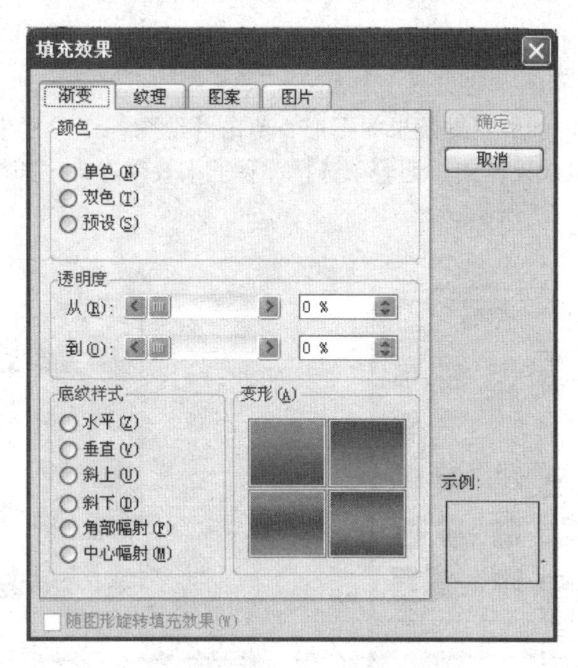

图 3-23 【填充效果】对话框

3.3.6 为占位符和文本框添加阴影与三维效果

利用【绘图】工具栏中的【阴影样式】按钮和【三维效果样式】按钮可以为占位符或文本框增加阴影和三维效果，具体操作步骤如下：

步骤 1 选中需要增加阴影的图形，如图 3-24 所示。

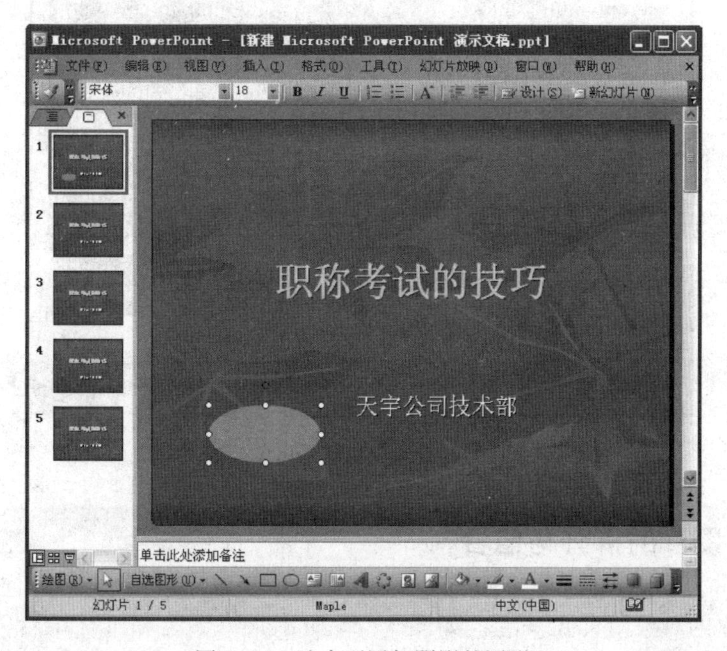

图 3-24 选中要添加阴影的图形

步骤 2 单击【绘图】工具栏中的【阴影样式】按钮，在弹出的阴影列表中选择一种阴影样式，如图 3-25 所示。

步骤 3 选中需要增加的三维效果的图形，单击【绘图】工具栏中的【三维效果样式】按钮，在打开的【三维效果样式】列表中选择一种三维效果样式，如图 3-26 所示。增加了三维效果的图形如图 3-27 所示。

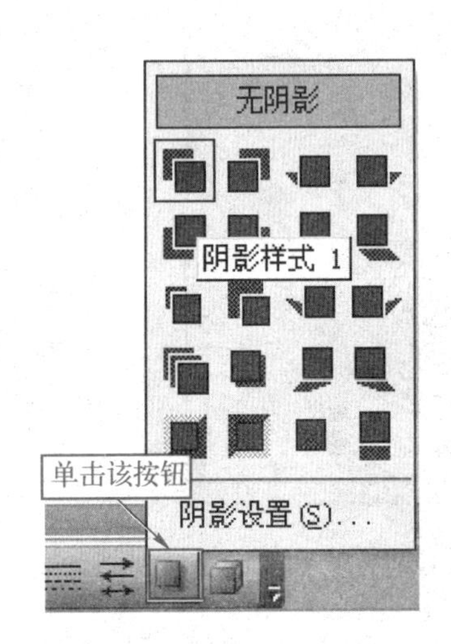

图 3-25 选择阴影样式

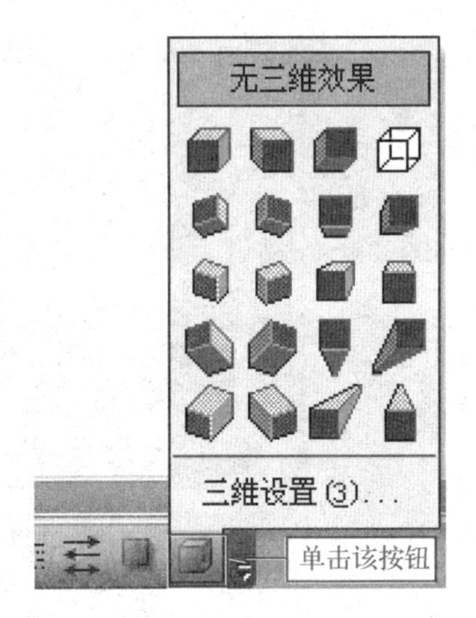

图 3-26 选择三维效果样式

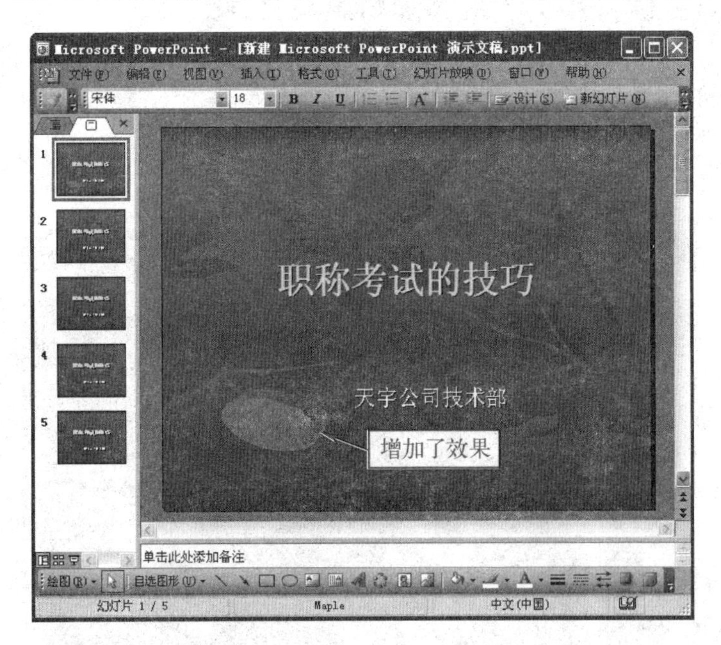

图 3-27 增加了三维效果后的图形

3.3.7 图片的拆分与组合

将两个独立的对象组合在一起，如图 3-28 所示，将笑脸和圆柱组合，具体操作步骤如下：

步骤1 单击圆柱，在按住〈Ctrl〉键的同时单击笑脸，将两个对象同时选中。

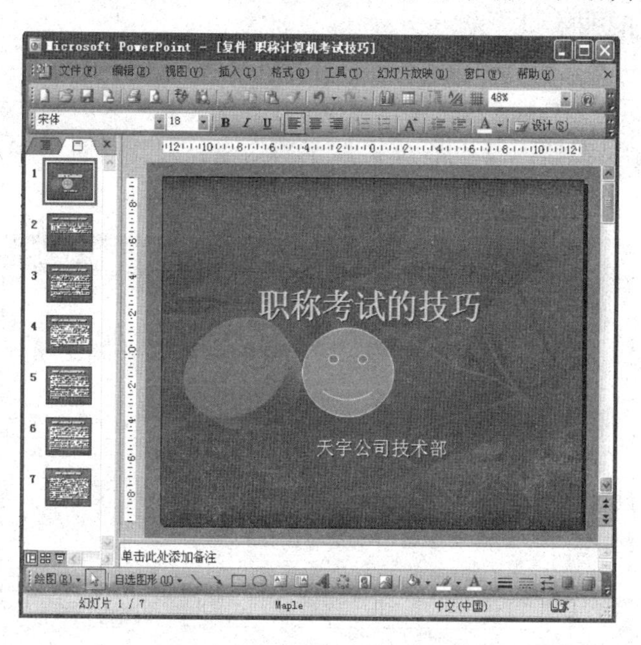

图3-28　独立对象的幻灯片

步骤2 单击【绘图】工具栏中的【绘图】按钮，在弹出的菜单中选择【组合】命令，或在选中后的对象上单击鼠标右键，在弹出的快捷菜单中选择【组合】命令。操作完成后如图3-29所示。

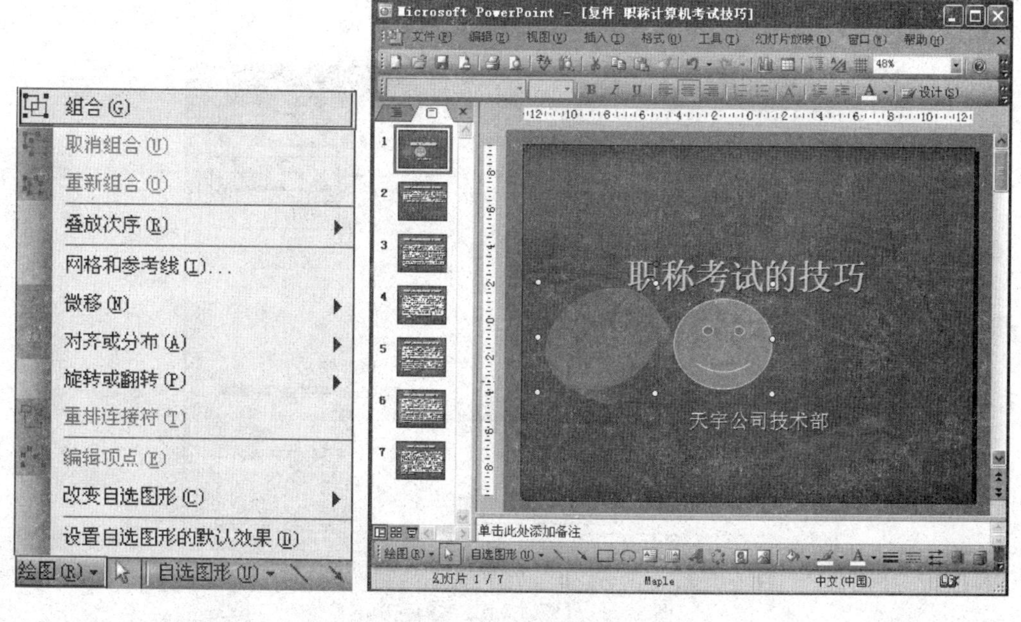

图3-29　图片的组合

组合在一起的对象也可将其拆分，具体操作步骤如下：在选中的对象上单击鼠标右键，在弹出的快捷菜单中选择【组合】→【取消组合】命令，即可将组合的对象拆分。

3.3.8 添加页眉和页脚

给幻灯片添加页眉和页脚必须在幻灯片母版中添加，具体操作步骤如下：

步骤 1 选择【视图】→【页眉页脚】菜单命令，打开【页眉和页脚】对话框，如图 3-30 所示。

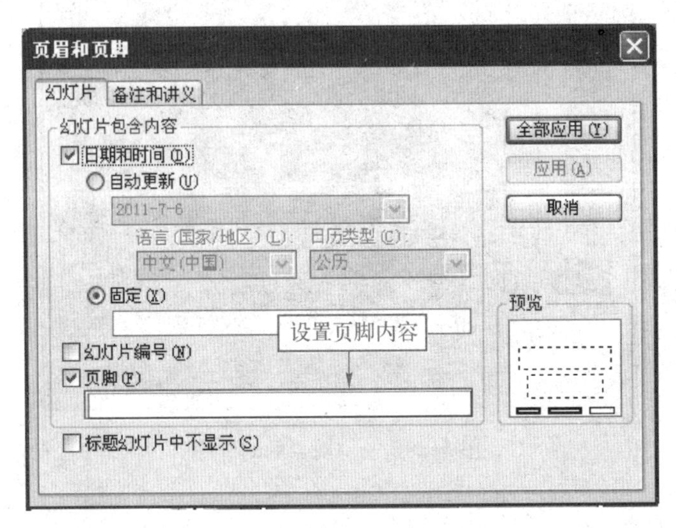

图 3-30 【页面和页脚】对话框

步骤 2 在【页脚】设置区中设置页脚的内容。

步骤 3 单击【备注和讲义】选项卡，如图 3-31 所示，在【页眉】设置区中设置页眉的内容。

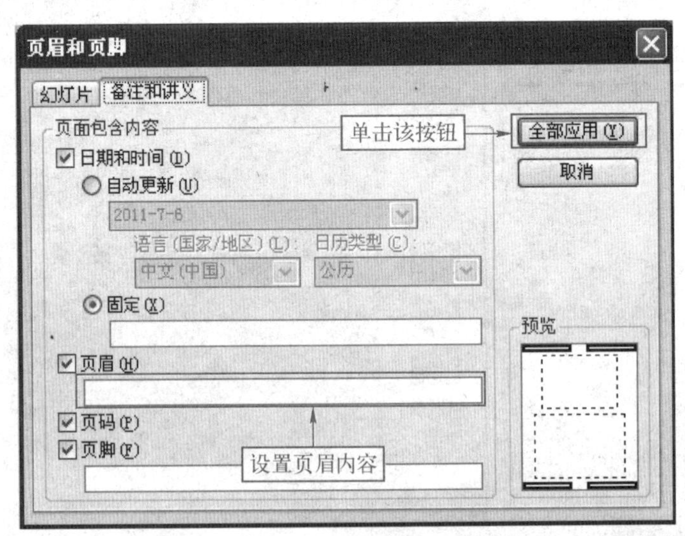

图 3-31 【备注和讲义】选项卡

步骤 4 根据需要单击【全部应用】或【应用】按钮。

3.4 丰富演示文稿

3.4.1 使用背景

背景是幻灯片外观设计中的一部分，它包括阴影、模式、纹理和图片等。通过更改幻灯片的颜色、阴影、图案或者纹理，可以改变幻灯片的背景。此外，也可以使用图片作为幻灯片背景，不过在幻灯片或者母版上只能使用一种背景类型。例如，可以采用阴影背景、纹理背景，或者以图片作为背景，但是每张幻灯片上只能使用一种背景。更改背景时，可以将这项改变只应用于当前幻灯片，或者应用于所有的幻灯片和幻灯片母版。

设置幻灯片背景的具体操作步骤如下：

步骤 1 选择【格式】→【背景】菜单命令，或在要设置的幻灯片上单击鼠标右键，在弹出的快捷菜单中选择【背景】命令，均可打开【背景】对话框，如图 3-32 所示。

步骤 2 单击【背景填充】列表框，在弹出的下拉列表框中选择需要的颜色或填充效果，如图 3-33 所示。

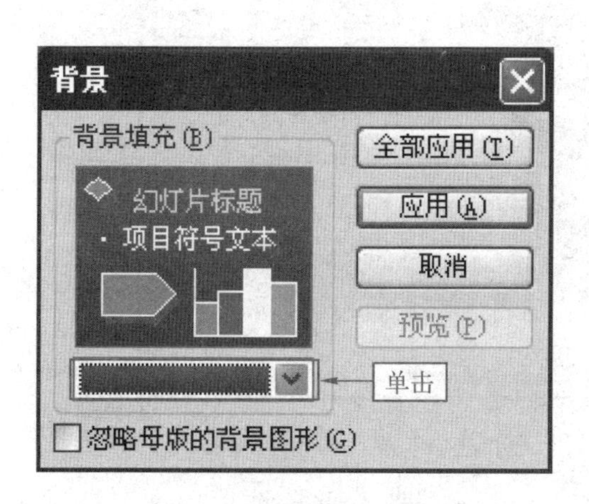

图 3-32 【背景】对话框

图 3-33 【背景填充】下拉列表框

步骤 3 选中【忽略母版的背景图形】复选框。

步骤 4 根据演示文稿需要单击【全部应用】或【应用】按钮。

3.4.2 使用配色方案

PowerPoint 2003 提供了【配色方案颜色】以方便用户进行色彩的调整。所谓配色方案颜色是指用于演示文稿的 8 种协调色的集合，如图 3-34 所示。【配色方案颜色】也可用于图表和表格，或对添加至幻灯片的图片重新着色。每个设计模板均带有几套不同的配色方案。当用户为演示文稿选择了一种设计模板以后，PowerPoint 2003 会自动应用该模板的默认配色方案于演示文稿中。

当应用了一种配色方案颜色后，其颜色对演示文稿中的所有对象都是有效的。用户创建的所有对象的颜色均自动与演示文稿的其余部分相协调。

如果用户对当前的这个默认配色方案不满意，可以进行调整。

调整色彩的具体操作步骤如下：

步骤 1 打开需调整色彩的演示文稿，找到需调整色彩的幻灯片，使之处于【普通视图】状态。

步骤 2 在【任务窗格】下拉菜单中选择【幻灯片设计—配色方案】命令。

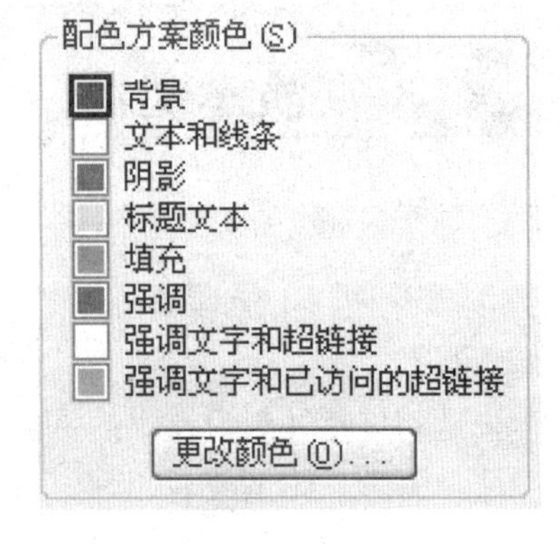

图 3-34 【配色方案颜色】中的8种协调色

步骤 3 单击下方【编辑配色方案】命令，打开【编辑配色方案】对话框，在该对话框中有【标准】和【自定义】两个选项卡，图 3-35 所示的是【标准】选项卡的内容，其中给出了几种标准的色彩替换方案。对话框中的每个小图标对应于一种标准色彩方案，单击所喜欢的一种。

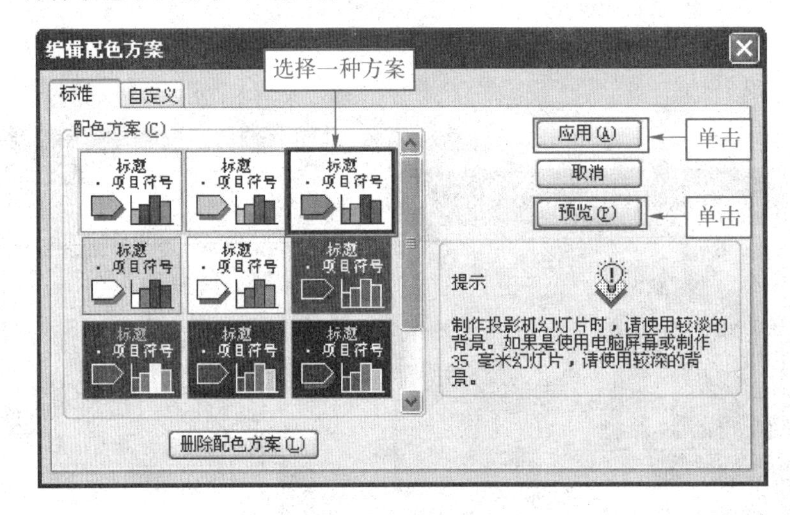

图 3-35 【标准】选项卡

步骤 4 单击对话框中的【预览】按钮，这时可看到幻灯片上出现了色彩的变化。

步骤 5 对满意的配色方案，单击【应用】按钮。

步骤 6 如果标准配色方案中没有一款是满意的，也可在【编辑配色方案】对话框中单击【自定义】选项卡，如图 3-36 所示。

步骤 7 单击【配色方案颜色】设置区中的某一项，如【标题文本】，然后单击下面的【更改颜色】按钮，打开【标题文本颜色】对话框，如图 3-37 所示。

步骤 8 这个对话框是一个大的调色板，用鼠标单击自己所喜欢的色彩处，对话框右下角的【新增】框就显示出所选的色彩，它下面靠近【当前】处显示的是目前的色彩。如果单击【确定】按钮，返回到【编辑配色方案】对话框，新色彩将反映到【编辑配色方案】对话框右下角的预览小窗口中。

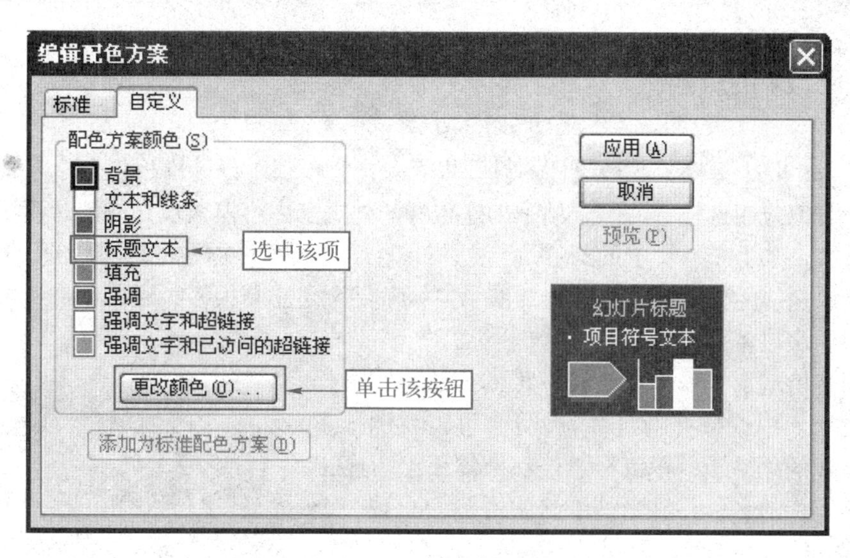

图 3-36 【自定义】选项卡

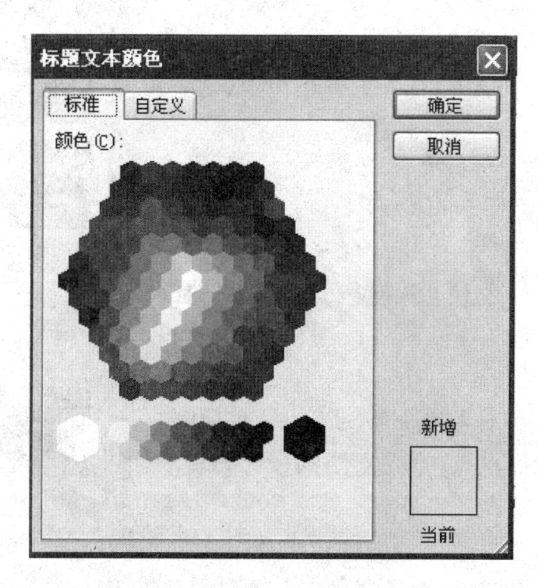

图 3-37 【标题文本颜色】对话框

步骤 9 在图 3-36 所示的对话框中单击其他需要调整色彩的专项，如【背景】、【阴影】和【填充】等，按步骤 7 的方法调整色彩，并观察预览效果，直到满意为止。

步骤 10 各个专项色彩均已设置后，单击【编辑配色方案】对话框中的【应用】按钮，把色彩方案只应用于本张幻灯片，或者单击【全部应用】按钮，把色彩方案应用于演示文稿中的每张幻灯片。

当用户定义好一种配色方案颜色后，可以看到【自定义】选项卡下面的【添加为标准配色方案】按钮被激活，单击该按钮，用户自定义的配色方案颜色将被添加到标准配色方案中。

3.4.3 使用模板

PowerPoint 2003 提供了两种模板：设计模板和内容模板。设计模板包含预定义的格式和配色方案，可以应用到任意演示文稿中创建独特的外观。内容模板包含与设计模板类似的格式和配色方案，加上带有文本的幻灯片，文本中包含针对特定主题提供的建议。用户可以修改任意模板以适应需要，或在已创建的演示文稿基础上建立新模板；还可以将新模板添加到内容提示向导中以备下次使用。

为新创建的演示文稿应用设计模板的方法是：在任务窗格下拉列表中选择【幻灯片设计】，可以看到很多外观设计模板的缩略图，将鼠标悬停在缩略图上方会出现当前设计模板的名称并且当前缩略图右侧会出现一个下拉菜单按钮。用户可以从中选择自己满意的设计方案。

外观设计可以在一开始就选定，但也不妨等内容都处理完毕之后，再根据演示文稿的具体内容来挑选最贴切的外观方案。

整体调整外观设计的具体操作步骤如下：

步骤 1 打开待调整设计的演示文稿，首先确定【任务窗格】已经打开，若未打开可选择【视图】→【任务窗格】菜单命令，在【任务窗格】列表中选择【幻灯片设计】，此时出现如图 3–38 所示的【幻灯片设计】面板。

步骤 2 单击任一个设计模板的缩略图，即可从幻灯片编辑主窗口中看到对应于这个缩略图的设计模板的样式。

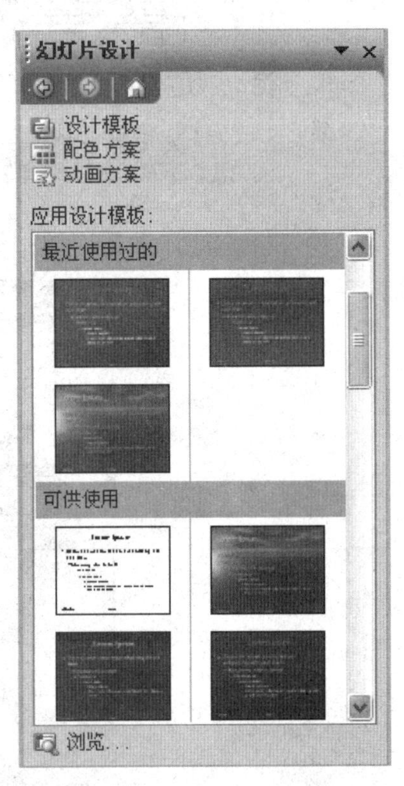

图 3–38 【幻灯片设计】面板

步骤 3 直到编辑区窗口中出现的样式满意时为止，当前演示文稿的每一张幻灯片均为新的外观设计方案。

如果只想改变所选中的这一张幻灯片的外观设计，可以让鼠标悬停在选中的设计模板缩略图上，这时当前设计模板缩略图的右侧会出现一个下拉菜单按钮，单击此按钮，在弹出的下拉菜单中选择【应用于选定幻灯片】命令即可。

3.4.4 添加演讲者备注

为演讲者添加备注的具体操作步骤如下：

步骤 1 选择【视图】→【幻灯片浏览】菜单命令，或单击窗口左下角的【幻灯片浏览视图】按钮，均可打开【幻灯片浏览】视图，如图 3–39 所示。

步骤 2 单击【幻灯片预览】工具栏中的【演讲者备注】按钮，打开【演讲者备注】对话框，如图 3–40 所示。

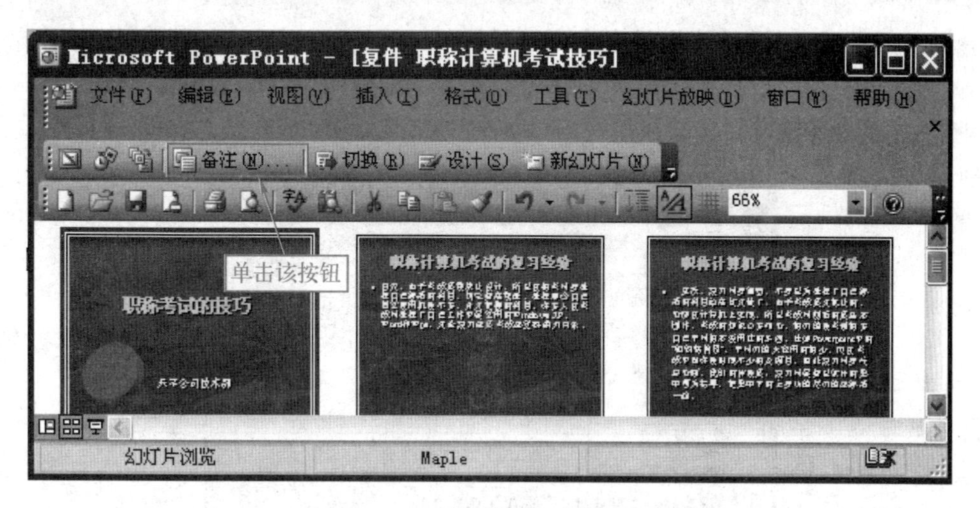

图 3-39 【幻灯片浏览】视图

步骤 3 在【演讲者备注】对话框中添加需要的备注内容，然后单击【关闭】按钮。

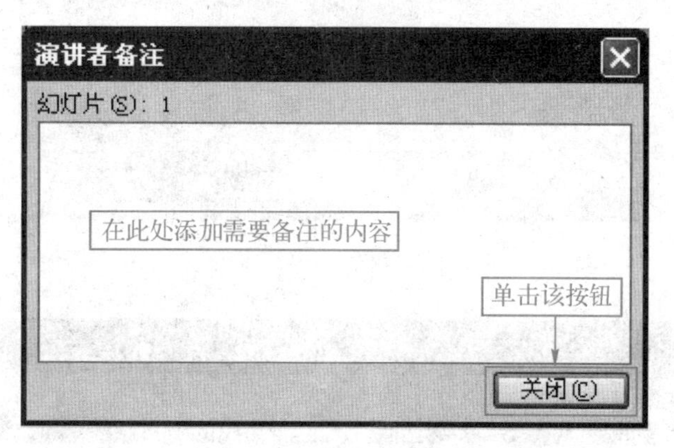

图 3-40 【演讲者备注】对话框

3.5 演示文稿的安全设置

3.5.1 加密演示文稿

对于比较重要的演示文稿，如果不想让他人看到文稿内容，可以对文档进行加密，创建文档密码的具体操作步骤如下：

步骤 1 打开需要加密的演示文稿。

步骤 2 选择【工具】→【选项】菜单命令，打开【选项】对话框。

步骤 3 单击【安全性】选项卡，如图 3-41 所示。

步骤 4 在【打开权限密码】或【修改权限密码】文本框中输入任意字母、数字或符号作为密码，如果要加大密码的长度可以单击【高级】按钮，在弹出的【加密类型】对话框中选择一种加密类型，最大密码长度为 255 个字符，可以防止破解，如图 3-42 所示。

步骤 5 单击【确定】按钮，在【确认密码】对话框中再次输入密码。

步骤 6 单击【确定】按钮或按〈Enter〉键，保存文件密码生效。

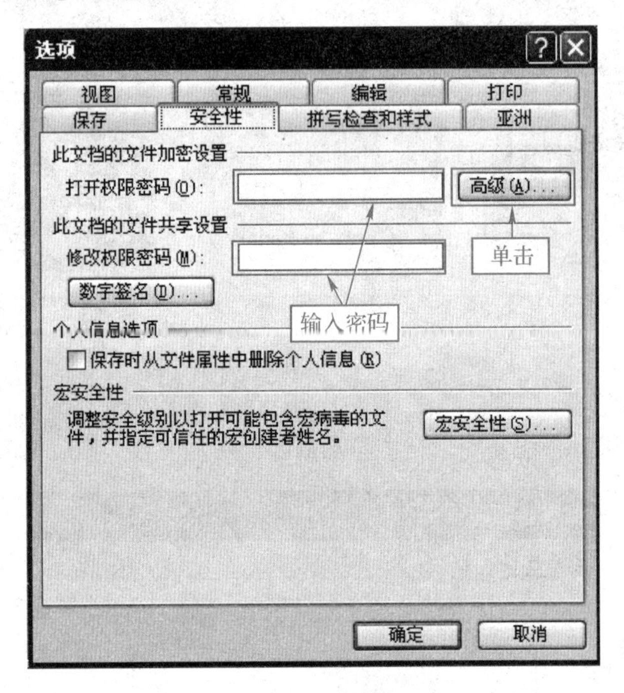

图 3-41 【安全性】选项卡

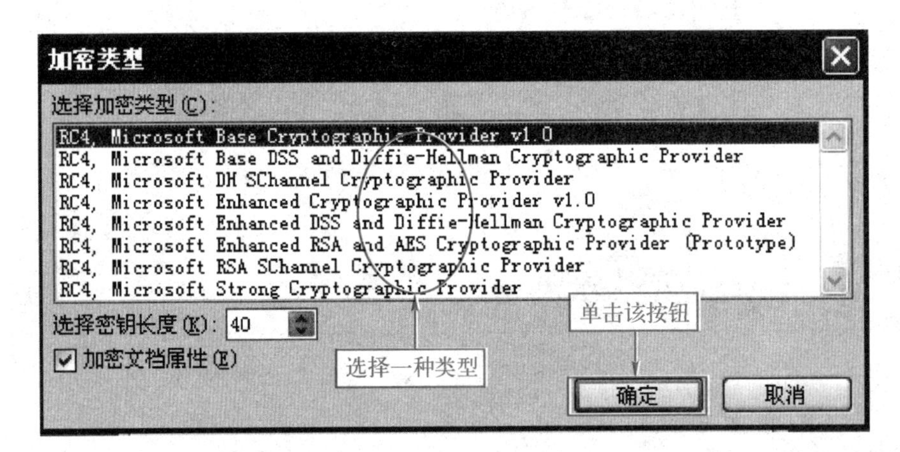

图 3-42 【加密类型】对话框

3.5.2 加密已保存的演示文稿

为保存的演示文稿进行加密的具体操作步骤如下：

步骤 1 选择【文件】→【另存为】菜单命令，打开【另存为】对话框，如图 3-43 所示。

步骤 2 单击【工具】按钮，在弹出的下拉菜单中选择【安全选项】命令，打开【安全选项】对话框，如图 3-44 所示。

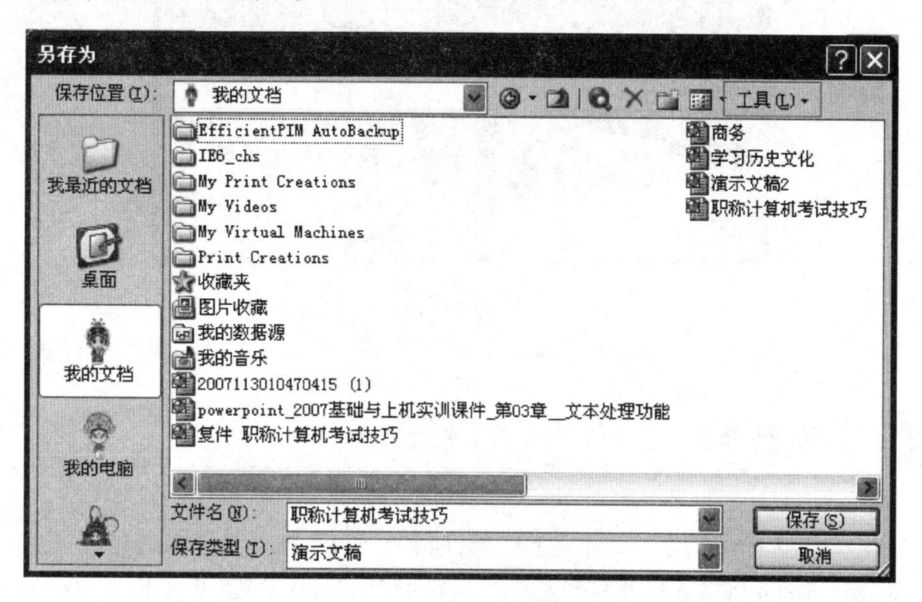

图 3-43 【另存为】对话框

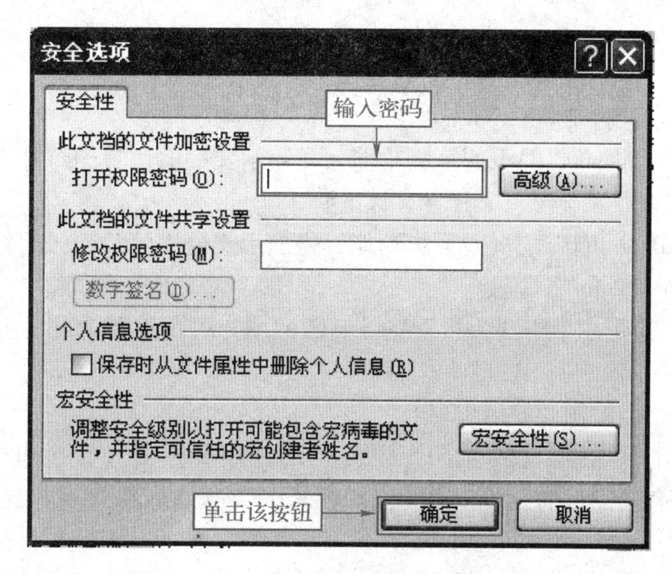

图 3-44 【安全选项】对话框

步骤 3 在【打开权限密码】文本框中输入密码，单击【确定】按钮，打开【确认密码】对话框，如图 3-45 所示。

步骤 4 在【重新输入打开权限密码】文本框中再次输入密码后，单击【确定】按钮，返回【另存为】对话框。

步骤 5 单击【保存】按钮。

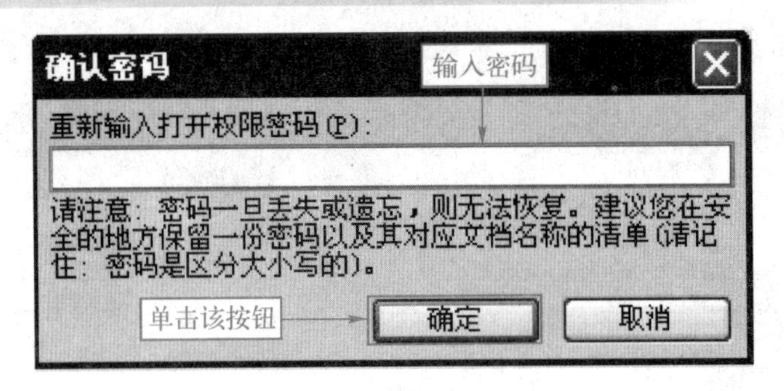

图 3-45 【确认密码】对话框

3.6 上机练习

1. 打开 C 盘“演示文稿”文件夹下“邮件安全 . ppt”演示文稿的副本。

2. 为当前演示文稿设置打开权限密码“111”和修改权限密码“000”。

3. 以只读方式打开“我的文档”中的“古诗 . ppt”。

4. 打开桌面上的“练习 . ppt”文件，从第 2 张幻灯片开始放映。

5. 将当前演示文稿中的第 3 张幻灯片正文第 4 行的文本降级显示。

6. 切换当前界面到“标题 . ppt”。

7. 利用 PowerPoint 2003 的页眉页脚功能，在演示文稿的所有幻灯片中插入页脚为自动更新的日期，格式为“××年××月××日星期×”。

8. 利用 PowerPoint 2003 的页眉页脚功能，将演示文稿中除第一张幻灯片以外的其他幻灯片添加页脚“PowerPoint 2003”。

9. 在幻灯片中绘制一个椭圆，然后将该椭圆的填充颜色设置为配色方案中的第 7 个颜色：橙色。

10. 将幻灯片中当前图形取消组合。

11. 给当前图形添加阴影效果为阴影样式 8（第 2 行第 4 个），然后将阴影下移一次。

12. 设置当前自选图形的三维效果为三维样式 11（第 3 行第 3 列），并依次下移和左偏各一次。

13. 设置当前选中自选图形的三维效果，照明角度为从上到下，光线为阴暗。

14. 设置当前自选图形的三维效果表面为金属效果，三维颜色改为当前配色方案中提供的蓝绿色（右数第 3 个）。

15. 设置当前选中的自选图形线条颜色为蓝色，线型为 3 磅圆点虚线（第 2 种线型），填充色为背景色。

16. 将幻灯片中的两个图形对象组合为一个对象，然后再将此组合对象的高度调整到 7 厘米，宽度保持不变。

17. 为当前选中段落添加项目符号为图片中的第一行第一个图片。

18. 将幻灯片中的文本框内部填充背景色。

19. 创建具有“标题，一项大型内容和两项小内容”内容版式的空演示文稿。

上机操作提示（具体操作请参考随书光盘中【手把手教学】第3章01～19题）

1. 步骤1 选择【文件】→【打开】菜单命令，打开【打开】对话框。

步骤2 单击【查找范围】列表框，在弹出的列表中选择【我的电脑】，双击【本地磁盘（C:）】，双击【演示文稿】文件夹，单击【邮件安全.ppt】演示文稿。

步骤3 单击【打开】按钮右侧的下拉箭头，在弹出的列表中选择【以副本方式打开】命令。

2. 步骤1 选择【工具】→【选项】菜单命令，打开【选项】对话框。

步骤2 单击【安全性】选项卡，在【打开权限密码】文本框中输入“111”，在【修改权限密码】文本框中输入“000”，单击【确定】按钮，打开【确认密码】对话框。

步骤3 在【重新输入打开权限密码】文本框中输入“111”，单击【确定】按钮，在【重新输入修改权限密码】文本框中输入“000”，单击【确定】按钮。

步骤4 选择【文件】→【保存】菜单命令。

3. 步骤1 选择【文件】→【打开】菜单命令，打开【打开】对话框。

步骤2 单击【古诗.ppt】，单击【打开】按钮右侧的下拉箭头，在弹出的下拉菜单中选择【以只读方式打开】命令。

4. 步骤1 选择【文件】→【打开】菜单命令，打开【打开】对话框。

步骤2 单击演示文稿【练习.ppt】，单击【打开】按钮。

步骤3 单击【幻灯片】选项卡下的第2张幻灯片。

步骤4 按快捷键〈Shift＋F5〉。

5. 步骤1 单击【幻灯片】选项卡下的第3张幻灯片。

步骤2 单击第4行文字【上年的关键业务回顾】，单击【大纲】工具栏上的【降级】按钮。

步骤3 单击文本框外任意位置。

6. 步骤 选择【窗口】→【1 标题】菜单命令。

7. 步骤1 选择【视图】→【页眉和页脚】菜单命令，打开【页眉和页脚】对话框。

步骤2 选中【日期和时间】复选框，选中【自动更新】单选按钮，单击【自动更新】列表框右侧的下拉箭头，在弹出的下拉菜单中选择【2009年7月15日星期三】命令。

步骤3 单击【全部应用】按钮。

8. 步骤1 选择【视图】→【页眉和页脚】菜单命令，打开【页眉和页脚】对话框。

步骤2 选中【页脚】复选框，在【页脚】文本框中输入“PowerPoint 2003”，选中【标题幻灯片中不显示】复选框。

步骤3 单击【全部应用】按钮。

9. 步骤1 单击【绘图】工具栏上的【椭圆】按钮。

步骤2 拖动鼠标在窗口绘制一个椭圆。

步骤3 选择【格式】→【自选图形】菜单命令，打开【设置自选图形格式】对话框。

步骤4 在【填充】设置区中单击【颜色】列表框，在弹出的列表框中选择【橙色】。

步骤5 单击【确定】按钮。

步骤6 单击窗口空白处任意位置。

10. 步骤1 单击【绘图】工具栏上的【绘图】按钮，在弹出的下拉菜单中选择【取消组合】命令。

步骤2 单击窗口空白处任意位置。

11. 步骤1 单击【绘图】工具栏上的【阴影样式】按钮，在弹出的列表框中选择第2行第4列样式。

步骤2 单击【绘图】工具栏上的【阴影样式】按钮，在弹出的列表框中选择【阴影设置】，打开【阴影设置】工具栏。

步骤3 单击【阴影设置】工具栏上的【略向下移】按钮。

步骤4 单击图形外任意位置。

12. 步骤1 单击【绘图】工具栏上的【三维效果样式】按钮，在弹出的列表框中选择第3行第3列样式。

步骤2 单击【绘图】工具栏上的【三维效果样式】按钮，在弹出的列表框中选择【三维设置】，打开【三维设置】工具栏。

步骤3 单击【三维设置】工具栏上的【下移】按钮，单击【三维设置】工具栏上的【左偏】按钮。

步骤4 单击图形外任意位置。

13. 步骤1 单击【绘图】工具栏上的【三维效果样式】按钮，在弹出的列表框中选择【三维设置】，打开【三维设置】工具栏。

步骤2 单击【三维设置】工具栏上的【照明角度】按钮，在弹出的列表框中选择第1行第2列，单击【三维设置】工具栏上的【照明角度】按钮，在弹出的列表框中选择【阴暗】。

步骤3 单击图形外任意位置。

14. 步骤1 单击【绘图】工具栏上的【三维效果样式】按钮，在弹出的列表框中选择【三维设置】，打开【三维设置】工具栏。

步骤2 单击【三维设置】工具栏上的【表面效果】按钮，在弹出的列表框中选择【金属效果】。

步骤3 单击【三维设置】工具栏上的【三维颜色】按钮旁的下拉箭头，在弹出的列表框中选择【蓝绿色】。

15. 步骤1 选择【格式】→【自选图形】菜单命令，打开【设置自选图形格式】对话框。

步骤2 在【填充】设置区中单击【颜色】列表框，在弹出的列表框中选择【背景】，在【线条】设置区中单击【颜色】列表框，在弹出的列表中选择【蓝色】，在【线条】设置区中单击【虚线】列表框，在弹出的列表中选择【第二线型】，将【粗细】数值框中的内容修改为“3磅”。

步骤3 单击【确定】按钮。

16. 步骤1 单击窗口中的椭圆，按〈Ctrl〉键同时单击矩形。

步骤2 单击【绘图】工具栏上的【绘图】按钮，在弹出的列表框中选择【组合】。

步骤3 选择【格式】→【对象】菜单命令，打开【设置自选图形格式】对话框。

步骤4 单击【尺寸】选项卡，在【尺寸和旋转】设置区中将【高度】数值框中的内容修改为“7 厘米”。

步骤5 单击【确定】按钮。

17. 步骤1 选择【格式】→【项目符号和编号】菜单命令，打开【项目符号和编号】对话框。

步骤2 单击【图片】按钮，打开【图片项目符号】对话框。

步骤3 单击第 1 行第 1 列图片，单击【确定】按钮。

18. 步骤1 单击文本框。

步骤2 选择【格式】→【文本框】菜单命令，打开【设置文本框格式】对话框。

步骤3 在【填充】设置区中单击【颜色】列表框，在弹出的列表框中选择【背景】。

步骤4 单击【确定】按钮。

19. 步骤1 选择【文件】→【新建】菜单命令。

步骤2 单击【内容版式】列表下的第 3 行第 1 列的内容版式。

第4章 丰富幻灯片内容

本章详细讲解 PowerPoint 2003 中幻灯片的插入艺术字，调整艺术字的尺寸与位置，设置自选图形，插入表格，调整表格的行高与列宽，插入图表，插入多媒体对象，插入声音，添加背景音乐等功能。读者可以一边阅读教材，一边在配套的光盘上操作练习，效果最佳。

4.1 艺术字

使用 PowerPoint 2003 中的艺术字功能，可以在文稿中插入装饰文字。可以创建带阴影、扭曲、旋转和拉伸效果的文字，也可以按自定义的形状创建文字。因为艺术字是图形对象，还可以使用【绘图】工具栏中的按钮来改变其效果。

4.1.1 插入艺术字

在文稿中插入艺术字的具体操作步骤如下：

步骤1 选择【插入】→【图片】→【艺术字】菜单命令，打开【艺术字库】对话框，如图 4-1 所示。

图 4-1 【艺术字库】对话框

步骤2 选择艺术字样式，单击【确定】按钮，打开【编辑“艺术字”文字】对话框。

步骤3 在【文字】文本框中输入文字，并在【字体】下拉列表框中选择艺术字的字体，在【字号】下拉列表框中选择艺术字的大小，单击【确定】按钮，如图4-2所示。

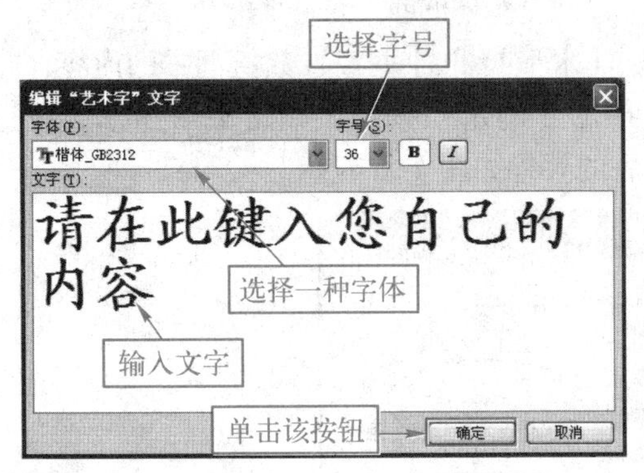

图4-2 插入艺术字

4.1.2 调整艺术字的尺寸与位置

(1) 调整艺术字的尺寸

具体操作步骤如下：

步骤1 选中艺术字，此时可以看出在艺术字周围出现了8个控制点，然后将光标移到艺术字右下角的控制点上，使其变为↖形状，如图4-3所示。

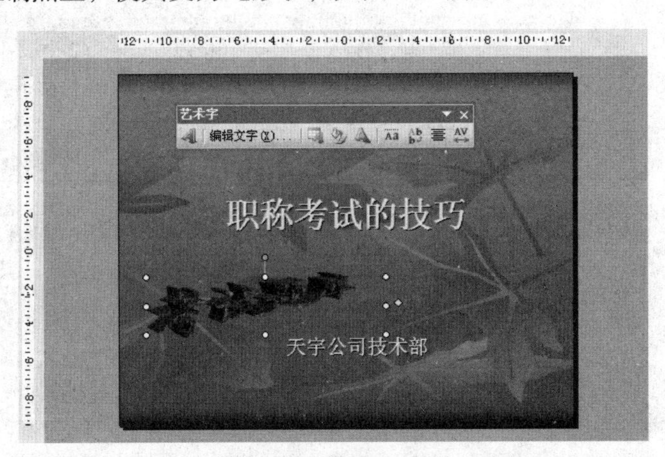

图4-3 选中艺术字

步骤2 按住鼠标左键拖动控制点，此时在艺术字上会出现两条虚线，表示改变后的大小，拖动到需要的大小释放鼠标，得到调整艺术字尺寸后的效果。

(2) 调整艺术字的位置

具体操作步骤如下：

步骤1 选中艺术字，然后单击【艺术字】工具栏中的【设置艺术字格式】按钮，如图4-4所示，打开【设置艺术字格式】对话框。

图4-4　单击【设置艺术字格式】按钮

步骤2 单击【位置】选项卡，根据需要修改【水平】和【垂直】数值框中的内容，在【度量依据】下拉列表框中选择【居中】选项，单击【确定】按钮，如图4-5所示，按键盘上的方向键，移动艺术字到合适的位置，调整后的效果如图4-6所示。

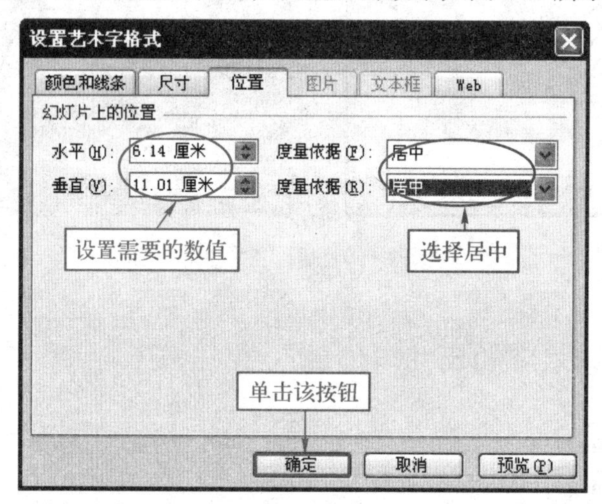

图4-5　【设置艺术字格式】对话框

图4-6　调整后的效果

4.1.3　设置艺术字阴影和三维效果

利用【绘图】工具栏中的【阴影样式】按钮和【三维效果样式】按钮可以为艺术字增加阴影和三维效果，具体操作步骤如下：

步骤1 选中需要增加阴影的艺术字。

步骤2 单击【绘图】工具栏中的【阴影样式】按钮，在弹出的阴影列表中选择一种阴影样式，如图 4-7 所示。

步骤 3 选中需要增加三维效果的艺术字，单击【绘图】工具栏中的【三维效果样式】按钮，在弹出的三维效果样式列表中选择一种三维效果样式，如图 4-8 所示。

图 4-7　选择阴影样式

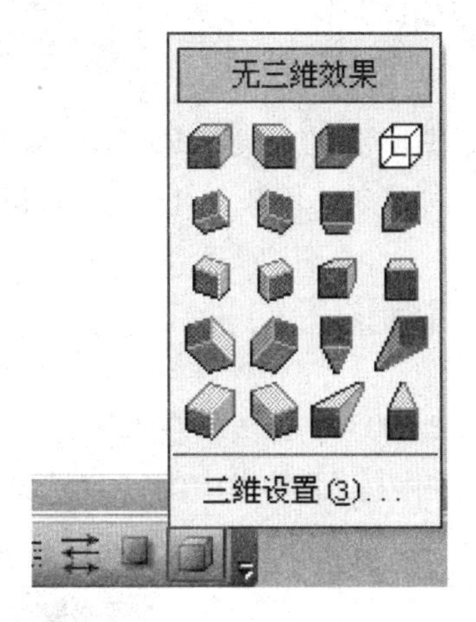

图 4-8　选择三维效果样式

4.1.4　设置艺术字颜色

设置艺术字颜色的具体操作步骤如下：

步骤 1 单击选中需要改变颜色的艺术字。

步骤 2 单击【艺术字】工具栏上的【设置艺术字格式】按钮，打开【设置艺术字格式】对话框。

步骤 3 在【颜色和线条】选项卡中【填充】设置区和【线条】设置区中单击【颜色】列表框，在弹出的列表框中选择需要的颜色，如图 4-9 所示。

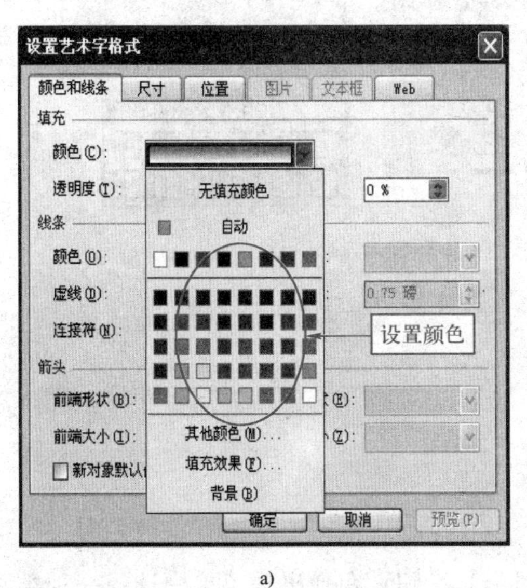

a)

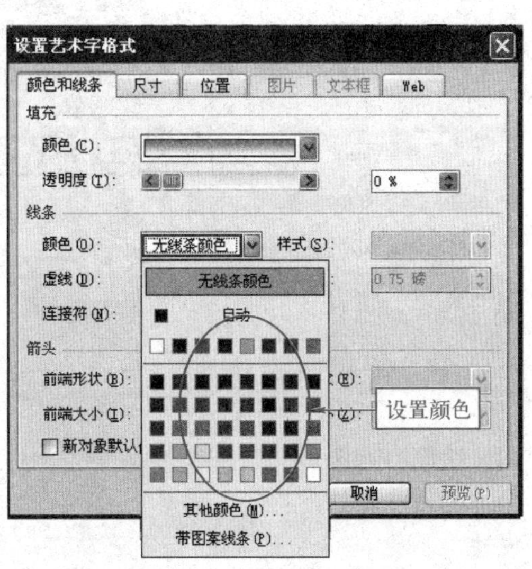

b)

图 4-9　设置艺术字颜色

a)【填充】设置区中的【颜色】列表框　b)【线条】设置区中的【颜色】列表框

步骤4 单击【确定】按钮。

4.2 自选图形

为了使绘制图形更加方便，PowerPoint 2003 中提供了自选图形功能，自选图形包括矩形、圆柱形及各种线条、箭头总汇、流程图、标注等。

4.2.1 自选图形的种类

在 PowerPoint 2003 中有 9 种自选图形，如图 4-10 所示，打开【自选图形】列表最直接的方法是单击【绘图】工具栏中的【自选图形】按钮。

9 种自选图形中包含的具体内容如图 4-11 所示。

图 4-10 9 种自选图形

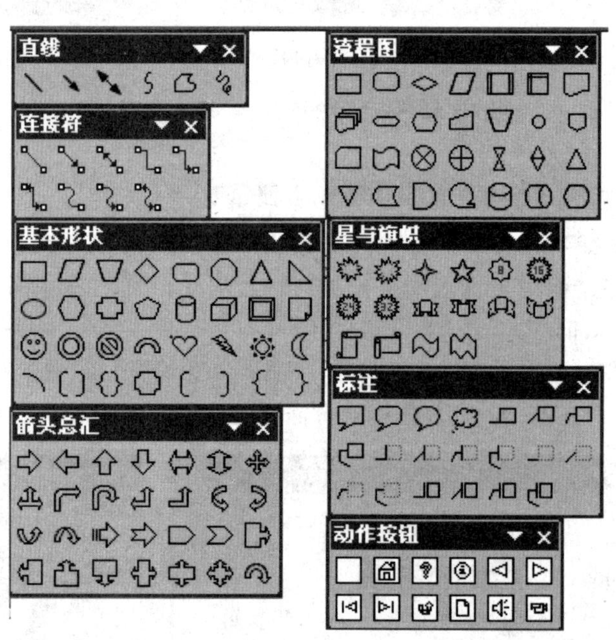

图 4-11 自选图形

4.2.2 绘制自选图形

(1) 绘制自选图形

具体操作步骤如下：

方法 1

步骤1 单击【绘图】工具栏中的【自选图形】按钮，在弹出的菜单中选择一种类别，然后单击所需的形状。

步骤2 拖动鼠标绘出图形。

步骤3 根据需要调整图形。

步骤4 单击图形以外的区域，结束绘制。

方法2

步骤1 选择【插入】→【图片】→【自选图形】菜单命令，打开【自选图形】工具栏，如图4-12所示。

图4-12　【自选图形】工具栏

步骤2 根据需要单击【自选图形】工具栏中的按钮进行设置。

步骤3 拖动鼠标绘出图形。

步骤4 根据需要调整图形。

步骤5 单击图形以外的区域，结束绘制。

(2) 将已绘制的自选图形更换为另一种自选图形

具体操作步骤如下：

步骤1 选中要更改的图形。

步骤2 单击【绘图】工具栏中的【绘图】按钮，弹出【绘图】菜单，如图4-13所示。

步骤3 选择【改变自选图形】命令，然后指向所选类别，单击所需的形状。

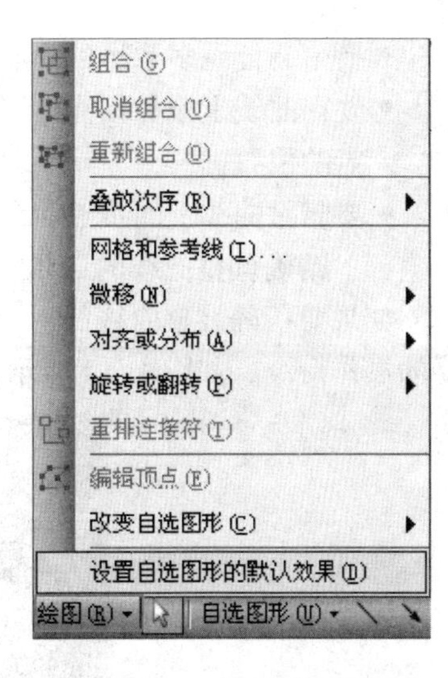

图4-13　【绘图】菜单

4.2.3　曲线和多边形

(1) 绘制曲线

绘制如图4-14所示曲线的具体操作步骤如下：

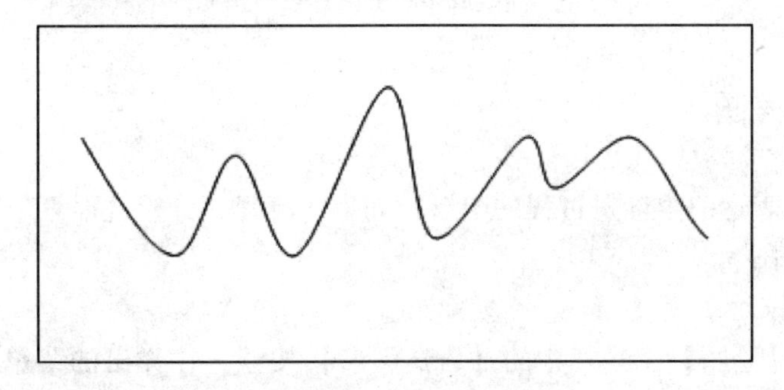

图4-14　曲线

步骤1 单击【绘图】工具栏中的【自选图形】按钮，弹出【自选图形】菜单。

步骤2 选择【线条】命令，单击【曲线】或【任意多边形】。

步骤3 单击鼠标确定线条的起点。

步骤 4 拖动鼠标绘制线条，可以选择在需要的凹、凸、拐点处单击，再改变拖动方向，或要使【曲线】从一点到下一点保持直线，可以在拖动鼠标时按下〈Ctrl〉键。

步骤 5 双击鼠标即结束绘制，如果要曲线闭合，可在起点附近单击鼠标。

（2）更改曲线或任意多边形的形状

具体操作步骤如下：

步骤 1 选中要更改的曲线或任意多边形。

步骤 2 单击【绘图】工具栏中的【绘图】按钮，在弹出的菜单中选择【编辑顶点】命令，曲线上所有的凹、凸、拐点上出现矩形控制点，在 PowerPoint 2003 中叫做顶点，可选择下列操作：

- 要重调任意多边形的形状，可拖动曲线上的顶点。
- 要在曲线上添加顶点，可按住〈Ctrl〉键单击要添加顶点的位置或直接拖动要添加顶点的位置。
- 要删除曲线上的顶点，可按住〈Ctrl〉键单击要删除的点。

（3）精确调整曲线的形状

如果要精确调整曲线的形状，可以在顶点处单击鼠标右键，在弹出的快捷菜单中选择需要的操作命令，如图 4-15 所示。

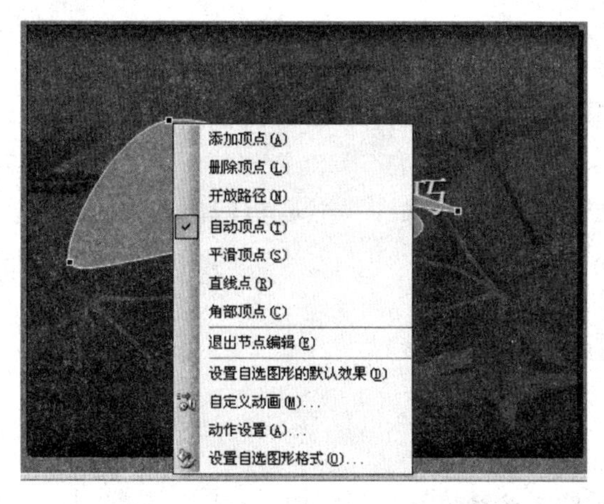

图 4-15　曲线或多边形上顶点的快捷菜单

4.2.4　流程图

流程图是用来表达一个连贯过程的图形，如生产流程、分析过程等。

（1）绘制流程图

具体操作步骤如下：

步骤 1 单击【绘图】工具栏中的【自选图形】按钮，在弹出的菜单中选择【流程图】命令，然后单击所需的形状，如图 4-16 所示。

步骤 2 单击要绘制流程图的位置或拖动鼠标绘制形状。

步骤 3 重复步骤 1、2，添加所需的形状。

步骤 4 按流程顺序排列图形，并在各图间添加连接符。

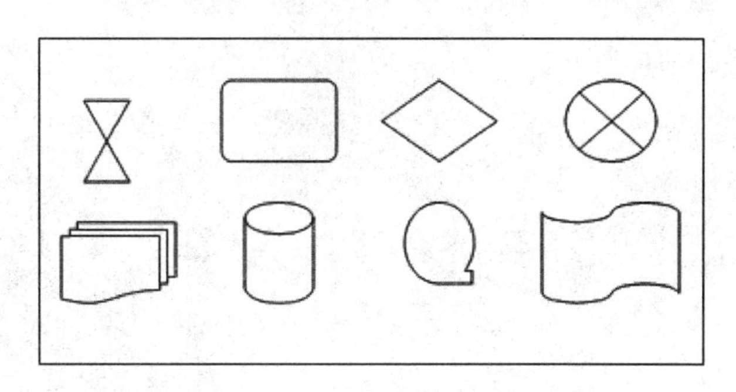

图 4-16　几种流程图形状

(2) 更改已绘制的流程图

如果要更改已绘制的流程图，可以选择下列操作：

- 移动图形。选中图形，当鼠标指针变成四向箭头时，将其拖动到新位置。
- 更换图形。选中图形，单击【绘图】工具栏中的【绘图】，选择【改编自选图形】中的【流程图】，然后单击所需形状。
- 调整图形的尺寸。拖动图形的角控点或边控点。
- 转动图形。拖动图形的旋转控点。
- 调整图形或连接线的格式。选择【格式】→【自选图形】菜单命令。
- 删除图形。选中该图形，并按〈Delete〉键即可删除该图形。

4.3　在幻灯片中插入表格及设置表格

4.3.1　插入表格

在 PowerPoint 2003 中，建立表格的方法有多种，下面主要介绍 3 种常用的建立表格的方法。一种是利用【常用】工具栏中的【插入表格】按钮来建立表格，另一种是利用【插入表格】命令来建立表格，也可以手工绘制表格。

1. 用【插入表格】按钮建立表格

使用【常用】工具栏中的【插入表格】按钮是建立表格最快捷的方法，它适合于建立行数、列数较少和具有规则行高和列宽的简单表格。例如，要建立一个 7 行 7 列的表格，具体操作步骤如下：

步骤 1　将插入点置于要建立表格的位置，单击【常用】工具栏中的【插入表格】按钮，按住鼠标左键并向右下方拖动选择表格的行数和列数，如图 4-17 所示。

步骤 2　当显示的网格行数和列数到 7 行 7 列时释放鼠标，即可在插入点所在位置创建一个 7 行 7 列的表格。

2. 用【插入表格】命令建立表格

例如，要建立一个 7 行 7 列的表格，具体操作步骤如下：

步骤 1　将插入点置于要建立表格的位置，选择【表格】→【插入】→【表格】菜单命令，打开【插入表格】对话框。

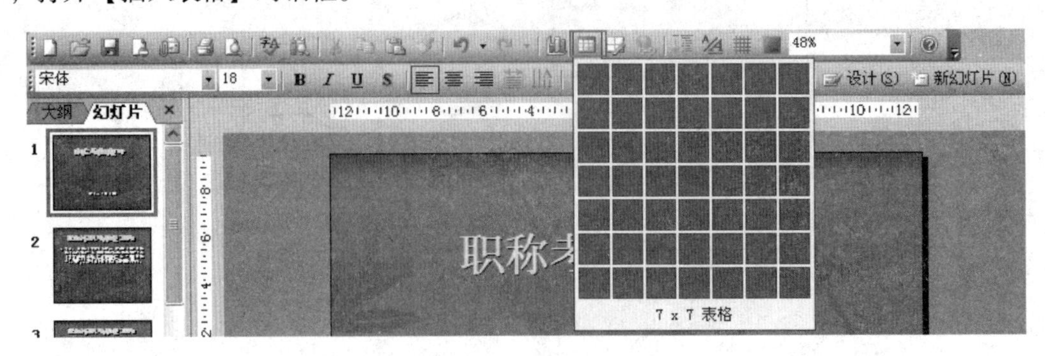

图 4-17　利用【插入表格】按钮绘制表格

步骤 2　在【列数】和【行数】数值框中均输入 7，如图 4-18 所示。

步骤 3　单击【确定】按钮或按〈Enter〉键，即可按照设置创建一个 7 行 7 列的表格，如图 4-19 所示。

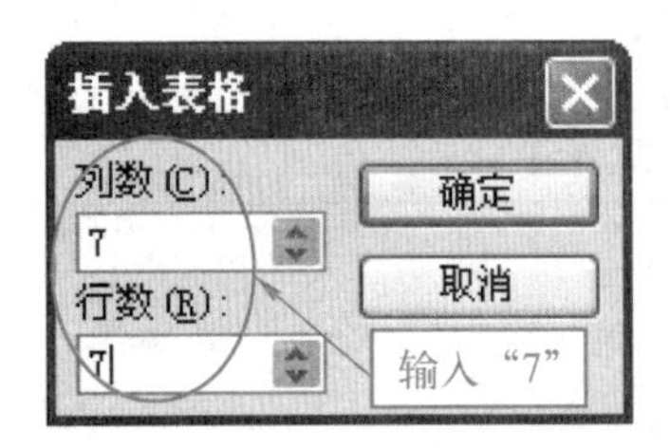

图 4-18　【插入表格】对话框

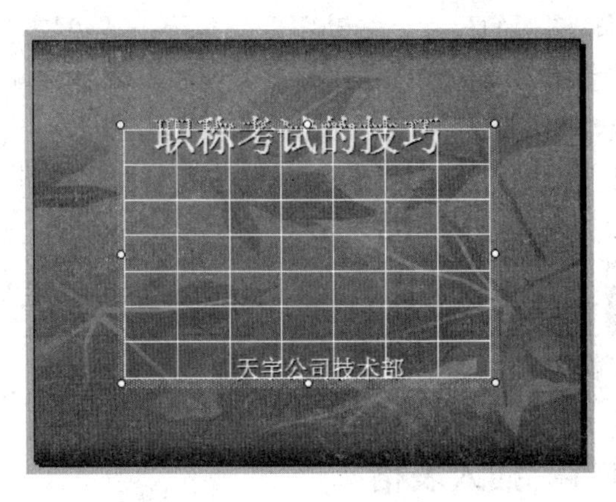

图 4-19　创建表格

3. 手工绘制表格

若要手工绘制表格，具体操作步骤如下：

步骤 1　选择【视图】→【工具栏】→【表格和边框】菜单命令，或单击【常用】工具栏中的【表格和边框】按钮，均可打开【表格和边框】工具栏，如图 4-20 所示。

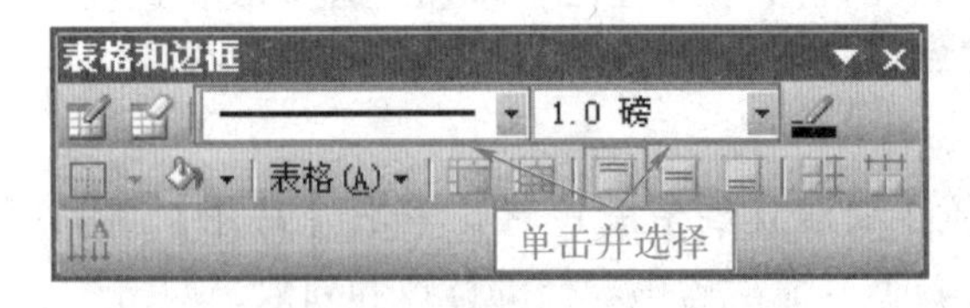

图 4-20　【表格和边框】工具栏

步骤 2　在【线型】下拉列表框中选择线型，在【粗细】下拉列表框中选择线条的粗细，在【边框颜色】下拉列表框中选择线条颜色。

步骤 3　单击【绘制表格】按钮，拖动鼠标绘制表格外边框，从左至右绘制横线，从上到下绘制竖线。

4.3.2 导入 Excel 表格

(1) 利用插入对象的方法导入 Excel 表格

具体操作步骤如下：

步骤 1 选择【插入】→【对象】菜单命令，打开【插入对象】对话框。

步骤 2 选中【由文件创建】单选按钮，单击【浏览】按钮，如图 4-21 所示，打开【浏览】对话框，如图 4-22 所示，根据需要找到要导入的 Excel。

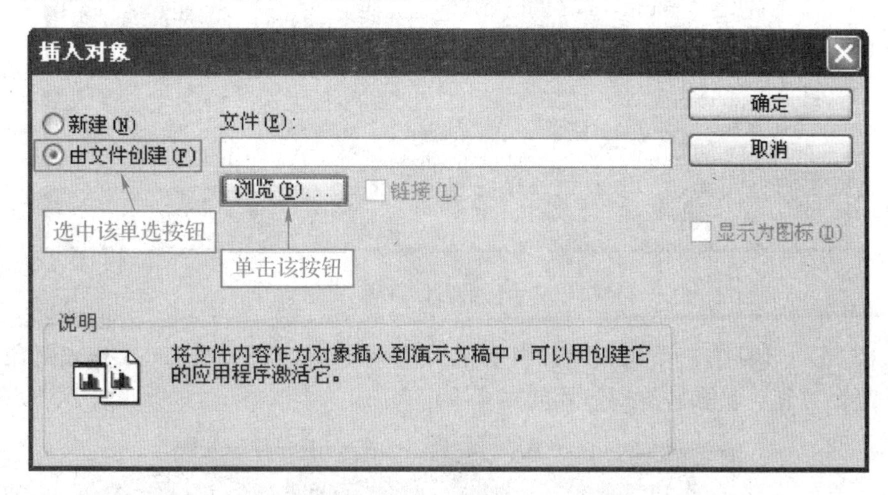

图 4-21 【插入对象】对话框

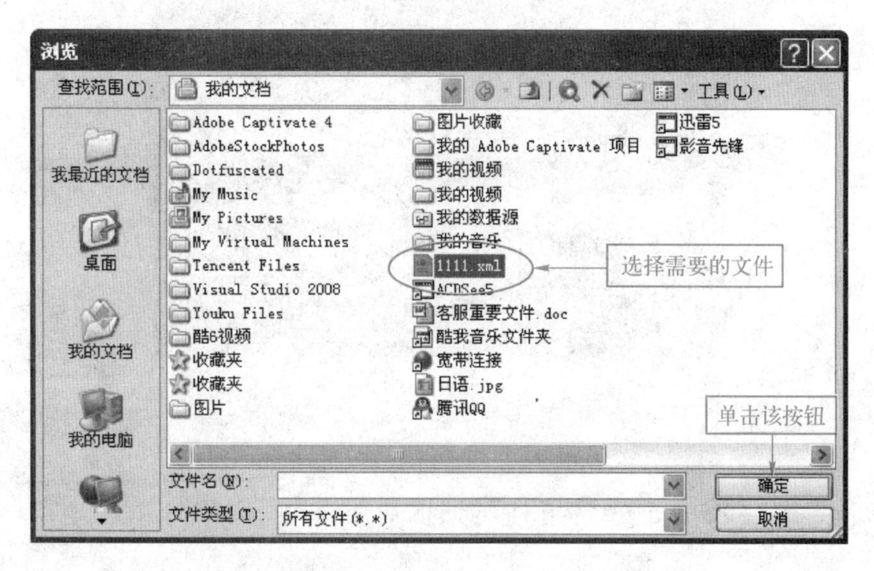

图 4-22 【浏览】对话框

步骤 3 单击【确定】按钮，返回【插入对象】对话框。

步骤 4 单击【确定】按钮。

(2) 利用粘贴对象的方法导入表格

具体操作步骤如下：

步骤1 在 Excel 中打开要导入到演示文稿中的 Excel 文件，复制表格中的所有数据。

步骤2 在要导入 Excel 的幻灯片中单击要插入的位置，选择【编辑】→【选择性粘贴】菜单命令，打开【选择性粘贴】对话框，如图 4-23 所示。

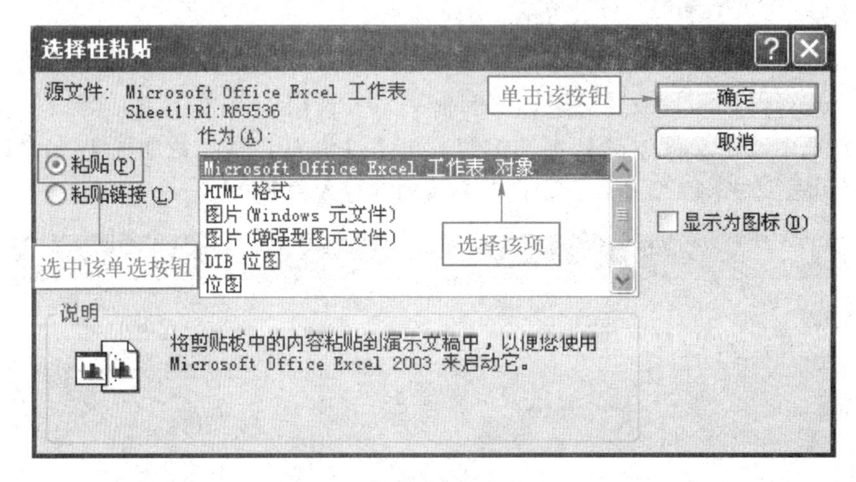

图 4-23 【选择性粘贴】对话框

步骤3 选中【粘贴】单选按钮，以及作为【Microsoft Office Excel 工作表对象】插入，单击【确定】按钮，粘贴后的幻灯片如图 4-24 所示。

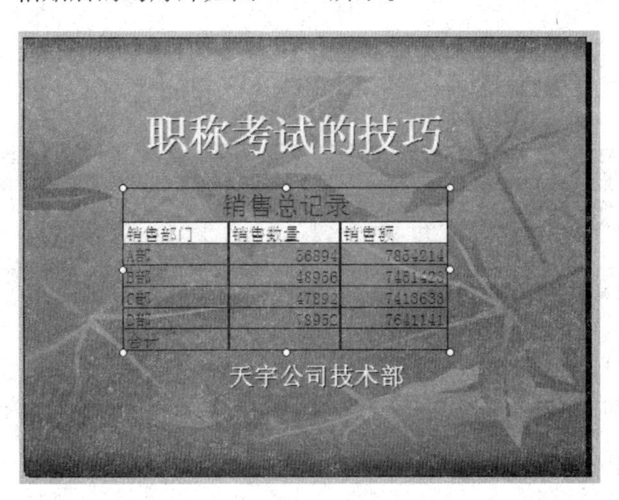

图 4-24 选择性粘贴导入 Excel 表格

4.3.3 调整表格的行高与列宽

一般情况下，PowerPoint 2003 会根据输入的内容自动调整表格的行高和列宽，也可以根据需要自行调整表格的行高和列宽。下面将介绍常用的调整表格行高和列宽的方法。

利用鼠标拖动的方法改变行高或列宽，直接利用鼠标拖动表格或单元格的边框，即可改变单元格的行高和列宽，这是调整表格行高和列宽最快捷的方法，具体操作步骤如下：

步骤1 将光标移到要改变列宽或单元格的边框线上，如表格的最右侧边线上，此时光标呈⇹形状，按住鼠标并左右拖动改变列的宽度，此时会出现一条虚线，可以显示改变列宽后的效果，如图4-25所示。

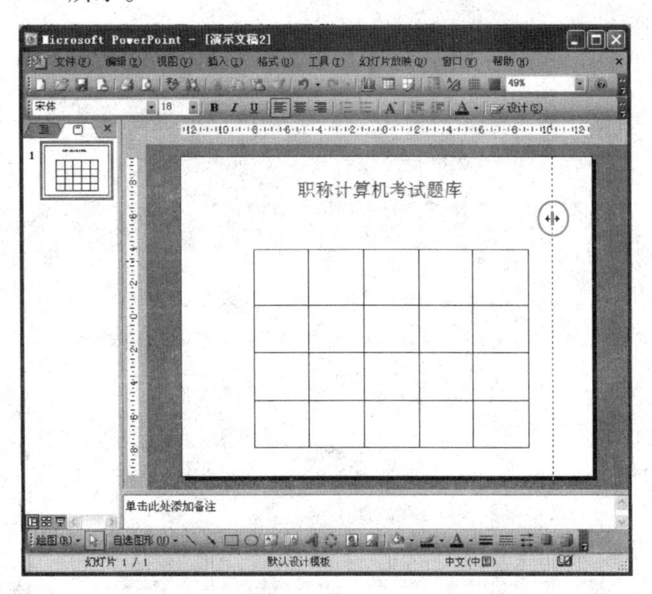

图4-25 改变列宽

步骤2 释放鼠标即可改变列的宽度。

步骤3 要调整表格的行高，可将光标移到要改变行高的行边线上，此时光标变成⇳形状，按住鼠标并上下拖动，如图4-26所示，释放鼠标即可改变行的高度。

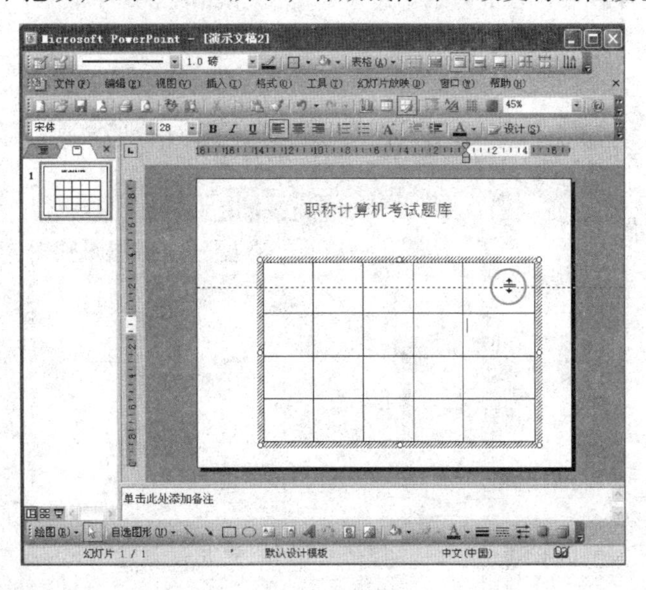

图4-26 改变行高

4.3.4 单元格的合并

用户可以将表格中的多个单元格合并为一个单元格，也可以将选中的单元格拆分成等宽的多个小单元格，还可以将表格中多余的单元格删除掉，然后将其他的单元格调整到适合的大小。

合并单元格的具体操作步骤如下：

步骤 1 在表格中选中要合并的单元格。

步骤 2 在选中的单元格上单击鼠标右键，在弹出的快捷菜单中选择【合并单元格】命令，如图 4-27 所示，将选中的单元格进行合并，如图 4-28 所示。

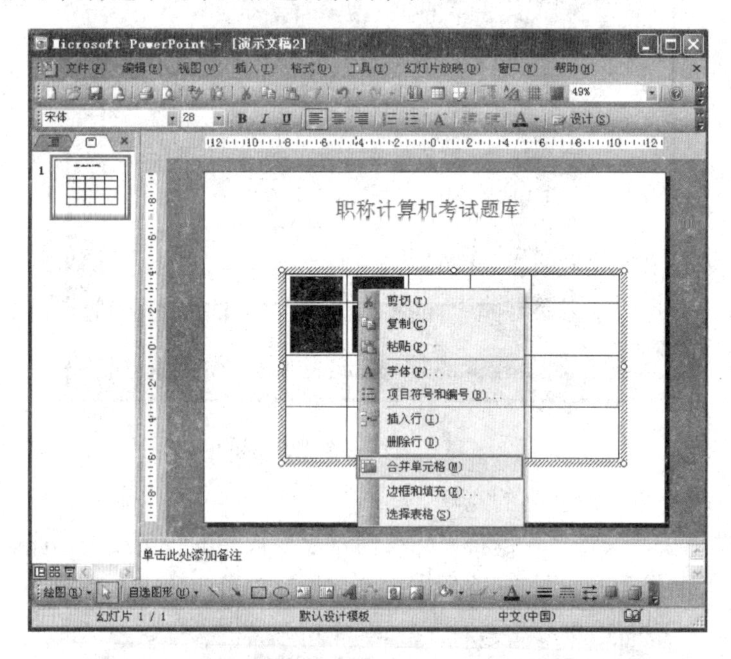

图 4-27　选择右键快捷菜单中的【合并单元格】命令

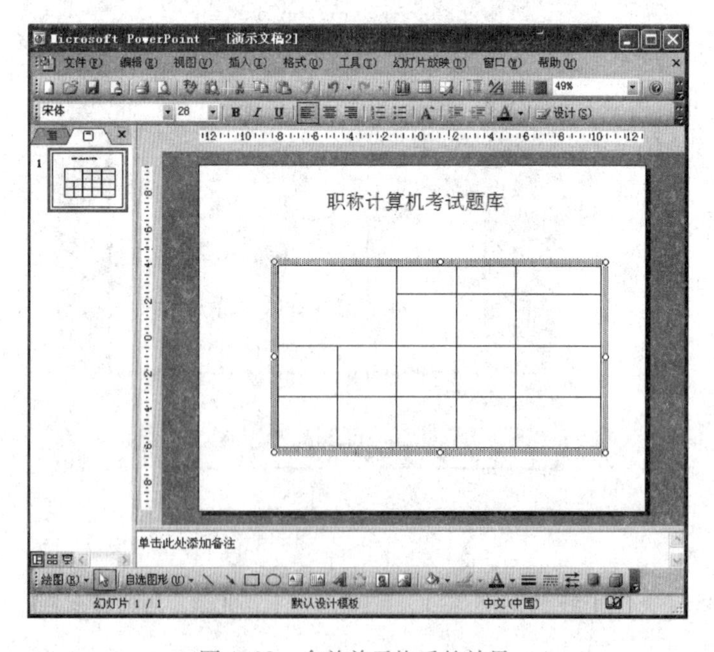

图 4-28　合并单元格后的效果

4.3.5 行与列的插入及删除

在编辑表格过程中，常常需要在表格中插入新行或新列，插入列的方法和插入行的方法是一样的，具体操作步骤如下：在表格中要插入新行或新列的位置上单击鼠标右键，在弹出的快捷菜单中选择【插入行】或【插入列】命令，如图 4-29 所示。

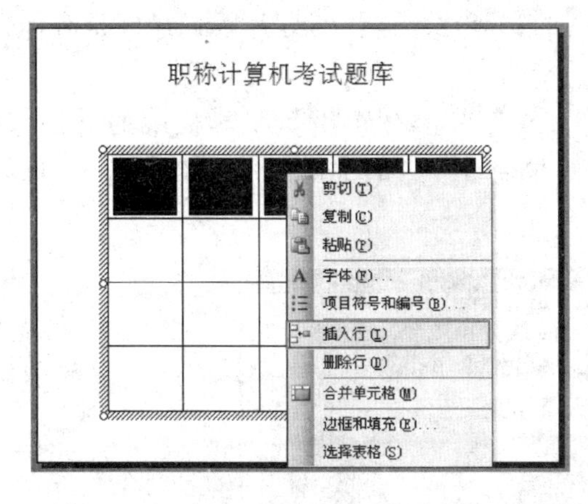

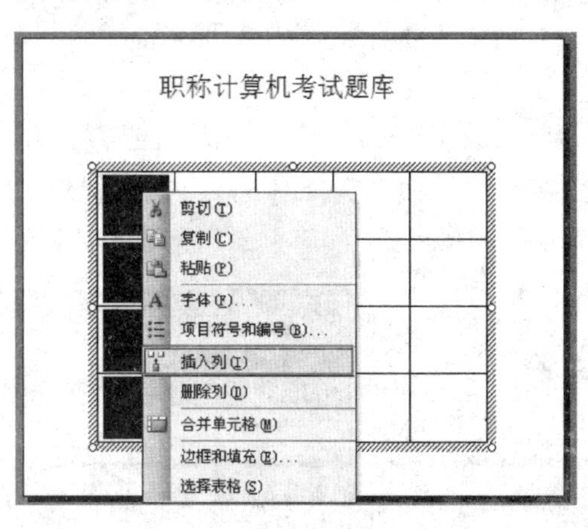

图 4-29 插入行或插入列

删除表格中的行或列的具体操作步骤如下：

步骤 1 选中要删除的行或列。

步骤 2 在选中的行或列上单击鼠标右键，在弹出的快捷菜单中选择【删除行】或【删除列】命令，如图 4-30 所示。

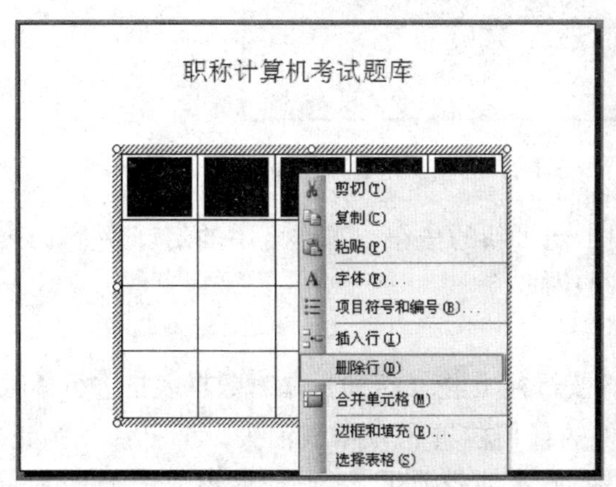

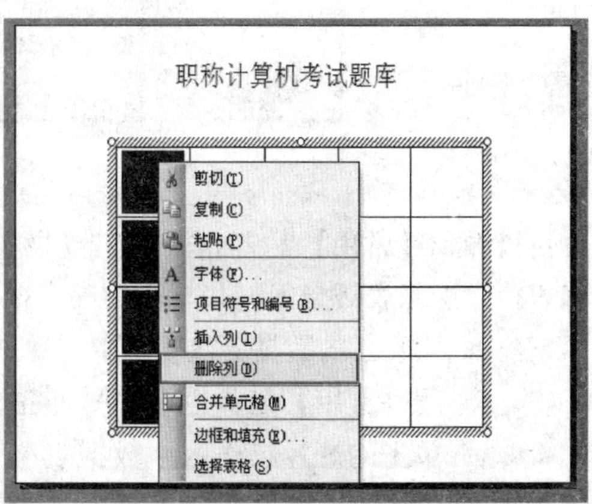

图 4-30 删除行或删除列

4.4 在幻灯片中插入图表及更改图表的类型

在 PowerPoint 2003 中可以将在 Excel 2003 中制作好的统计图表直接通过复制和粘贴应

用到幻灯片中。对于一些小型的统计图，还可以直接在 PowerPoint 2003 中进行输入，这样既方便操作，也可以直接观察数据的统计。

4.4.1 插入图表

在演示文稿中建立一幅统计图的具体操作步骤如下：

步骤 1 在演示文稿中找到准备插入统计图的幻灯片，这张幻灯片版式最好是有标题、文本与图表。

步骤 2 双击幻灯片上的添加图表占位符，或者单击【常用】工具栏中的【插入图表】按钮，或者选择【插入】→【图表】菜单命令。这时 PowerPoint 2003 的窗口界面如图 4-31 所示。

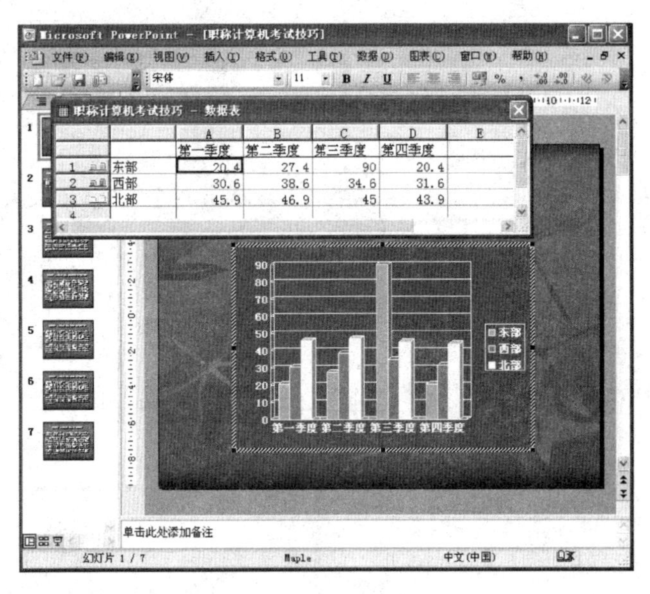

图 4-31 插入图表效果

可以看到【常用】和【格式】工具栏中出现了新的按钮，工作区中的幻灯片上出现了一张表格，这张表格与 Excel 2003 中的表格很相似。

步骤 3 用自己的数据更改表格中的数据。

步骤 4 用【常用】工具栏中的按钮（按行）或（按列）来对数据表格进行排版。

步骤 5 单击幻灯片工作区中数据表格外的任何位置，数据表消失，屏幕恢复为正常的 PowerPoint 2003 工作界面，一幅柱形图把刚才的数据形象地表示出来，如图 4-32 所示。

4.4.2 更改图表类型

当需要修改统计图时，双击统计图的任何位置即可重新进入开始插入图表时的界面，可重新编辑表格。

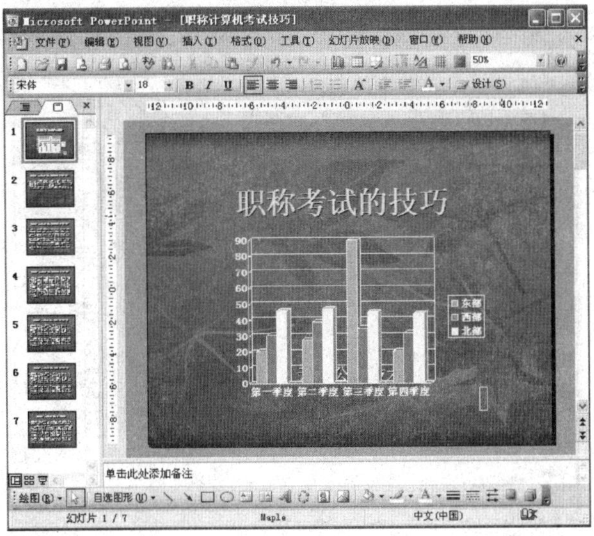

图 4-32　插入统计的工作界面

统计图的样式是多种多样的，对于一幅已经插入的统计图，可以用下述办法改变它的样式：

步骤 1　双击统计图，重新出现如图 4-31 所示的窗口。

步骤 2　选择【图表】→【图表类型】菜单命令，打开【图表类型】对话框，如图 4-33 所示。

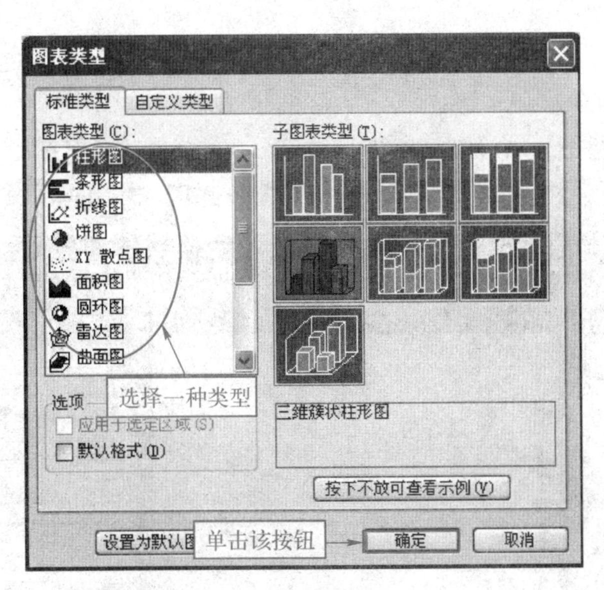

图 4-33　【图表类型】对话框

步骤 3　选择所需的一种类型，单击【确定】按钮，则统计图按新的样式显示，图 4-34 所示是一幅经过上述步骤更新的统计图。

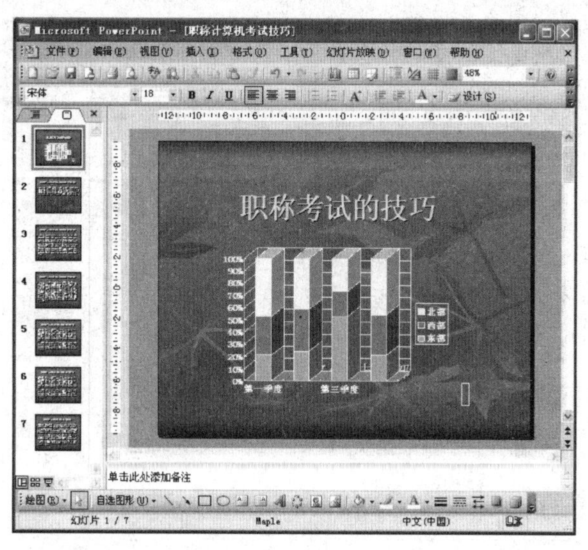

图 4-34　更改样式后的幻灯片

4.5 使用组织结构图与图示

在介绍某单位或部门的结构关系或层次关系时，经常要采用一类形象地表达结构、层次关系的图形，该类图形称为组织结构图。在 PowerPoint 2003 中可以轻松地插入组织结构图，具体操作步骤如下：

步骤 1 选择【文件】→【新建】菜单命令，在打开的【新建演示文稿】任务窗格中选择【空演示文稿】命令。

步骤 2 选择【视图】→【任务窗格】菜单命令，在弹出的【幻灯片版式】面板中选择【其他版式】列表中的【标题和图示或组织结构图】版式，如图 4-35 所示。

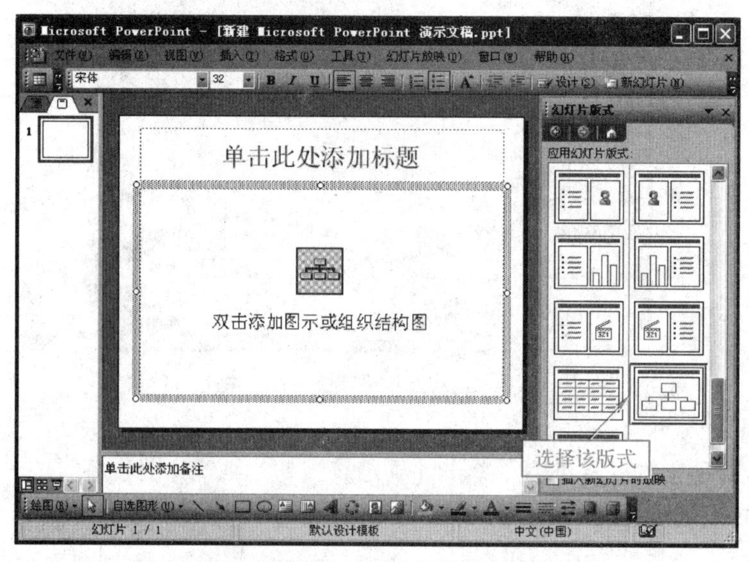

图 4-35　选择带有组织结构图占位符的版式

步骤 3　双击【双击添加图示或组织结构图】图标，打开【图示库】对话框，从中选择一种组织结构图，然后单击【确定】按钮，如图 4-36 所示。

根据实际组织结构，填写该幻灯片中的结构。例如，绘制学校领导结构图，在最上面的方框内输入【校长】，然后在下面 3 个方框内分别输入【教务处主任】、【政务处主任】和【后勤部主任】，如图 4-37 所示。

图 4-36　【图示库】对话框

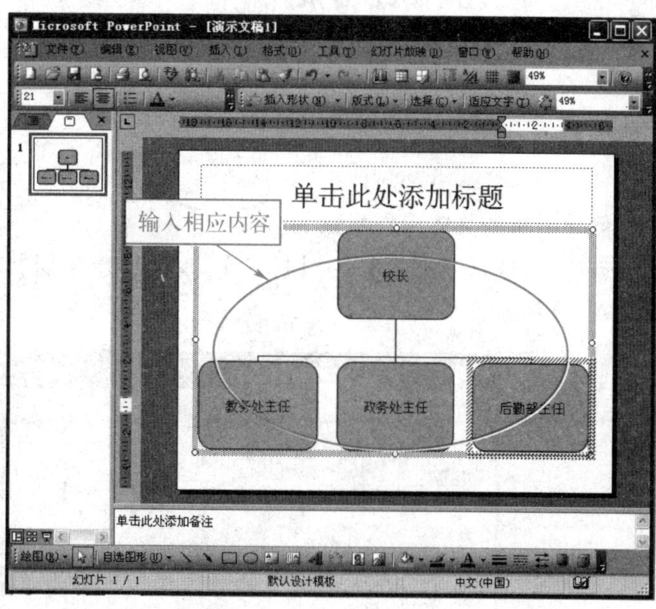

图 4-37　组织结构图

用户还可以根据其他情况选择不同的图示结构。例如，可以选择【射线图】结构，并绘制网络销售图。在中心位置为中心网点（如【北京】），而围绕中心网点的有【哈尔滨】、【河北】和【山东】3 个网点，如图 4-38 所示。

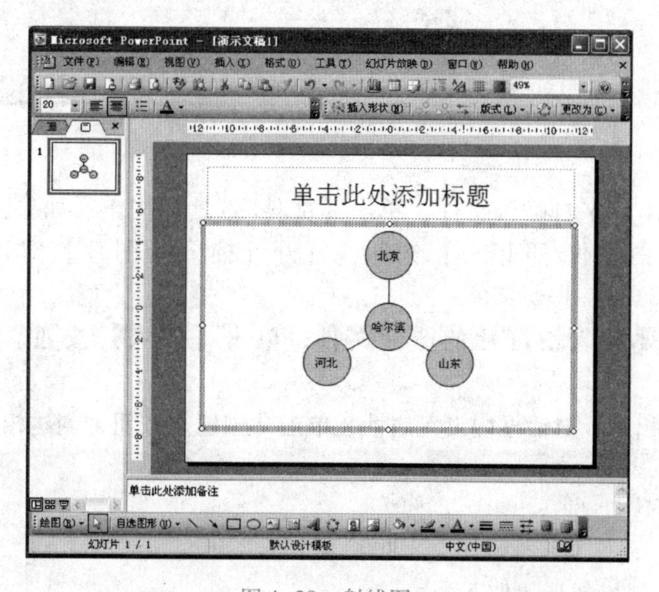

图 4-38　射线图

组织结构图与其他对象一样，也可以对其进行改变大小、移动位置及剪切、复制、粘贴等操作。单击该组织结构图，周围会出现 8 个白色空心圆，这时可以对其进行操作。

4.6 使用相册功能

4.6.1 创建相册

创建相册的具体操作步骤如下：

步骤 1 选择【插入】→【图片】→【新建相册】菜单命令，打开【相册】对话框，如图 4-39 所示。

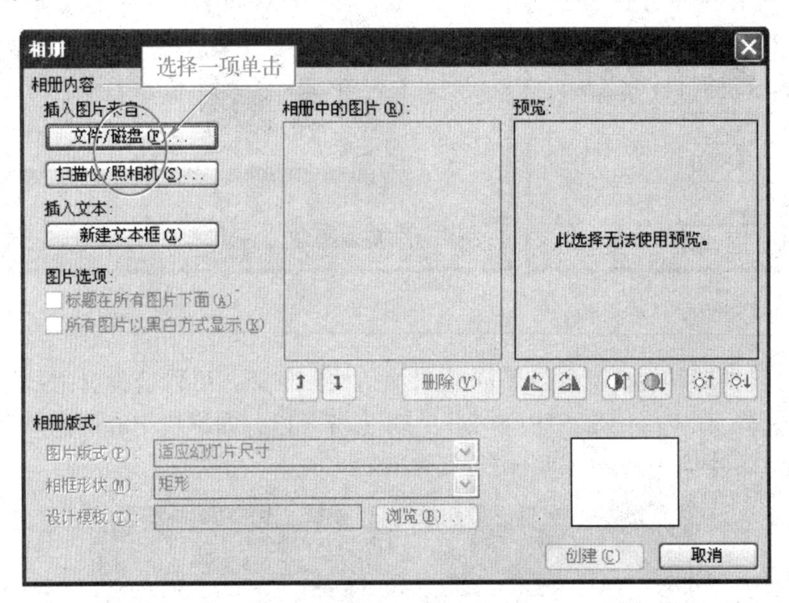

图 4-39 【相册】对话框

步骤 2 如果图片来自磁盘文件，单击【文件/磁盘】按钮，如果图片来自扫描仪或照相机，单击【扫描仪/照相机】按钮，打开【插入新图片】对话框，如图 4-40 所示。

步骤 3 选中要插入幻灯片的图片文件，单击【插入】按钮，返回【相册】对话框。

步骤 4 在【相册】对话框内设置属性，单击【创建】按钮，创建相册。

4.6.2 编辑相册

编辑相册的具体操作步骤如下：

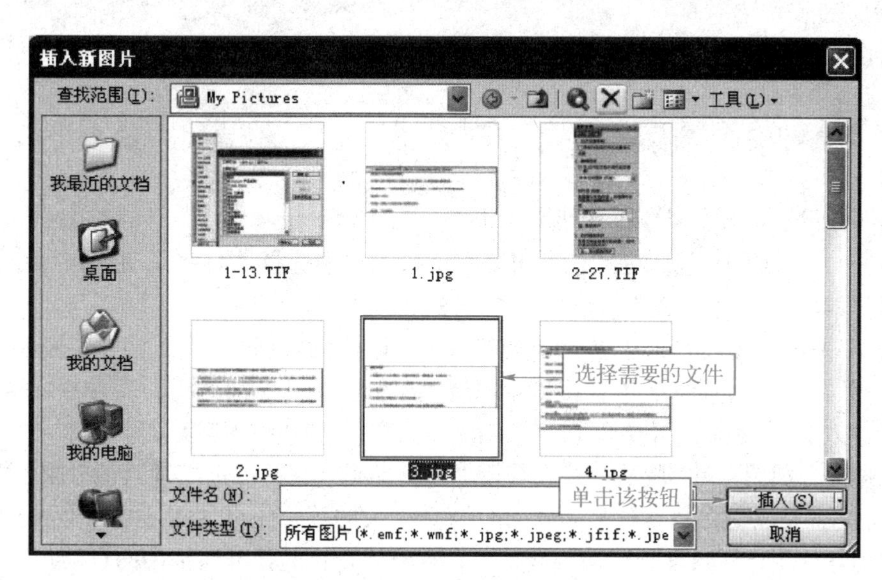

图 4-40　【插入新图片】对话框

步骤1 选择【格式】→【相册】菜单命令，打开【设置相册格式】对话框，如图 4-41 所示。

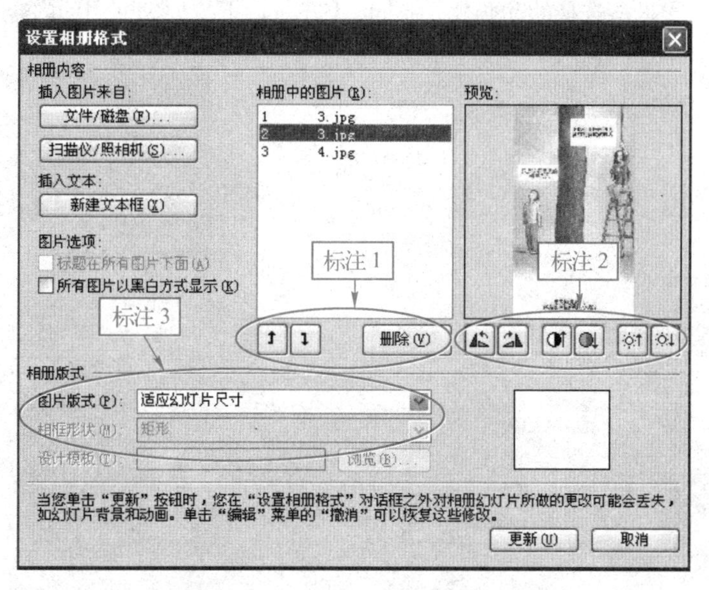

图 4-41　【设置相册格式】对话框

步骤2 在【标注 1】中的 3 个工具按钮可以调整幻灯片的前后顺序和删除多余的图片。在【标注 2】中的工具按钮可以调整图片的亮度、对比度和翻转图片。在【标注 3】中的【图片版式】设置区中可以设置相册图片的版式。

4.7　插入多媒体对象

用 PowerPoint 2003 制作幻灯片时，可以利用设计动画、配置声音、添加影片等技术，制作出更具感染力的多媒体演示文稿。

4.7.1 动画设置

为幻灯片设置动画的具体操作步骤如下：

步骤1 打开演示文稿，在【任务窗格】下拉菜单中选择【自定义动画】命令，或者选择【幻灯片放映】→【自定义动画】菜单命令。

步骤2 选中一张幻灯片中某个需要设置动画的对象，如一段文字、一幅图片等，在【任务窗格】中单击【添加效果】按钮弹出级联菜单。在【添加效果】菜单中有 4 个选项，分别是【进入】、【强调】、【退出】、【动作路径】，每个选项的级联菜单中都有一些常用的动画效果选项，如图 4-42 所示。若想获得更多的动画效果，可选择【其他效果】或【动作路径】。这里需要说明的是，与 PowerPoint 2000 很大的一个不同之处在于，PowerPoint 2003 可设置在幻灯片工作区自动预览动画效果，设置方式是将其任务窗格中的自动预览项选中。

步骤3 选择好动画效果后，按钮下方的 3 个下拉列表【开始】、【方向】、【速度】立刻处于激活状态，如图 4-43 所示，【开始】下拉列表框用于设置动画开始的条件、是单击鼠标播放还是幻灯片放映即开始播放等；【方向】和【速度】下拉列表框用于设置动画的来去方向和动画的播放速度，根据所选择的动画效果不同，【方向】下拉列表框中的内容会随之变化。

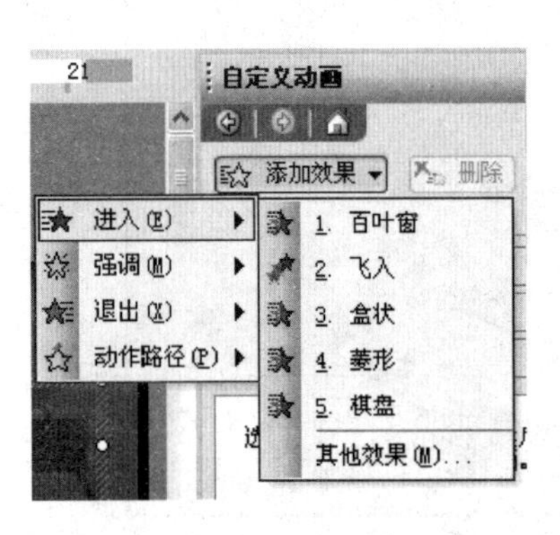

图 4-42 【添加效果】菜单

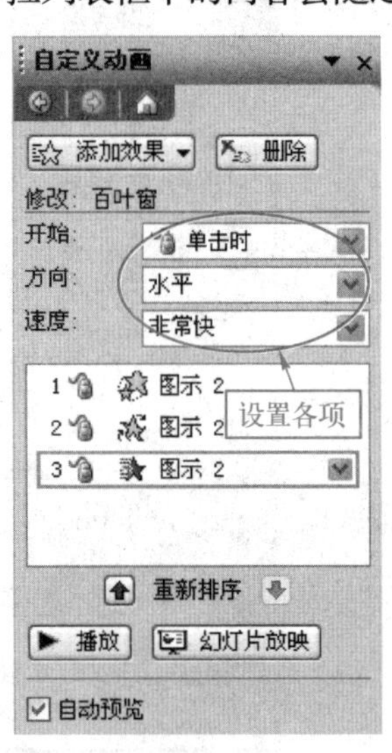

图 4-43 设置动画

步骤4 重复步骤 2 和步骤 3 即可设置多个对象的动画效果。当对一张幻灯片中的多个对象设置动画后，可在窗格中调整各个对象的动画播放顺序。

4.7.2 插入声音和影片

1. 插入声音文件

步骤1 选中需要插入声音文件的幻灯片，选择【插入】→【影片和声音】→【文件中的声音】菜单命令，打开【插入声音】对话框，如图 4-44 所示。

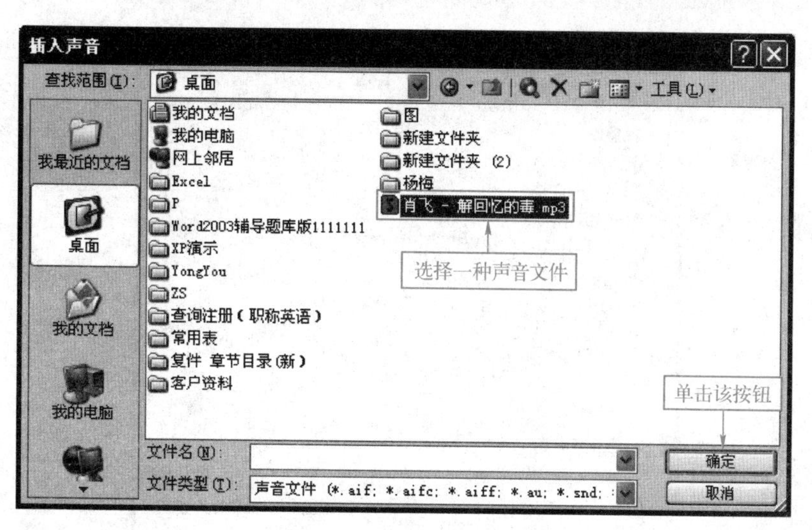

图 4-44 【插入声音】对话框

选中要插入的声音文件，单击【确定】按钮。

此时，系统会打开提示框，根据需要单击相应的按钮，即可将声音文件插入到幻灯片中，幻灯片中显示出一个小喇叭符号，并且在【自定义动画】面板中会出现所选择的音乐文件名。

如果要在普通视图中试听声音，可双击声音图标。

如果要让上述插入的声音文件在多张幻灯片中连续播放，也就是设置演示文稿的背景声音，具体操作步骤如下：

在第一张幻灯片中插入声音文件，打开【任务窗格】，在列表中选择【自定义动画】，此时【任务窗格】中就会显示出插入声音文件的文件名，如图 4-45 所示。

单击声音文件名，在列表中选择【效果选项】，如图 4-46 所示。打开【播放 声音】对话框，在【效果】选项卡中的【停止播放】设置区中选中第 3 项单选按钮进行设置，如图 4-47 所示。

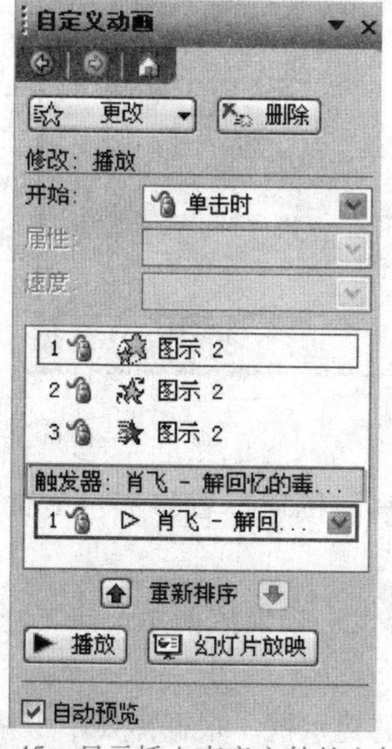

图 4-45 显示插入声音文件的文件名

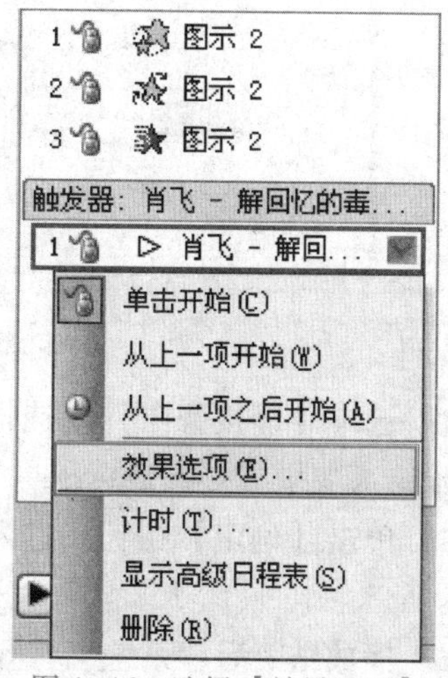

图 4-46 选择【效果选项】

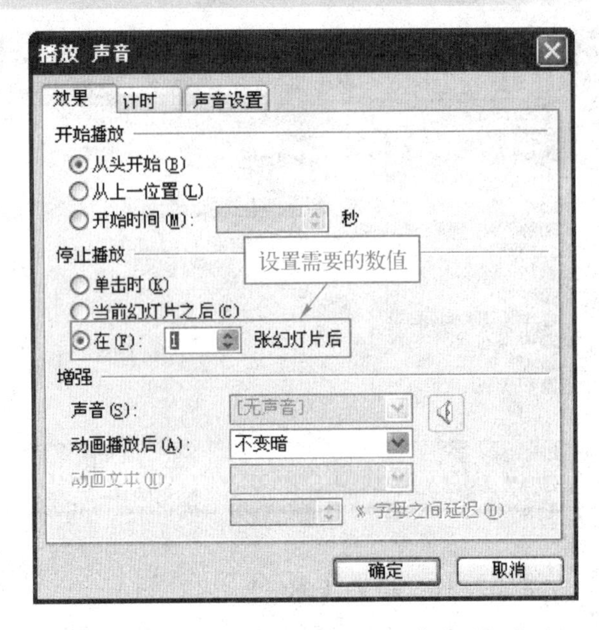

图 4-47　【播放 声音】对话框中的【效果】选项卡

2. 为幻灯片配音

为幻灯片配音的具体操作步骤如下：

步骤1 在计算机上安装并设置好话筒。

步骤2 启动 PowerPoint 2003，打开相应的演示文稿。

步骤3 选择【幻灯片放映】→【录制旁白】菜单命令，打开【录制旁白】对话框，如图 4-48 所示。

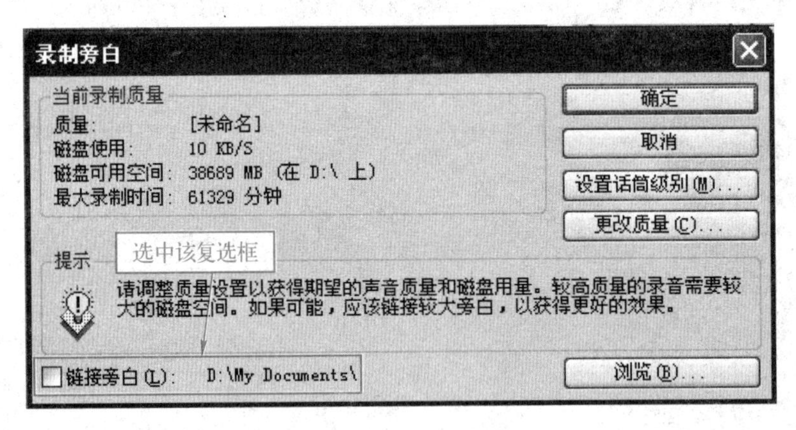

图 4-48　【录制旁白】对话框

步骤4 选中【链接旁白】复选框，并单击【浏览】按钮设置好旁白文件的保存文件夹，同时根据需要设置好其他选项。

步骤5 单击【确定】按钮，进入幻灯片放映状态，一边播放演示文稿，一边对着话筒朗读旁白。

步骤6 播放结束后，系统会打开如图 4-49 所示的提示框，根据需要单击相应按钮。

图 4-49　系统提示

如果某张幻灯片不需要旁白，选中相应的幻灯片，将其中的小喇叭符号删除即可。

3. 添加影片

（1）插入视频文件

选中相应的幻灯片，选择【插入】→【影片和声音】→【文件中的影片】菜单命令，将视频文件插入到幻灯片中，然后可以仿照前面【插入声音】的操作，对插入的影片进行播放控制等操作。

（2）添加 Flash 动画

步骤 1 选择【视图】→【工具栏】→【控件工具箱】菜单命令，打开【控件工具箱】工具栏，如图 4-50 所示。

图 4-50　【控件工具箱】工具栏

步骤 2 单击工具栏中的【其他控件】按钮，在弹出的列表中，选择【Shockwave Flash Object】选项，这时光标变成了细十字线形状，按住左键在工作区中拖拉出一个矩形框（此框即为 Flash 的播放窗口）。

步骤 3 将鼠标移至上述矩形框的边角直至光标呈双向拖拉箭头形时，按住左键拖动，将矩形框调整至合适大小。

步骤 4 右键单击上述矩形框，在弹出的快捷菜单中选择【属性】命令，打开【属性】对话框，如图 4-51 所示，在【Movie】选项后面的框中输入需要插入的 Flash 动画文件名及完整路径，然后关闭【属性】对话框。

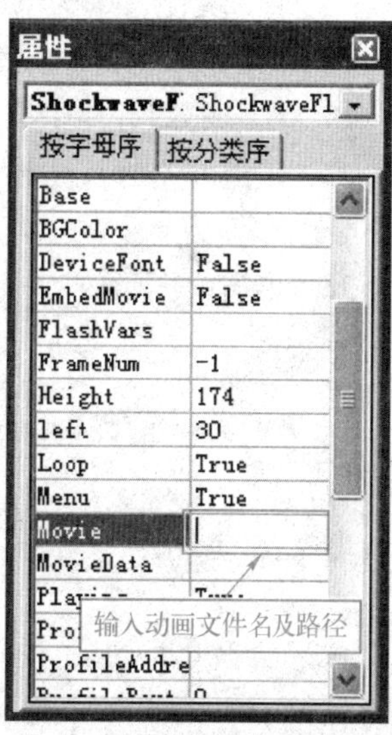

图 4-51　【属性】对话框

为便于移动演示文稿，最好将 Flash 动画文件与演示文稿保存在同一文件夹中。

4.8 上机练习

1. 在当前幻灯片中插入艺术字，样式为第 1 行第 3 个，文字为“PowerPoint 2003”，字体为“华文行楷”。

2. 设置当前选中的艺术字填充效果为双色，颜色1为蓝色，颜色2为红色。

3. 设置当前选中艺术字字符间距为180%。

4. 将当前选中艺术字上移一层并水平翻转。

5. 请将当前艺术字变形为：桥形（第4行第4列），字体设为隶书，加粗。

6. 给幻灯片中的艺术字加上系统自动颜色，3磅粗细的线条。

7. 将当前选中艺术字用灰度-40%进行填充。

8. 插入影片剪辑中“剪辑管理器”中（第1行第1个剪辑），确认在放映幻灯片时自动播放，并播放当前影片。

9. 在当前幻灯片中插入影片，我的文档根目录的“clock”，并设为单击时全屏播放。

10. 在当前幻灯片中插入CD乐曲，该乐曲在幻灯片放映时单击后播放，且在播放乐曲时隐藏图标。

11. 在当前幻灯片中插入Web收藏中的第1行第2个影片剪辑（墨西哥国旗）。

12. 在当前插入一个Excel工作表。

13. 在当前幻灯片中插入音频对象“气氛”，并设置成单击鼠标时播放。

14. 合并当前幻灯片上表格第1行的所有单元格，并查看效果。

15. 在第2张幻灯片的表格最上方插入一行。

16. 请删除当前幻灯片中表格里的6、7行，要求一行一行地删除。

17. 在当前幻灯片的数据表上，从单元格A1开始导入C盘的“工作表”文件夹下的Excel文件“统计”中的Sheet1工作表。

18. 在当前插入一个3行5列的表格。

19. 在当前幻灯片中插入一个组织结构图，并在两层中间插入两个助手。

20. 在当前幻灯片中插入含有3个形状的循环图示，并在右上角的文本占位符中输入“服务”二字。

21. 将当前图示改为维恩图。

上机操作提示（具体操作请参考随书光盘中【手把手教学】第4章01～21题）

1. 步骤1 选择【插入】→【图片】→【艺术字】菜单命令，打开【艺术字库】对话框。

步骤2 单击第1行第3列，单击【确定】按钮，打开【编辑“艺术字”文字】对话框。

步骤3 将【文字】文本框中的内容修改为“PowerPoint 2003”，单击【字体】列表框，在弹出的列表中选择【华文行楷】。

步骤4 单击【确定】按钮。

2. 步骤1 选择【格式】→【艺术字】菜单命令，打开【设置艺术字格式】对话框。

步骤2 在【填充】设置区中单击【颜色】列表框，在弹出的列表中选择【填充效果】，打开【填充效果】对话框。

步骤3 单击【渐变】选项卡，选中【双色】单选按钮，单击【颜色1】列表框，在弹出的列表中选择【蓝色】，单击【颜色2】列表框，在弹出的列表中选择【红色】，单击【确定】按钮，返回到【设置艺术字格式】对话框。

步骤4 单击【确定】按钮。

3. 步骤1 单击【艺术字】工具栏中的【艺术字字符间距】按钮，在弹出的列表中自定义文本框中输入“180%”。

步骤2 单击艺术字字符间距列表外的任意位置。

4. 步骤1 单击【绘图】工具栏中的【绘图】按钮，在弹出的列表中选择【叠放次序】→【上移一层】命令。

步骤2 单击【绘图】工具栏中的【绘图】按钮，在弹出的菜单中选择【旋转或翻转】→【水平翻转】命令。

5. 步骤1 单击【艺术字】工具栏中的【艺术字形状】按钮，在弹出的列表中选择【桥形】。

步骤2 单击【艺术字】工具栏中的【编辑文字】按钮，打开【编辑“艺术字”文字】对话框。

步骤3 单击【字体】列表框，在弹出的列表中选择【隶书】，单击【加粗】按钮。

步骤4 单击【确定】按钮。

6. 步骤1 选择【格式】→【艺术字】菜单命令，打开【设置艺术字格式】对话框。

步骤2 在【线条】设置区中单击【颜色】列表框，在弹出的列表中选择【自动】，将【粗细】数值框中的内容修改为“3 磅”。

步骤3 单击【确定】按钮。

7. 步骤1 选择【格式】→【艺术字】菜单命令，打开【设置艺术字格式】对话框。

步骤2 在【填充】设置区中单击【颜色】列表框，在弹出的列表中选择【灰色-40%】。

步骤3 单击【确定】按钮。

8. 步骤1 选择【插入】→【影片和声音】→【剪辑管理器中的影片】菜单命令，打开【剪贴画】任务窗格。

步骤2 单击第1行第1列剪辑，打开提示对话框，单击【自动】按钮。

步骤3 按〈Shift+F5〉快捷键。

9. 步骤1 选择【插入】→【影片和声音】→【文件中的影片】菜单命令，打开【插入影片】对话框。

步骤2 双击【clock】，打开一个提示框，单击【在单击时】按钮。

步骤3 选择【编辑】→【影片对象】菜单命令，打开【影片选项】对话框。

步骤4 选中【缩放至全屏】复选框，单击【确定】按钮。

10. 步骤1 选择【插入】→【影片和声音】→【播放 CD 乐曲】菜单命令，打开【插入 CD 乐曲】对话框。

步骤2 选中【幻灯片放映时隐藏声音图标】复选框，单击【确定】按钮，打开一个提示框，单击【在单击时】按钮。

11. 步骤1 选择【插入】→【影片和声音】→【剪辑管理器中的影片】菜单命令，打开【剪贴画】任务窗格。

步骤2 单击【搜索范围】列表框，在弹出的列表中选中【Web 收藏集】复选框。

步骤3 单击【结果类型】列表框，在弹出的列表中选中【影片】复选框，单击【搜索】按钮，单击【墨西哥国旗】。

步骤4 单击图形外任意位置。

12. 步骤1 选择【插入】→【对象】菜单命令，打开【插入对象】对话框。

步骤2 双击【对象类型】列表下的【Microsoft Excel 工作表】。

步骤3 单击表格外任意位置。

13. 步骤1 选择【插入】→【影片和声音】→【剪辑管理器中的声音】菜单命令。

步骤2 在【剪贴画】面板中单击【气氛】，打开提示对话框，单击【在单击时】按钮。

14. 步骤1 拖拽鼠标选中第1行表格。

步骤2 单击【表格和边框】工具栏中的【表格】按钮，在弹出的列表中选择【合并单元格】。

15. 步骤1 单击表格第一行上位置。

步骤2 单击【表格和边框】工具栏中的【表格】按钮，在弹出的菜单中选择【在上方插入行】命令。

16. 步骤1 单击表格第6行任意位置。

步骤2 单击【表格和边框】工具栏中的【表格】按钮，在弹出的菜单中选择【删除行】命令。

17. 步骤1 选择【数据】→【导入外部数据】→【导入数据】菜单命令，打开【选取数据源】对话框。

步骤2 在【查找范围】列表下单击【我的电脑】，双击【本地磁盘（C:)】，双击【工作表】文件夹，双击【统计 . xls】，打开【选择表格】对话框，单击【确定】按钮，打开【导入数据】对话框，单击【确定】按钮。

步骤3 单击表格外空白处位置。

18. 步骤1 选择【插入】→【表格】菜单命令，打开【插入表格】对话框。

步骤2 在【列数】数值框中输入“5”，在【行数】数值框中输入“3”。

步骤3 单击【确定】按钮。

19. 步骤1 选择【插入】→【图片】→【组织结构图】菜单命令。

步骤2 在第1级组织结构图上单击鼠标右键，在弹出的快捷菜单中选择【助手】命令。

步骤3 单击【组织结构图】工具栏中的【插入形状】按钮旁的下拉箭头，在弹出的列表中选择【助手】。

步骤4 单击图示外空白处。

20. 步骤1 选择【插入】→【图示】菜单命令，打开【图示库】对话框。

步骤2 单击【循环图】，单击【确定】按钮。

步骤3 单击右上方的文本框，在【文本框】中输入“服务”。

步骤4 单击文本框外空白处位置。

21. 步骤1 单击【图示】工具栏中的【更改为】按钮，在弹出的列表中选择【维恩型】。

步骤2 单击空白处。

第5章 制作个性化幻灯片

本章详细讲解 PowerPoint 2003 中幻灯片的母版类型，进入与退出母版视图，添加及设置母版占位符，添加统一的背景演示，创建内容向导型模板及创建主题风格型模板，使用及删除演示文稿模板，模板中的演示，更多的演示文稿模板等功能。读者可以一边阅读教材，一边在配套的光盘上操作练习，效果最佳。

5.1 幻灯片母版的操作

幻灯片母版是存储关于模板信息的设计模板的一个元素，这些模板信息包括字形、占位符大小和位置、背景设计和配色方案。

5.1.1 母版的类型及样式

幻灯片中的模板包括幻灯片母版样式、标题母版样式、讲义母版样式、备注母版样式。

1. 幻灯片母版

幻灯片母版为除【标题】幻灯片外的一组或全部幻灯片提供下列样式：

- 【自动版式标题】的默认样式。
- 【自动版式文本对象】的默认样式。
- 【页脚】的默认样式，包括“日期时间区”、“页脚文字区”和“页码数字区”等。
- 统一的【背景】颜色或图案。

2. 标题母版

标题母版为一张或多张【标题】幻灯片提供下列样式：

- 【自动版式标题】的默认样式。
- 【自动版式副标题】的默认样式。
- 默认不显示的页脚样式。
- 统一的背景颜色或图案。

3. 讲义母版

讲义母版提供在一张打印纸中同时打印 1、2、3、4、6、9 张幻灯片的【讲义】版面布局选择设置和【页眉与页脚】的默认样式。

4. 备注母版

备注母版向各幻灯片添加【备注】文本的默认样式。

5.1.2 进入与退出母版视图

进入和退出幻灯片母版视图的具体操作步骤如下：

1. 进入幻灯片母版视图

选择【视图】→【母版】→【幻灯片母版】菜单命令，进入幻灯片母版，同时也打开【幻灯片母版视图】工具栏，如图 5-1 所示。

图 5-1 【幻灯片母版视图】工具栏

2. 退出幻灯片母版视图

进入幻灯片母版视图后，单击【幻灯片母版视图】工具栏中的【关闭母版视图】按钮，即可退出幻灯片母版视图。

5.1.3 母版

当录入完所有幻灯片的内容后，有时会希望根据内容来统一调整一下每张幻灯片的各级标题的字体、字号和对齐方式等。这时一定不要逐张幻灯片地去修改，那样一方面会非常麻烦，另一方面未必能做到使各张幻灯片整齐划一。PowerPoint 2003 中有一类特殊的幻灯片，叫幻灯片母版，专门用于幻灯片排版的整体调整。幻灯片母版控制了某些文本特征（如字体、字号和颜色），称为母版文本。另外，它还控制了背景色和某些特殊效果（如阴影和项目符号样式）。

例如，想把某演示文稿中每张幻灯片标题的字体、字号、字体颜色等进行修改，具体操作步骤如下：

步骤 1 打开演示文稿。

步骤 2 选择【视图】→【母版】→【幻灯片母版】菜单命令，打开如图 5-2 所示的窗口。

步骤 3 单击大标题区，使虚线框内的文字被选中，然后选择【格式】→【字体】菜单命令，打开【字体】对话框，如图 5-3 所示，在该对话框中选择字体、字号、字体颜色等后单击【确定】按钮。

步骤 4 如果有其他部分需要修改，可以依次选中后按上述方法修改。

步骤 5 单击【幻灯片母版视图】工具栏中的【关闭母版视图】按钮退出。回到原状态观看调整后的效果，可以发现，上述的排版调整结果在每一张幻灯片上都发挥了作用。

利用这一功能，可以使艺术图形或文本（如作者姓名或公司徽标等）出现在每张幻灯片上。

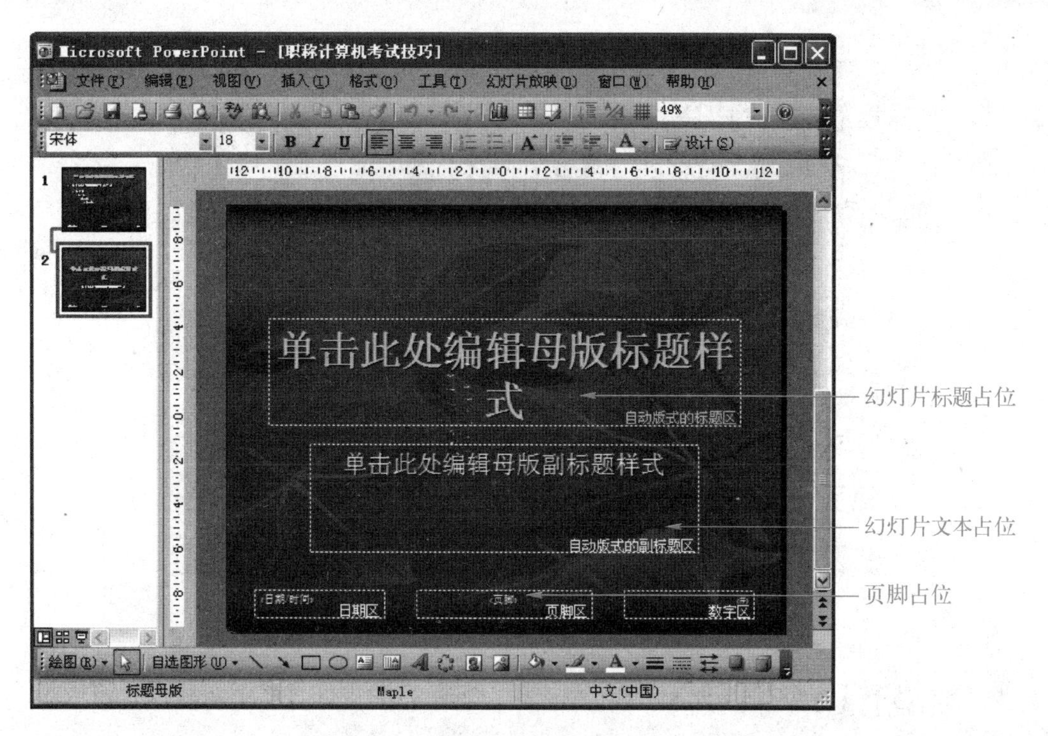

图 5-2 幻灯片母版

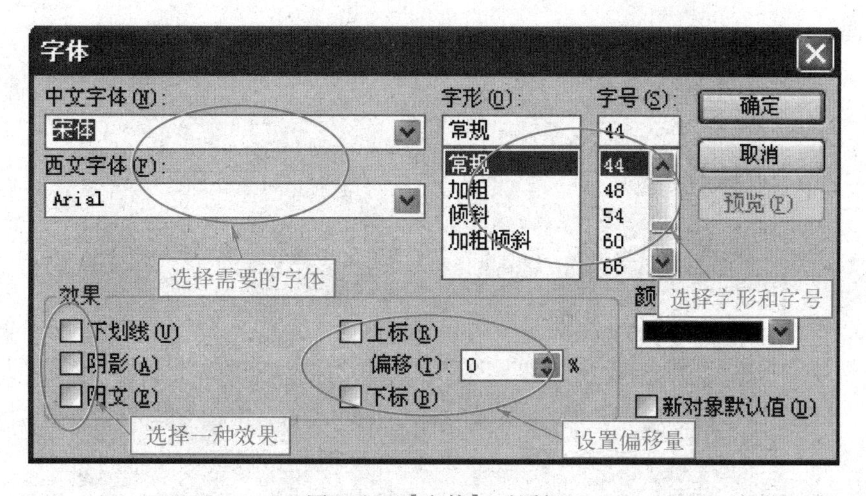

图 5-3 【字体】对话框

5.1.4 添加母版占位符

添加幻灯片母版的具体操作步骤如下：

步骤 1 打开删除了幻灯片底部的【日期】、【时间】和【数字】占位符的幻灯片母版。

步骤 2 选择【格式】→【母版版式】菜单命令，打开【母版版式】对话框，如图 5-4 所示。

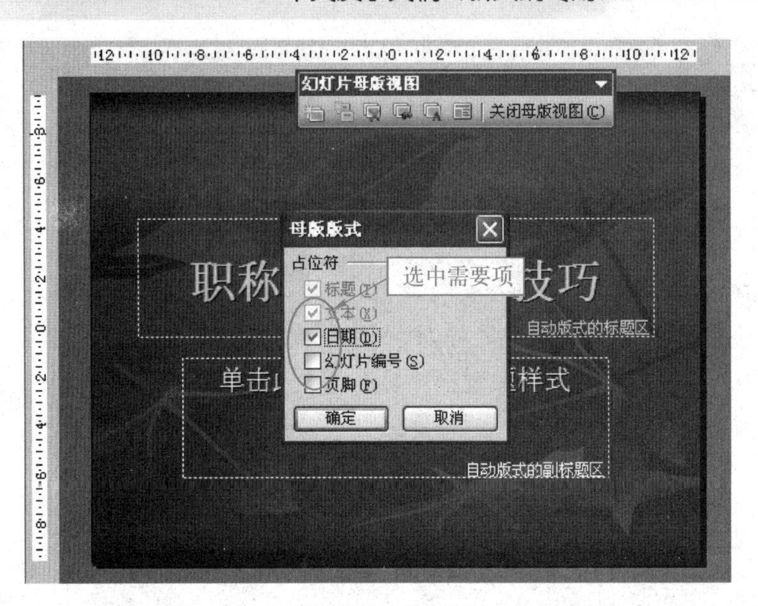

图 5-4 【母版版式】对话框

步骤 2 选中【占位符】设置区中的复选框，删除后的占位符将重新显示在窗口中，如图 5-5 所示。

图 5-5 删除后的占位符重新显示在窗口上

5.1.5 设置母版占位符格式

设置母版占位符格式的具体操作步骤如下：

步骤 1 选中需要重新设置格式的占位符，如图 5-6 所示。

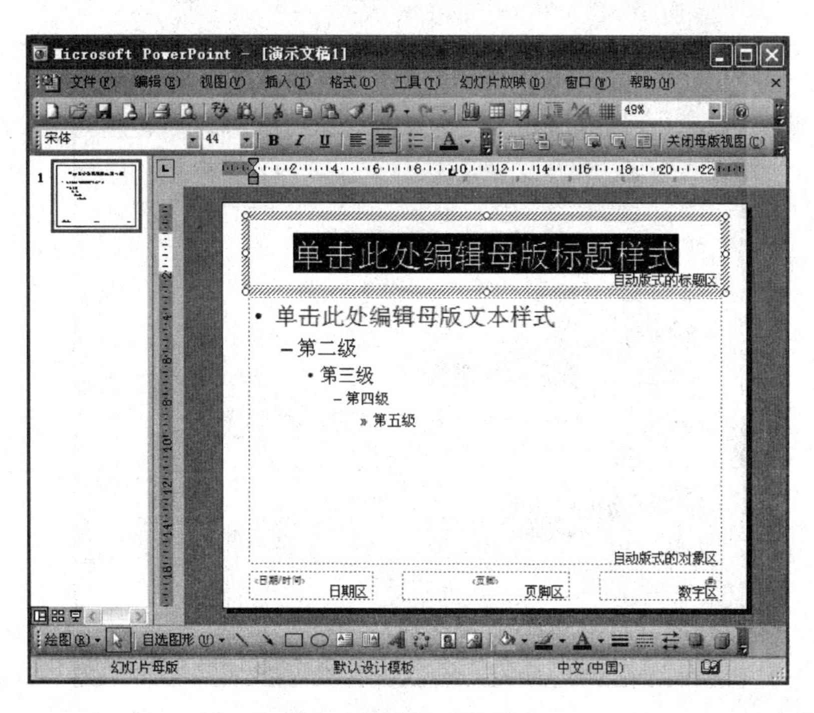

图 5-6 设置占位符格式

步骤 2 利用【格式】工具栏中的各项工具按钮设置占位符格式，如设置字体，如图 5-7 所示。

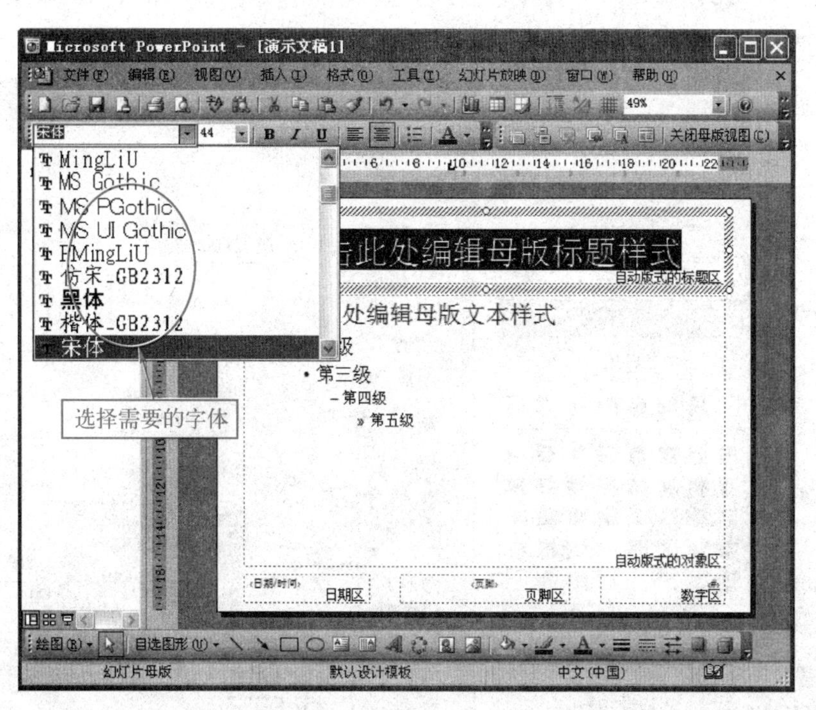

图 5-7 利用【格式】工具栏设置占位符格式

利用【设置自选图形格式】对话框设置格式与外观的效果，具体操作步骤如下：

步骤 1 双击占位符的边框线，打开【设置自选图形格式】对话框，如图 5-8 所示。

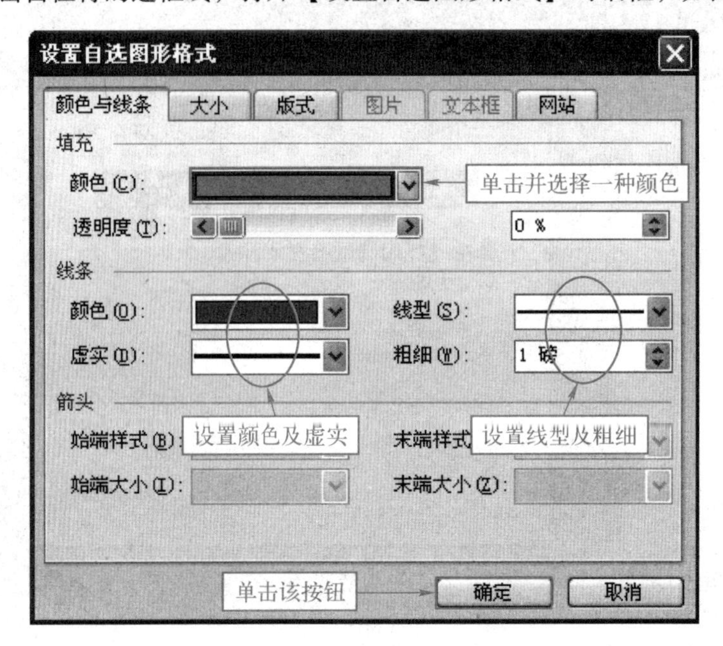

图 5-8 【设置自选图形格式】对话框

步骤 2 通过【设置自选图形格式】对话框设置填充的颜色、线条、箭头等属性，如图 5-9 所示，在【填充】设置区下的【颜色】下拉菜单中选择【填充效果】命令，打开【填充效果】对话框。

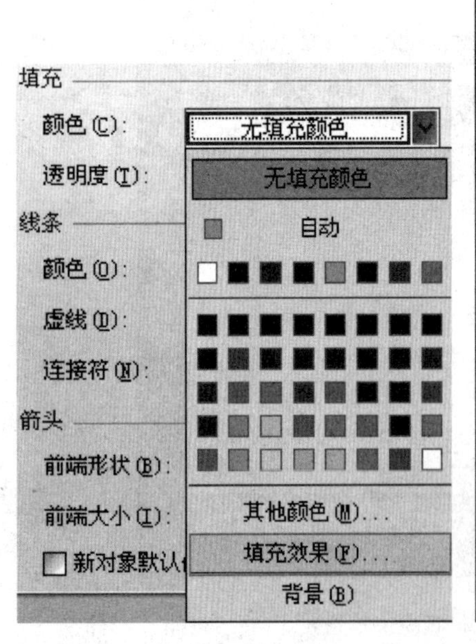

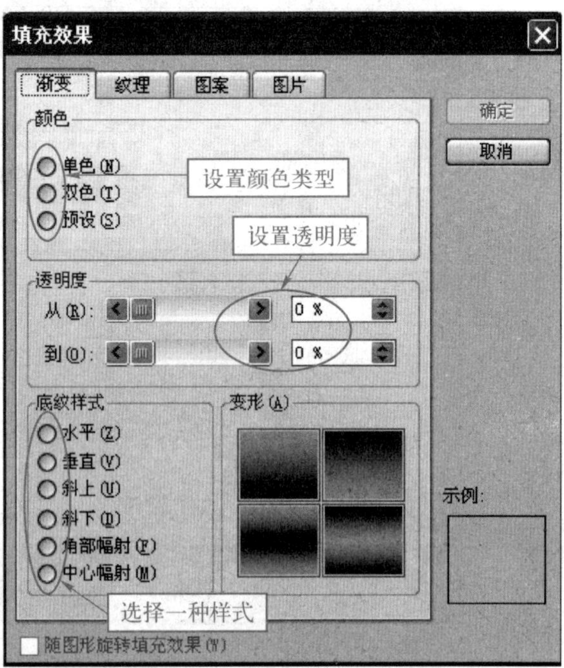

图 5-9 打开【填充效果】对话框

5.1.6 添加统一的背景图案

添加统一的背景图案的具体操作步骤如下：

步骤 1 选择【插入】→【图片】→【来自文件】菜单命令，打开【插入图片】对话框，如图 5-10 所示。

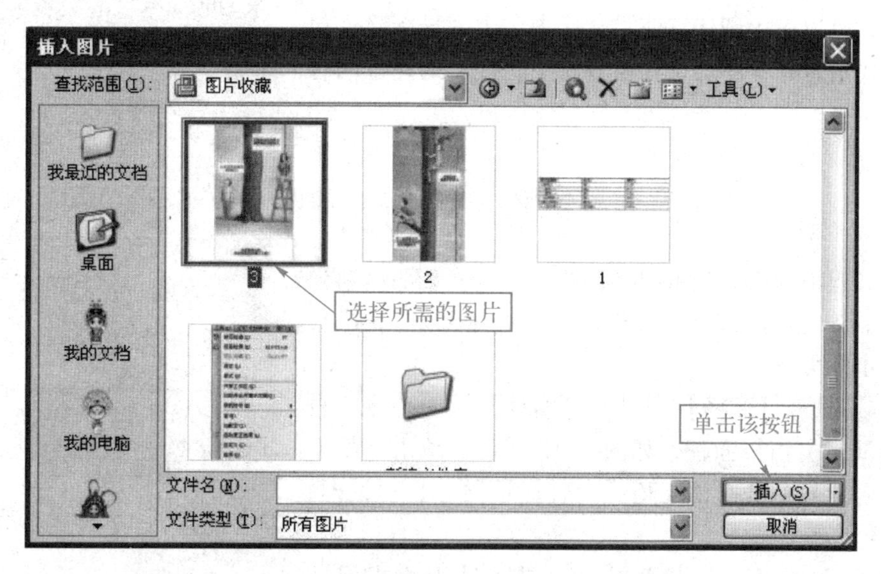

图 5-10 【插入图片】对话框

步骤 2 在【插入图片】对话框中找到要添加的图片，或单击【查找范围】列表框，在弹出的下拉列表框中选择需要的文件目录，然后单击【插入】按钮。

步骤 3 插入后的图片，可以根据需要在图片上按住鼠标左键，拖动到所需要的位置，如本题插入【图片收藏】列表下的【3】图片。

步骤 4 调整图片位置后的效果如图 5-11 所示。

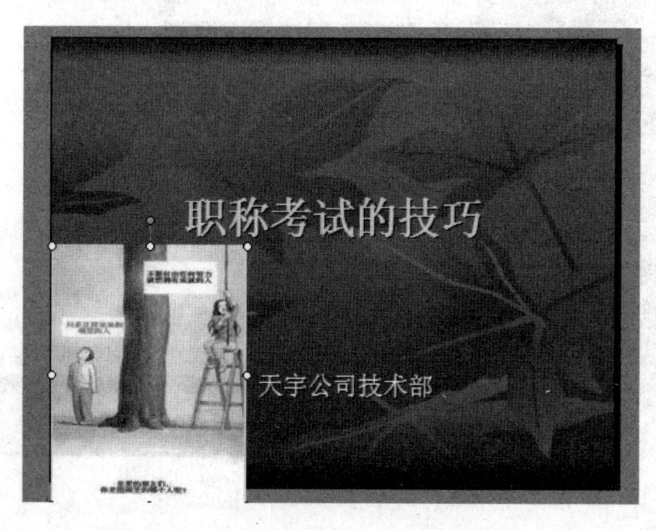

图 5-11 调整图片位置后的效果

5.2 演示文稿模板的应用

PowerPoint 2003 中提供了两种模板：设计模板和内容模板。设计模板包含预订的格式、背景设计、配色方案以及幻灯片母版和可选的标题母版等样式信息，可以应用到任意演示文稿中。内容母版除了包含上述样式信息外，还加上针对特定主题提供的建议内容文本。

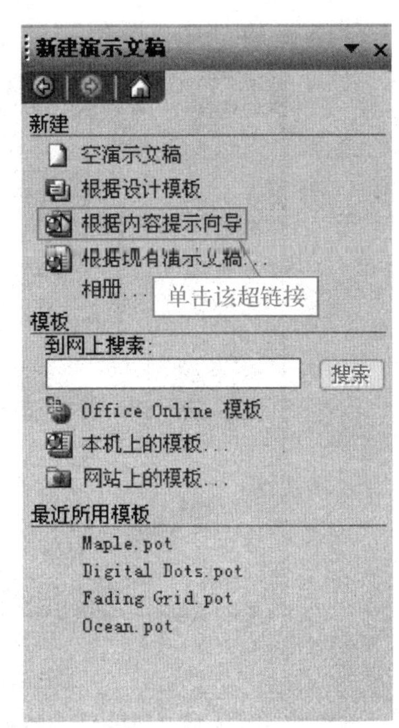

图 5-12 【新建演示文稿】面板

5.2.1 创建内容向导型模板

利用母版根据内容提示向导创建一个资格证明型新模板（已经制作完成的演示文稿模板为“应用开发.pot”），具体操作步骤如下：

步骤 1 选择【视图】→【任务窗格】菜单命令，打开【新建演示文稿】面板，如图 5-12 所示，单击【根据内容提示向导】超链接，打开【内容提示向导】对话框，如图 5-13 所示。

步骤 2 单击【下一步】按钮，进入【内容提示向导—［通用］】对话框。

步骤 3 单击【资格证明】演示文稿，再单击【添加】按钮，如图 5-14 所示，打开【选择演示文稿模板】对话框，如图 5-15 所示。

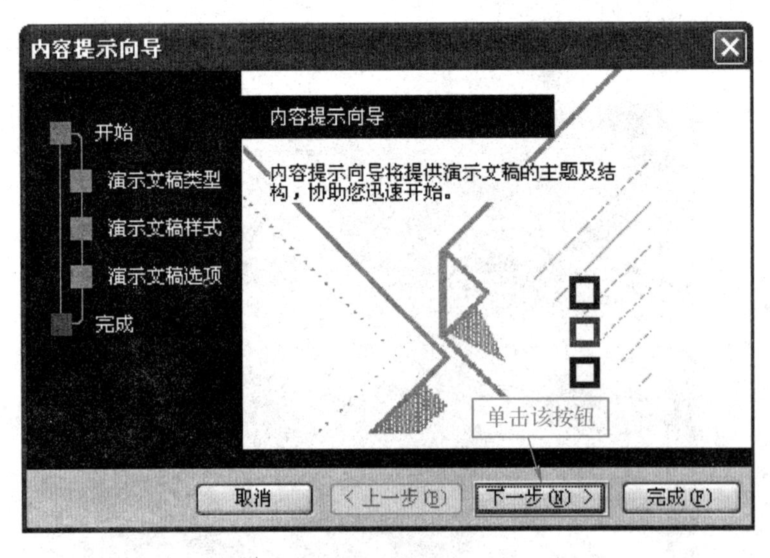

图 5-13 【内容提示向导】对话框

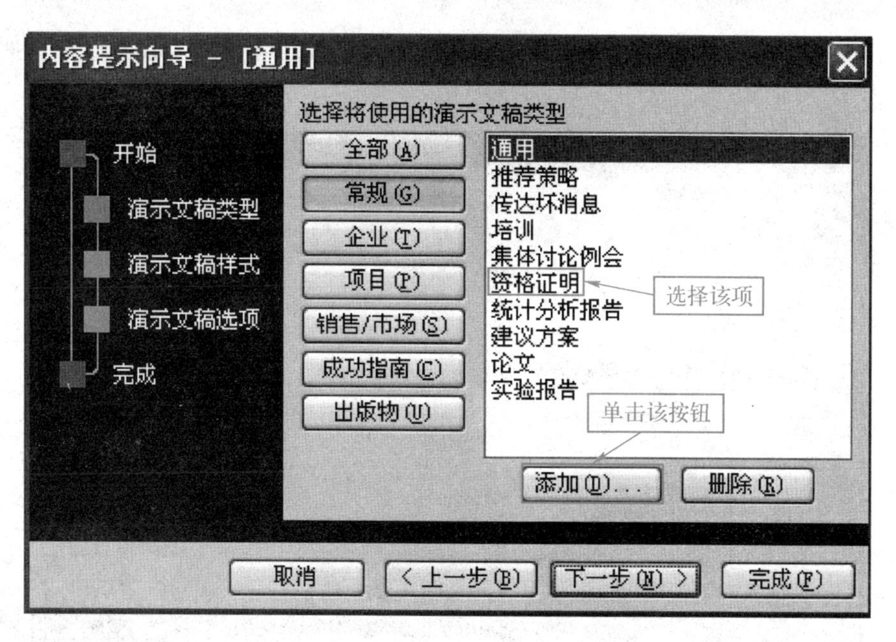

图 5-14 【内容提示向导—［通用］】对话框

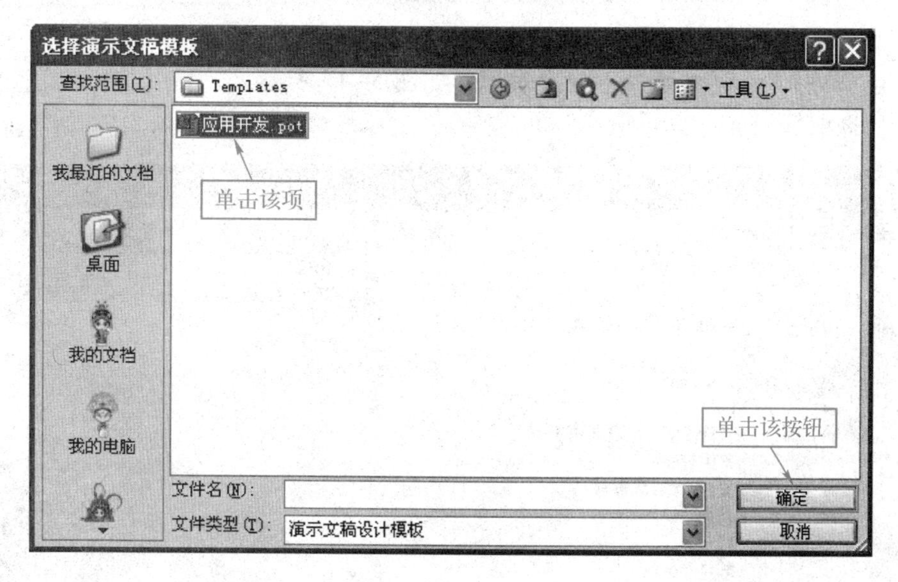

图 5-15 【选择演示文稿模板】对话框

步骤 4 单击【应用开发 . pot】选项，如图 5-15 所示。

步骤 5 单击【确定】按钮，返回【内容提示向导—［通用］】对话框。

步骤 6 单击【完成】按钮。

5.2.2 创建主题风格型模板

创建主题风格型模板的具体操作步骤如下：

步骤 1 创建一个空演示文稿（没有内容的幻灯片），在幻灯片母版视图上完成新母版的设计工作后，选择【文件】→【另存为】菜单命令，打开【另存为】对话框，如图 5-16 所示。

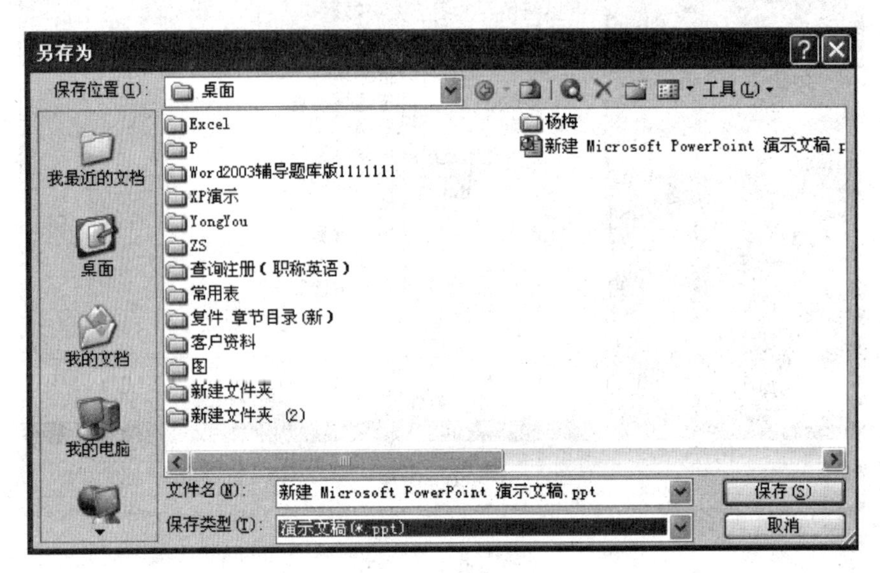

图 5-16　【另存为】对话框

步骤 2 单击【保存类型】下拉列表框，如图 5-17 所示，选择【演示文稿设计模板（*.pot)】选项。

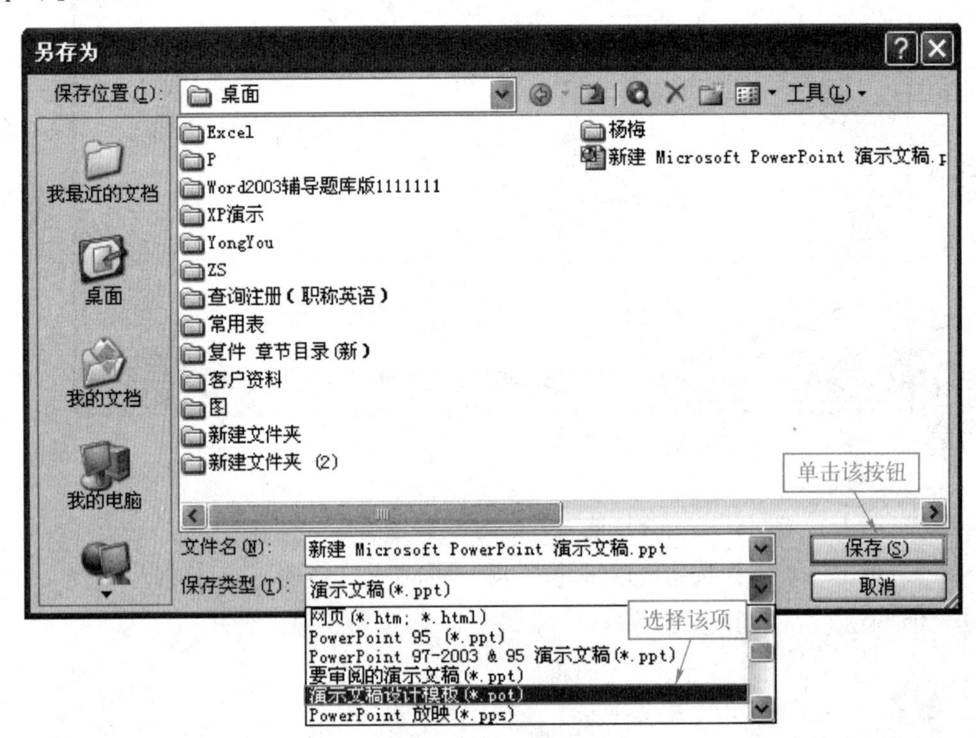

图 5-17　选择【保存类型】下拉列表框

步骤 3 单击【保存】按钮。

5.2.3 使用演示文稿模板

(1) 使用自定义的内容向导型模板

具体操作步骤如下：

步骤1 打开【新建演示文稿】任务窗格，单击【根据内容提示向导】超链接打开【内容提示向导】对话框，如图5-13所示。

步骤2 单击【下一步】按钮。

步骤3 在【内容提示向导】对话框的【选择将使用的演示文稿类型】设置区，单击选择自定义内容向导型模板存放的类别按钮，从中找到添加的模板。

步骤4 单击【完成】按钮，即可使用该模板创建一个演示文稿。

(2) 使用自定义的主题风格型模板（天坛月色模板）

具体操作步骤如下：

步骤1 打开【幻灯片设计—设计模板】任务窗格，在应用设计模板区找到自定义主题风格型模板，如图5-18所示。

步骤2 在【应用设计模板】列表中向下拖动滚动条至底部，如图5-19所示。

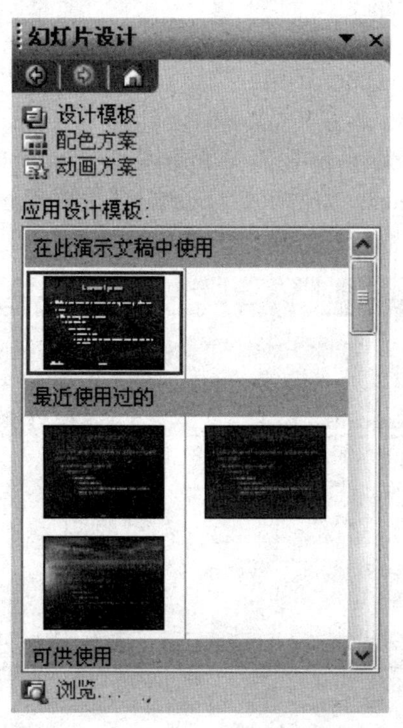

图5-18 【幻灯片设计 - 设计模板】面板

图5-19 拖动滚动条后的【应用设计模板】列表

步骤3 将鼠标放置在【天坛月色】模板上，出现了一个下拉箭头，如图5-20所示。

步骤4 单击【天坛月色】模板右侧的下拉箭头，如图5-21所示，在打开的菜单中根据需要选择【应用于所有幻灯片】或【应用于选定幻灯片】命令。

单击【浏览】超链接，在打开的【应用设计模板】对话框中，找到指定的模板文件来应用设计模板。

图 5-20　单击【天坛月色】右侧下拉箭头

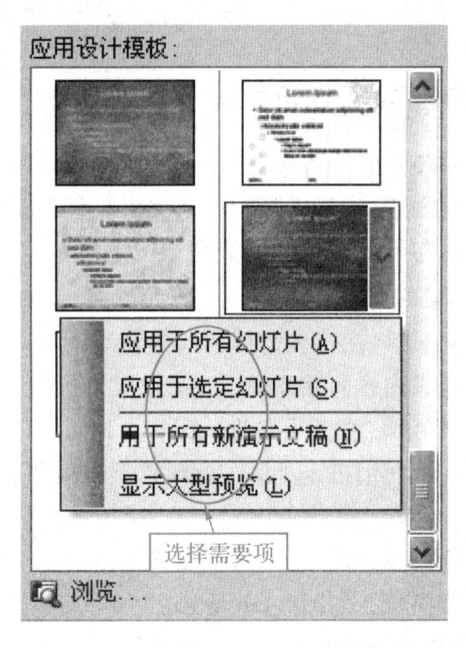

图 5-21　【天坛月色】下拉菜单

5.2.4　删除演示文稿模板

在 PowerPoint 2003 中可以删除模板，自定义模板默认的存储位置是 C:\Documents and Settings\用户登录名\Application Data\Microsoft\Templates，如图 5-22 所示，选中要删除的模板，在右键快捷菜单中选择【删除】命令即可。

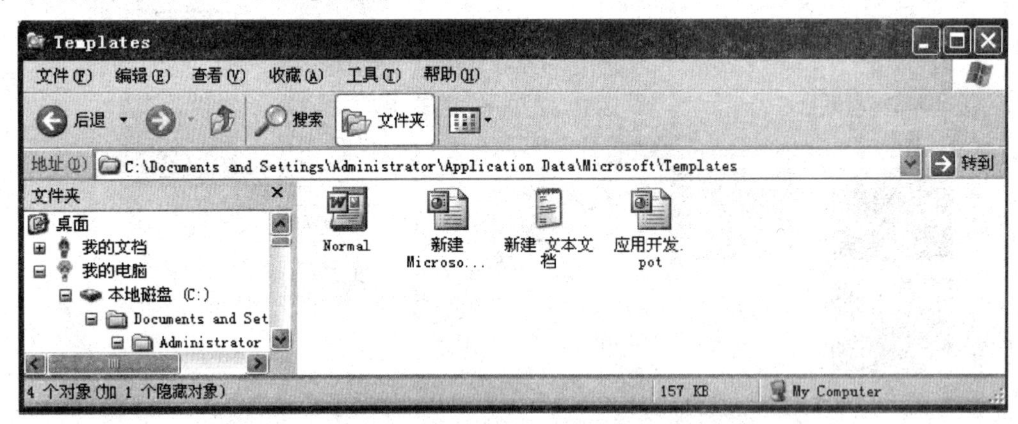

图 5-22　演示文稿模板存储位置

5.3　获取更多的演示文稿模板

如果要获得更多的演示文稿模板，如在网上搜索“职称模板”，具体操作步骤如下：

步骤1 打开【新建演示文稿】面板，在【到网上搜索】文本框中输入“职称模板”，如图 5-23 所示。

步骤2 单击【搜索】按钮，搜索后的结果如图 5-24 所示。

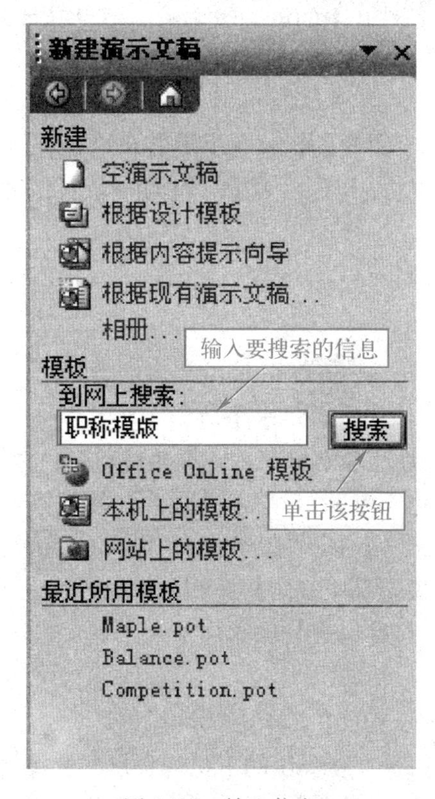

图 5-23 输入信息

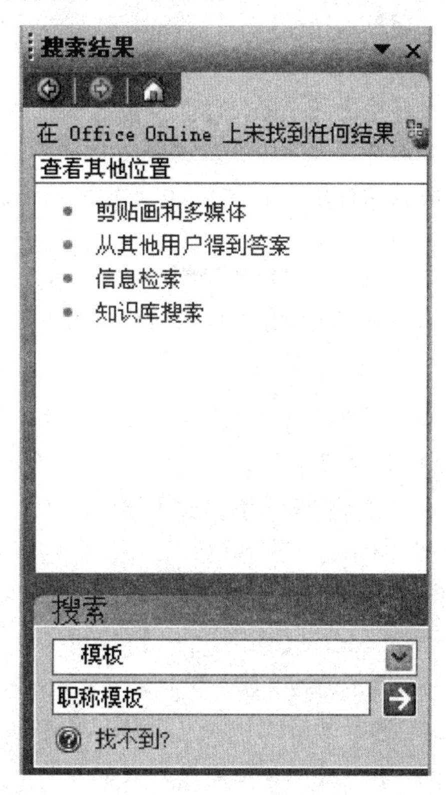

图 5-24 搜索后的结果

5.4 上机练习

1. 利用母版统一设置幻灯片的格式，在除标题幻灯片以外的其他幻灯片右下角插入一个笔记本电脑的剪贴画。

2. 利用母版统一设置幻灯片的格式，将所有幻灯片的标题设置为隶书、紫色。

3. 利用母版设置幻灯片的格式，将幻灯片母版中的页脚区填充颜色的透明度设置为 80%。

4. 在幻灯片母版中将幻灯片页脚字体设为绿色（第 1 行第 8 列）。

5. 在当前状态下，给幻灯片添加固定的时间标志 2008 -1 -1，并添加编号，在标题页中不显示编号。

6. 利用讲义母版，设置幻灯片的页眉字体为 24 号字体。

7. 将讲义母版设置为每页 9 张幻灯片。

8. 将备注母版中的幻灯片区的高度设置为 6 厘米，宽度同时成比例的变化。

9. 取消所有幻灯片标题的动作格式（幻灯片的标题动作格式由母版设置）。

10. 通过幻灯片母版，设置所有幻灯片页脚为“职称软件”。

11. 通过幻灯片母版讲所有幻灯片背景设置为草皮图案（第 1 行第 7 列），前景色为黄色（标准倒数第 3 行第 3 列），背景色为深蓝色（标准第 1 行第 3 列）。

12. 利用母版视图统一设置幻灯片格式，将幻灯片中的第一级文本的项目符号设置为树叶形状（第 1 行第 1 列）。

13. 把备注母版中的文本区设置为浅蓝色。

14. 删除背景，使用默认文件夹下的“2. jpg”图片代替，应用于全部幻灯片。

15. 在当前视图下，为当前演示文稿中的所有幻灯片设置主色调为灰色的标准配色方案。

16. 请恢复当前幻灯片母版中被删除的日期占位符。

17. 请恢复当前演示文稿母版中的页脚区占位符。

上机操作提示（具体操作请参考随书光盘中【手把手教学】第 5 章 01 ~ 17 题）

1. 步骤 1 选择【视图】→【母版】→【幻灯片母版】菜单命令。

步骤 2 选择【插入】→【图片】→【剪贴画】菜单命令，打开【剪贴画】面板。

步骤 3 在【搜索文字】文本框中输入“笔记本电脑”，单击【搜索】按钮。

步骤 4 单击【笔记本电脑】图片，将【笔记本】图片拖到幻灯片窗口右下角。

步骤 5 单击【幻灯片母版】工具栏上的【关闭母版视图】按钮。

2. 步骤 1 选择【视图】→【母版】→【幻灯片母版】菜单命令。

步骤 2 单击标题文本占位符。

步骤 3 选择【格式】→【字体】菜单命令，打开【字体】对话框。

步骤 4 单击【中文字体】列表框旁的下拉箭头，在弹出的下拉列表框中选择【隶书】，单击【颜色】列表框，在弹出的下拉列表框中选择【紫色】，单击【确定】按钮。

步骤 5 单击【幻灯片母版】工具栏上的【关闭母版视图】按钮。

3. 步骤 1 选择【视图】→【母版】→【幻灯片母版】菜单命令。

步骤 2 单击【页脚区】文本占位符，选择【格式】→【占位符】菜单命令，打开【设置自选图形格式】对话框。

步骤 3 将【透明度】数值框中的内容修改为“80%”，单击【确定】按钮。

4. 步骤 1 选择【视图】→【母版】→【幻灯片母版】菜单命令。

步骤 2 单击【页脚区】文本占位符，选择【格式】→【占位符】菜单命令，打开【设置自选图形格式】对话框。

步骤 3 单击【颜色】列表框，在弹出的下拉列表框中选择【绿色】，单击【确定】按钮。

步骤 4 单击页脚占位符外任意位置。

5. 步骤 1 选择【视图】→【页眉和页脚】菜单命令，打开【页眉和页脚】对话框。

步骤 2 选中【固定】单选按钮，在【固定】文本框中输入“2008 - 1 - 1”，选中【幻灯片编号】复选框，选中【标题幻灯片中不显示】复选框，单击【全部应用】按钮。

步骤 3 单击【幻灯片母版】工具栏中的【关闭母版视图】按钮。

6. 步骤 1 选择【视图】→【母版】→【讲义母版】菜单命令。

步骤2 单击【页眉】文本占位符，选择【格式】→【字体】菜单命令，打开【字体】对话框。

步骤3 在【字号】列表下单击【24】，单击【确定】按钮。

步骤4 单击页眉占位符外空白处位置。

7. 步骤1 选择【视图】→【母版】→【讲义母版】菜单命令。

步骤2 单击【讲义母版视图】工具栏中的【显示每页9张幻灯片的讲义位置】按钮。

8. 步骤1 单击【单击此处编辑母版标题样式】占位符，选择【格式】→【占位符】菜单命令，打开【设置占位符格式】对话框。

步骤2 单击【尺寸】选项卡，选中【锁定纵横比】复选框，将【尺寸和旋转】设置区中【高度】数值框中的内容修改为“6厘米”，单击【尺寸和旋转】设置中的【宽度】数值框。

步骤3 单击【确定】按钮。

9. 步骤1 选择【视图】→【母版】→【幻灯片母版】菜单命令。

步骤2 单击【单击此处编辑母版标题样式】占位符。

步骤3 选择【幻灯片放映】→【自定义动画】菜单命令，单击第一种动画效果旁的倒三角按钮，在弹出的菜单中选择【删除】命令。

10. 步骤1 选择【视图】→【母版】→【幻灯片母版】菜单命令。

步骤2 单击【页脚】文本占位符，选择【视图】→【页眉和页脚】菜单命令，打开【页眉和页脚】对话框。

步骤3 在【页脚】文本框中输入“职称软件”，单击【全部应用】按钮。

步骤4 单击【幻灯片母版】工具栏中的【关闭母版视图】按钮。

11. 步骤1 选择【视图】→【母版】→【幻灯片母版】菜单命令。

步骤2 选择【格式】→【背景】菜单命令，打开【背景】对话框。

步骤3 单击【背景填充】，在弹出的菜单中选择【填充效果】命令，打开【填充效果】对话框。

步骤4 单击【图案】选项卡，单击【前景】列表框，在弹出的列表中选择【其他颜色】，打开【颜色】对话框，单击【黄色】，单击【确定】按钮，返回到【填充效果】对话框。

步骤5 单击【背景】列表框，在弹出的列表中选择【其他颜色】，打开【颜色】对话框，单击【深蓝色】，单击【确定】按钮，返回到【填充效果】对话框。

步骤6 单击【草皮】，单击【确定】按钮，返回到【背景】对话框。

步骤7 单击【全部应用】按钮，单击【幻灯片母版】工具栏中的【关闭母版视图】按钮。

12. 步骤1 选择【视图】→【母版】→【幻灯片母版】菜单命令。

步骤2 单击【单击此处编辑母版标题样式】占位符。

步骤3 选择【格式】→【项目符号和编号】菜单命令，打开【项目符号和编号】对话框。

步骤4 单击【图片】按钮，打开【图片项目符号】对话框。

步骤5 单击第一行第一列的图片，单击【确定】按钮。

步骤6 单击【幻灯片母版】工具栏上的【关闭母版视图】按钮。

13. 步骤1 单击【视图】菜单→【母版】→【备注母版】命令。

步骤2 单击【备注文本区】占位符。单击【格式】菜单→【占位符】命令，打开【设置自选图形格式】对话框。

步骤3 单击【填充】设置区下的【颜色】列表框，在弹出的列表中选择【浅蓝色】。

步骤4 单击【确定】按钮。

14. 步骤1 选择【格式】→【背景】菜单命令，打开【背景】对话框。

步骤2 单击【背景填充】，在弹出的菜单中选择【填充效果】命令，打开【填充效果】对话框。

步骤3 单击【图片】选项卡，单击【选择图片】按钮，打开【选择图片】对话框。

步骤4 双击【2. jpg】，返回到【填充效果】对话框，单击【确定】按钮，返回到【背景】对话框，单击【全部应用】按钮。

15. 步骤1 单击【幻灯片设计】面板，在弹出的菜单中选择【幻灯片设计—配色方案】命令。

步骤2 用鼠标右键单击【应用配色方案】列表下第 4 行第 2 列样式，在弹出的列表中选择【应用于所有幻灯片】。

16. 步骤1 选择【格式】→【母版版式】菜单命令，打开【母版版式】对话框。

步骤2 选中【日期】复选框。

步骤3 单击【确定】按钮。

17. 步骤1 选择【格式】→【母版版式】菜单命令，打开【母版版式】对话框。

步骤2 选中【页脚】复选框。

步骤3 单击【确定】按钮。

第6章 设置演示文稿的动画效果

本章详细讲解 PowerPoint 2003 中幻灯片动画效果的类型、设置动画的方案、设置母版动画、设置项目动画、设置对象动画、运用动画路径增强效果及预览动画效果等功能。读者可以一边阅读教材，一边在配套的光盘上操作练习，效果最佳。

6.1 动画效果的类型

为幻灯片设置动画效果、切换效果，可以变换幻灯片动作形式，增强演示文稿的感染力，有时可以有意想不到的效果。合适的放映方式是使用幻灯片的基本要求，不同的使用环境有不同的放映方式，系统提供的放映方式完全能满足用户的需求。

由前面的知识可知，PowerPoint 2003 的动画实际上是一个个应用于对象上的效果，而每个效果是由一个或多个动作组合而成的。PowerPoint 2003 提供了下面几种动作：

- 颜色动作：改变对象的颜色。
- 旋转动作：对象旋转指定角度。
- 缩放动作：对象放大或缩小。
- 设置动作：设置对象的某个属性值。
- 属性动作：对对象的属性值进行复杂设置。
- 滤镜动作：设置对象应用 PowerPoint 2003 内置的滤镜效果。
- 路径动作：对象沿指定的轨迹进行运动。
- 命令动作：设置媒体对象的动作。

每个动作都提供属性，对于不同的属性类型，会产生不同的动画类型，因此可以把 PowerPoint 2003 动画分成 3 种类型：From/To/By 动画、关键帧（或动画点）动画和滤镜动画，见表 6-1。

表 6-1 PowerPoint 2003 的动画类型

类　别	说　明
From/To/By 动画	在起始值和结束值之间进行动画处理：若要指定起始值，应设置动画的 From 属性；若要指定结束值，应设置动画的 To 属性；若要指定相对于起始值的结束值，应设置动画的 By 属性（而不是 To 属性）
关键帧动画	关键帧动画的功能比 From/To/By 动画的功能更强大，因为可以指定任意多个目标值，甚至可以控制它们的插值方法
滤镜动画	使用 PowerPoint 内置的滤镜效果

6.2 添加及删除动画方案

1. 添加动画方案

例如，给第1～4张幻灯片添加动画方案：字幕式，具体操作步骤如下。

步骤1 选择【幻灯片放映】→【动画方案】菜单命令，打开【幻灯片设计——动画方案】面板，如图6–1所示。

步骤2 在左侧的【幻灯片】选项卡下按住〈Ctrl〉键选中第1～4张幻灯片。

步骤3 在【应用于所选幻灯片】列表框中选择需要的动画效果【字幕式】，应用后的幻灯片效果如图6–2所示（从左至右为按顺序播放）。如果幻灯片中所有的幻灯片都设置动画效果，则单击【应用于所有幻灯片】按钮。

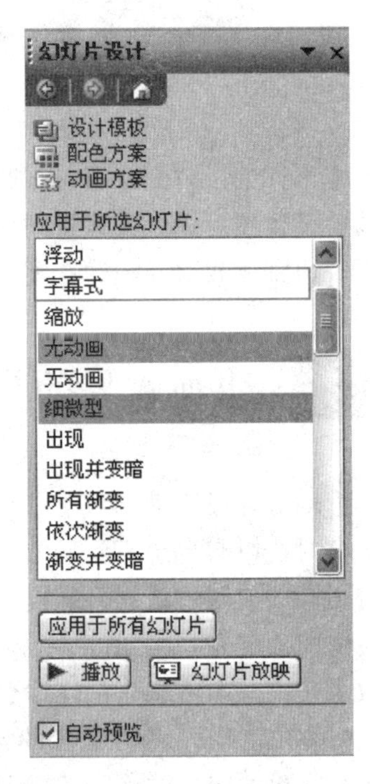

图6–1 【幻灯片设计】面板

2. 删除动画方案

删除设置的动画方案的具体操作步骤如下：

步骤1 选择【幻灯片放映】→【动画方案】菜单命令，打开【幻灯片设计——动画方案】面板，如图6–1所示。

步骤2 在【应用于所选幻灯片】列表框中选择【无动画】。

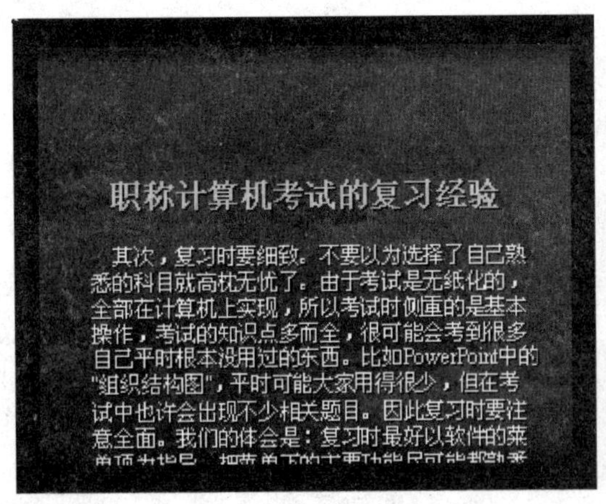

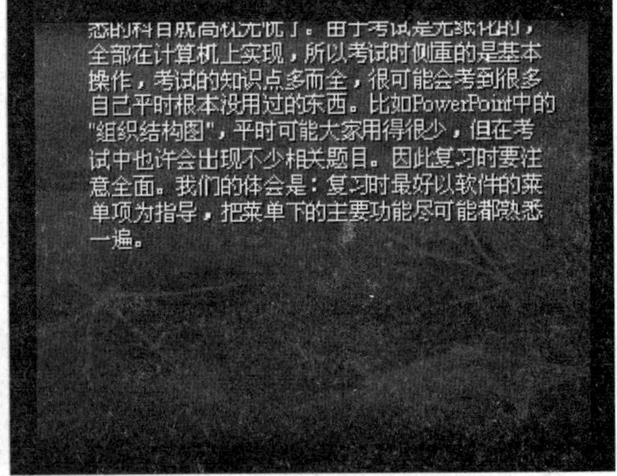

图6–2 应用后的幻灯片效果

6.3 设置动画效果

在PowerPoint 2003中放映幻灯片，有时会发现幻灯片不等演讲人动作就自动翻页了，为了避免这种情况，就需要对幻灯片设置翻页动画效果。

6.3.1 设置单张幻灯片的动画效果

单击【任务窗格】列表下的【幻灯片切换】，如图6-3所示。在弹出的【幻灯片切换】面板中设置动画的换片类型、切换效果参数和换片方式。

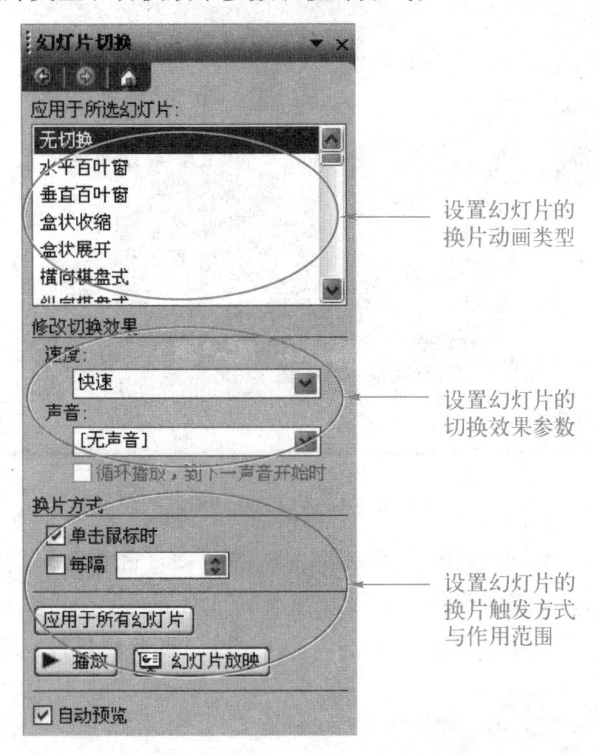

图6-3 为演示文稿设置翻页动画

设置幻灯片动画后，在【幻灯片】选项卡下的幻灯片左上角会添加一个动画图片，如图6-4所示。单击【播放动画】按钮，会在幻灯片中播放动画效果。

图6-4 【播放动画】按钮

6.3.2 运用母版设置多张幻灯片的动画效果

在幻灯片母版视图下设置翻页动画的效果为【垂直百叶窗】，速度为【中速】，声音为【打字机】，设置每隔【00:03】秒，具体操作步骤如下：

步骤1 在【母版】视图中单击要添加翻页动画的幻灯片母版，如图 6–5 所示。

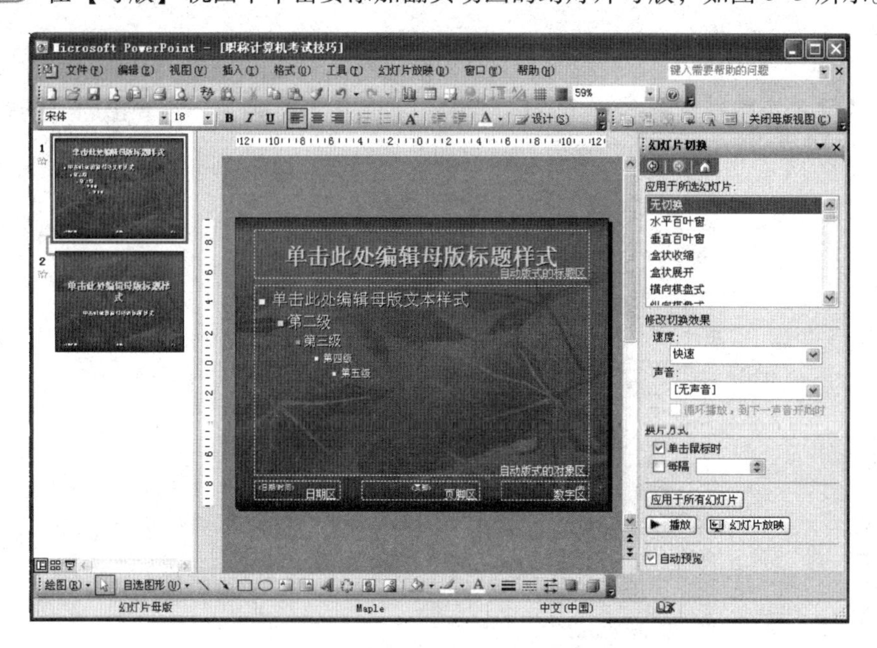

图 6–5　选中要添加翻页动画的幻灯片母版

步骤2 在【应用于所选幻灯片】列表框中选择【垂直百叶窗】选项，选择【速度】下拉列表框中的【中速】，如图 6–6 所示。

步骤3 选择【声音】下拉列表框中的【打字机】，设置幻灯片声音，如图 6–7 所示。

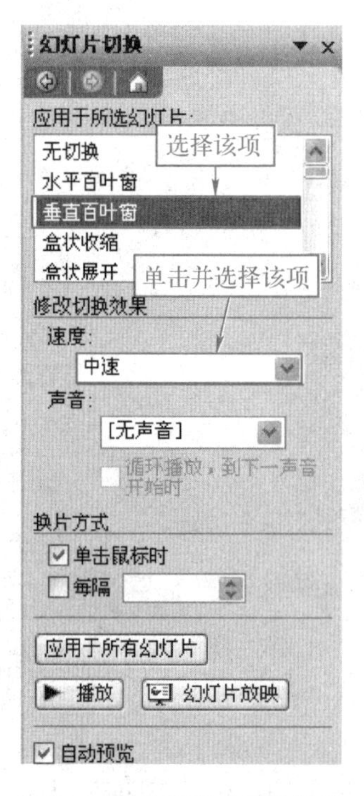

图 6–6　设置翻页动画的效果

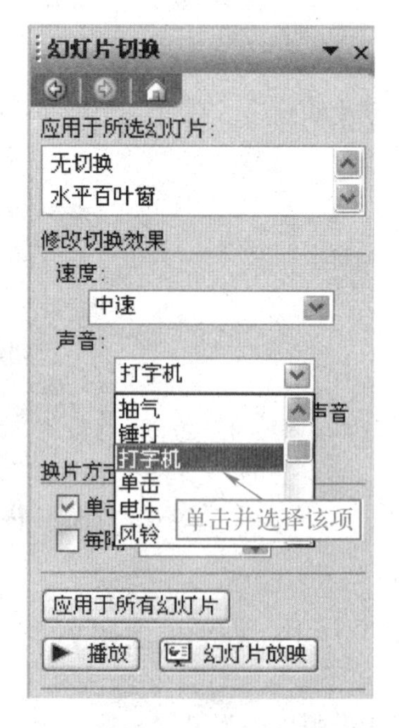

图 6–7　设置【声音】下拉列表框

步骤4 选中【每隔】复选框，将【每隔】数值框中的内容修改为“00:03”，如图6-8所示。

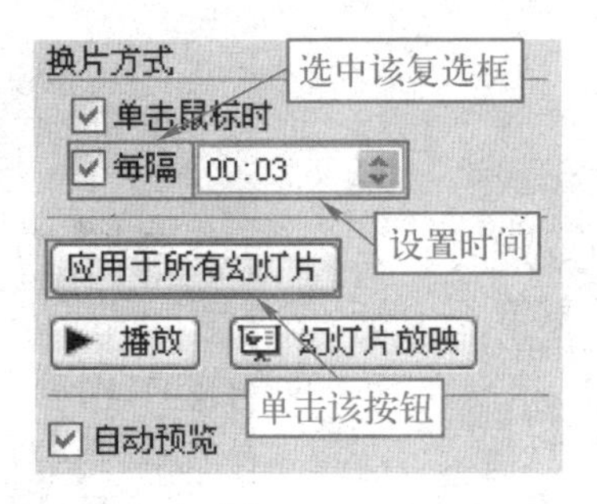

图6-8　设置放映间隔

步骤5 单击【应用于所有幻灯片】按钮。

6.4 设置项目动画

6.4.1　设置进入动画效果

设置进入动画效果的具体操作步骤如下：

步骤1 选择【幻灯片放映】→【自定义动画】菜单命令，打开【自定义动画】面板，如图6-9所示。

步骤2 单击要添加动画效果的幻灯片内容的文本占位符或文本框，如图6-10所示。

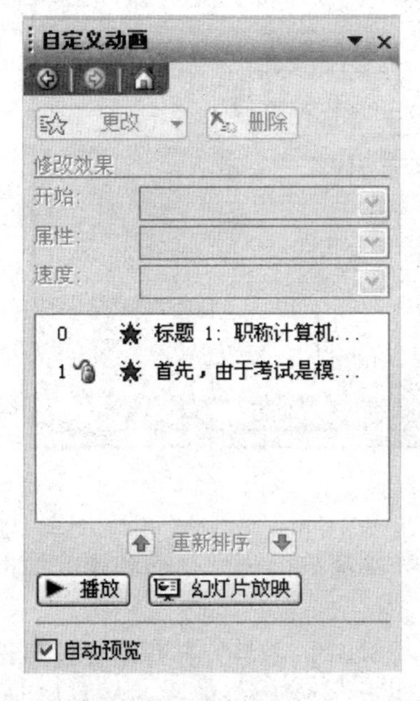

图6-9　【自定义动画】面板

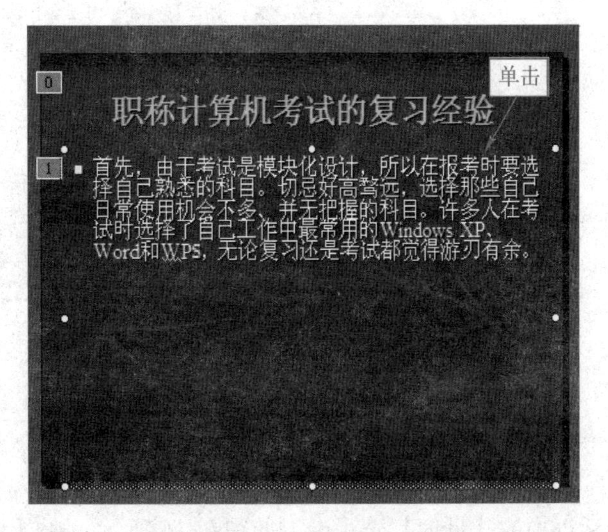

图6-10　选中后的文本占位符

步骤3 在【自定义动画】面板中单击【添加效果】按钮，打开选择动画效果下拉菜单，如图6-11所示。选择【进入】→【百叶窗】命令，如图6-12所示。

图6-11 单击【添加效果】按钮

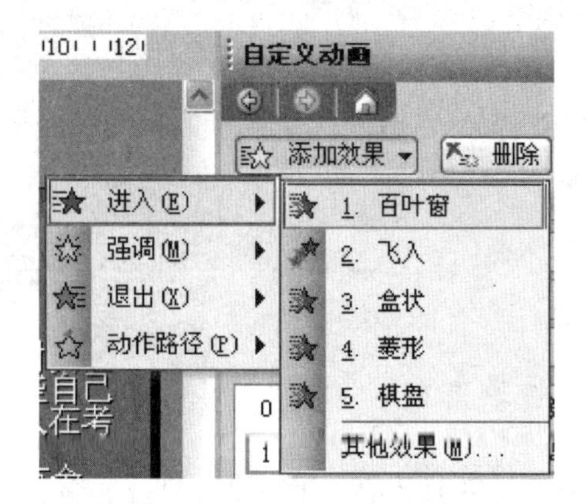

图6-12 选择【进入】→【百叶窗】命令

利用【参数设置】对话框设置播放参数，具体操作步骤如下：

步骤1 单击【自定义动画】面板中新增效果右侧的下拉箭头，在弹出的下拉菜单中选择【效果选项】命令，打开动画效果设置对话框，如图6-13所示。

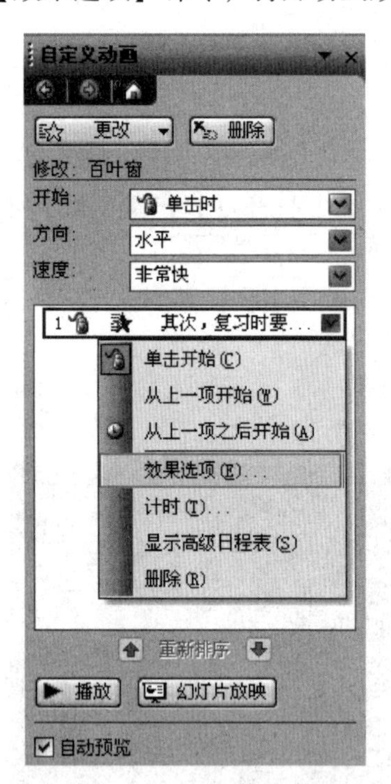

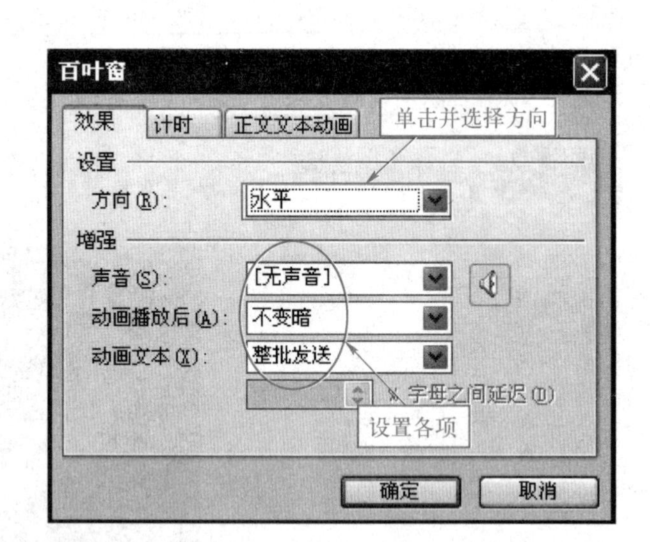

图6-13 打开动画效果设置对话框

步骤2 在【效果】选项卡中设置动画的运动方向、动画播放的声音、动画播放后的颜色变化及动画文本的方式等增强的动画效果。

在如图6-13左图所示的【自定义动画】面板中选择【计时】命令，打开动画效果设置对话框中的【计时】选项卡，如图6-14所示，在【计时】选项卡中设置动画的开始时间、播放前的延迟时间、动画播放时的速度、可以重复播放的次数及播放触发条件等复杂的计时效果项目。

在打开的动画效果设置对话框中单击【正文文本动画】选项卡，设置正文文本动画的控制元素，如图6-15所示。

图6-14 【计时】选项卡

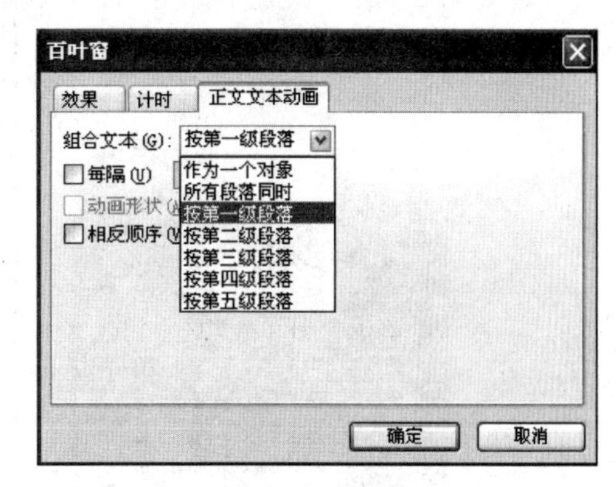

图6-15 【正文文本动画】选项卡

在图6-13左图所示的【自定义动画】任务窗格中单击【显示高级日程表】，将鼠标置于黄色标尺的左侧或右侧，此时鼠标指针变为双向箭头，拖动鼠标对动画设置开始的时间或结束的时间，如图6-16所示。

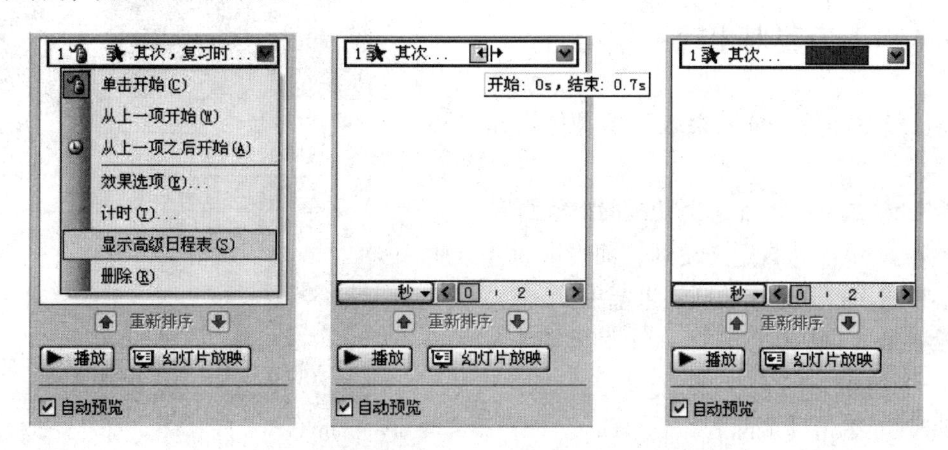

图6-16 利用【显示高级日程表】命令设置动画的效果和计时

6.4.2 设置强调动画效果

强调动画是在放映过程中引起观众注意的一类动画，设置方法同设置“进入”动画相似，具体操作步骤如下：

步骤1 选中要添加强调动画的播放内容。

步骤2 单击【自定义动画】面板中的【添加效果】按钮，打开选择动画效果菜单。

步骤3 选择【强调】→【其他效果】命令，打开【添加强调效果】对话框，如图6-17所示，在该对话框中设置需要的操作。

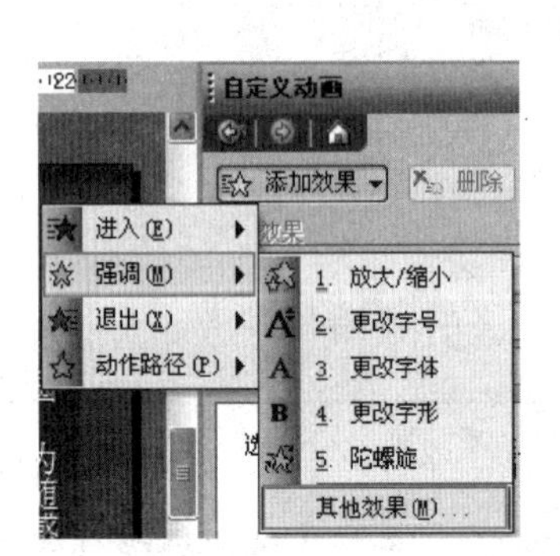

图 6–17　打开【添加强调效果】对话框

6.4.3　设置退出动画效果

将已经添加的动画效果取消的具体操作步骤如下：

步骤1 选中要添加退出动画的播放内容。

步骤2 单击【自定义动画】面板中的【添加效果】按钮，打开选择动画效果菜单。

步骤3 选择【退出】→【百叶窗】命令，如图 6–18 所示。

步骤4 单击【删除】按钮。

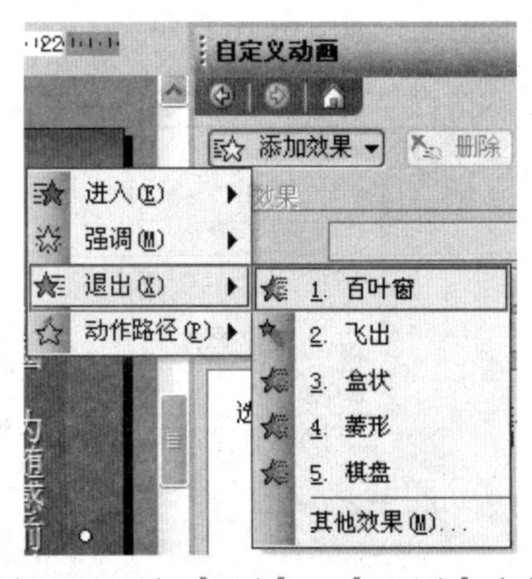

图 6–18　选择【退出】→【百叶窗】命令

6.5　设置对象动画

当只想给某一对象添加动画时，用打开幻灯片播放菜单中的自定义动画，可以详细地设置每个对象的动画效果：进入、强调、退出、运动路径等效果，每一项里还有很多效果，可以根据需要自行选择和设置。

6.5.1　为对象添加动画

如果为幻灯片中的笑脸添加复杂效果的“十字形扩展”，具体操作步骤如下：

步骤1 选中要添加动画的对象，如图 6–19 所示。

图6-19　选中要添加动画的对象

步骤2 单击【自定义动画】面板中的【添加效果】按钮，在弹出的下拉菜单中选择【进入】→【其他效果】命令，打开【添加进入效果】对话框，如图6-20所示。

步骤3 选择【十字形扩展】选项，设置后的笑脸效果如图6-21所示。

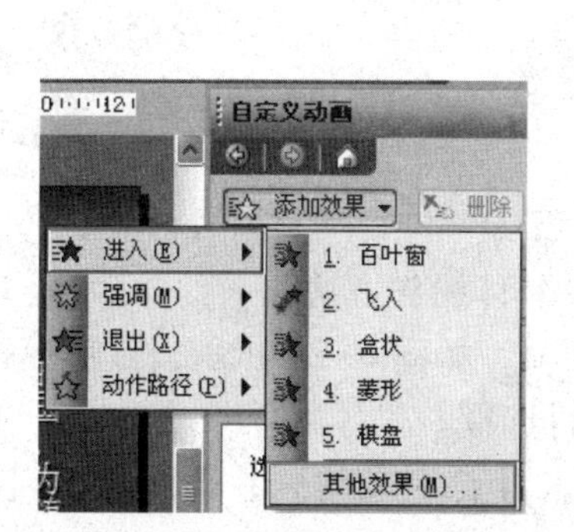

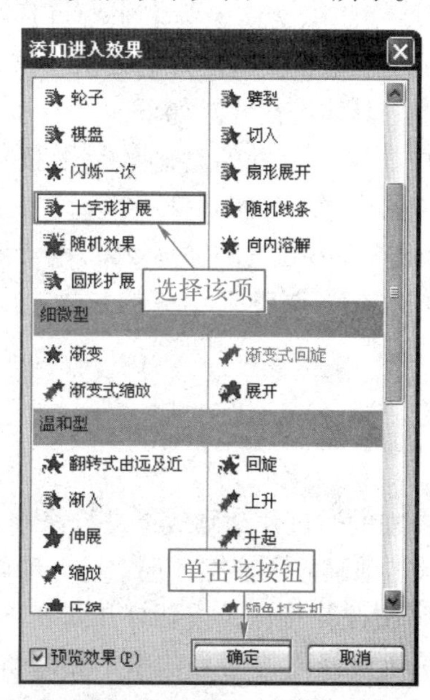

图6-20　打开【添加强调效果】对话框

图6-21　设置后的笑脸效果

如果要设置开始的触发条件、方向和速度，可以在【自定义动画】面板中设置，如图 6-22 所示。

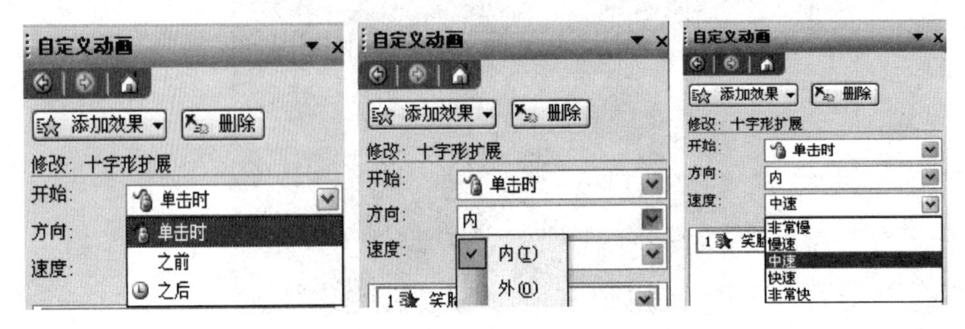

图 6-22　设置开始、方向、速度

6.5.2　多对象、多动画的动画效果控制

图 6-23　调整幻灯片动画效果

如果在同一个演示文稿中为多张幻灯片添加动画效果，可以根据需要来调整幻灯片的效果。移动幻灯片动画效果的顺序的具体操作方法如下：

方法 1　在要移动位置的动画效果上按住鼠标左键，拖动到相应的位置，如图 6-23 所示。

方法 2　单击要移动位置的动画效果，然后单击【重新排序】的相应按钮，调整到相应的位置，如图 6-23 所示。

6.5.3　修改幻灯片动画效果

如果要对添加的幻灯片动画效果进行修改，具体操作方法如下：

方法 1　单击动画显示标志，选中这个动画项，如图 6-24 所示，然后单击【自定义动画】面板中的【更改】按钮，重新打开列表进行选择。

方法 2　单击要修改的动画效果，然后单击【自定义动画】面板中的【更改】按钮，重新打开下拉菜单进行选择，如图 6-25 所示。

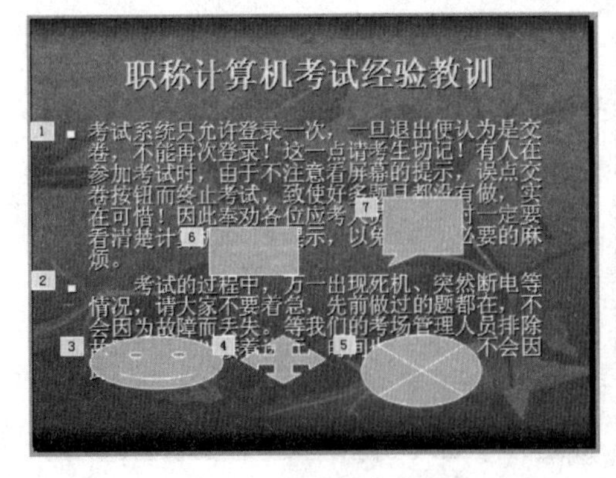

图 6-24　选中动画项

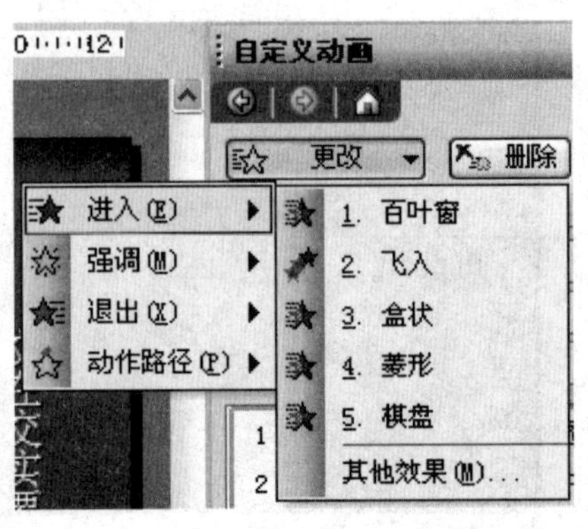

图 6-25　修改的动画效果

6.5.4 幻灯片的定时播放与连续播放

设置动画的定时播放的具体操作步骤如下：

步骤1 单击要设置的动画列表项后的下拉箭头，在弹出的下拉菜单中选择【计时】命令，打开【计时】选项卡，如图6-26所示。

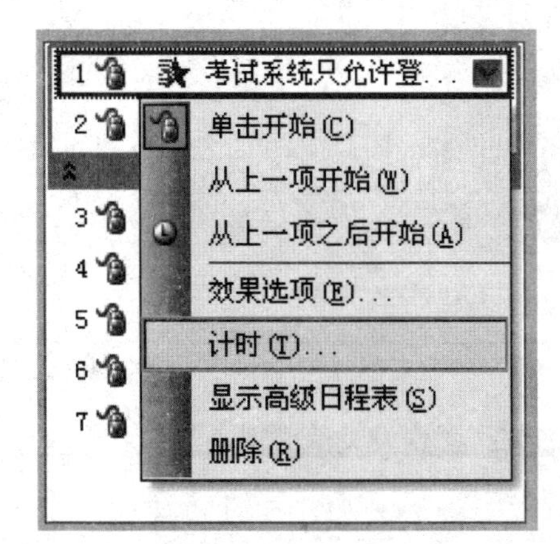

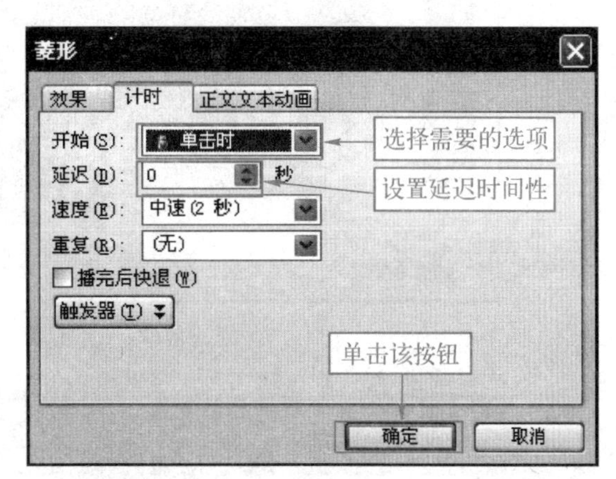

图6-26 【计时】选项卡

步骤2 在【开始】下拉列表框中选择需要的选项。

步骤3 在【延迟】的数值框中设置延时时间。

步骤4 单击【确定】按钮。

6.6 运用动画路径增强效果

6.6.1 应用预设路径

在PowerPoint 2003中为动画添加预设路径的具体操作步骤如下：

步骤1 单击要添加动画的动画对象，如图6-27所示。

步骤2 单击【自定义动画】面板中的【添加效果】按钮，在弹出的下拉菜单中选择【动作路径】→【向右】命令，设置后的效果如图6-28所示。

步骤3 拖动路径图形的控制点，移动路径图形的位置到动画效果的合理位置。

图 6-27　单击动画对象

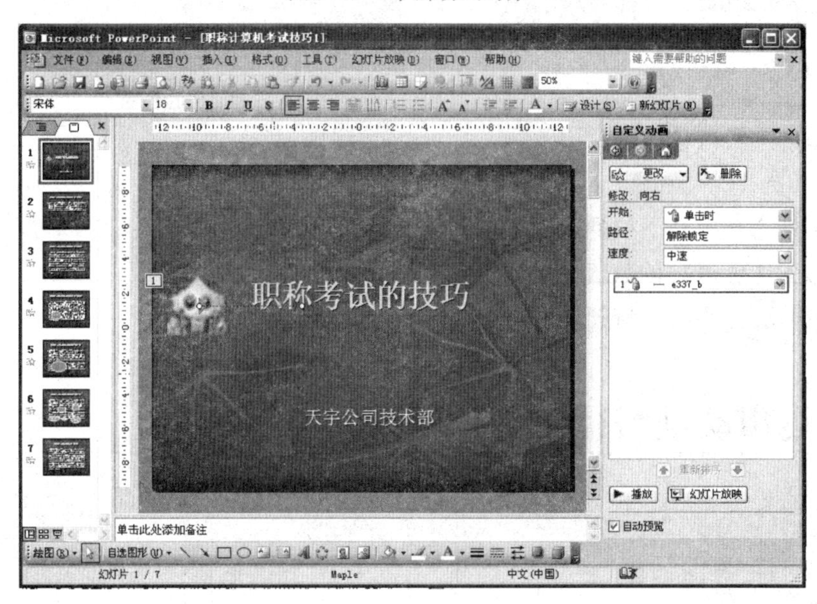

图 6-28　设置后的效果

6.6.2　自定义路径

在幻灯片中为动画添加自定义路径的具体操作步骤如下：

步骤 1　单击要添加动画的动画对象，如图 6-29 所示。

步骤 2　单击【自定义动画】面板中的【添加效果】按钮，在弹出的下拉菜单中选择【动作路径】→【绘制自定义路径】→【曲线】命令，如图 6-30 所示。

步骤 3　在选中的动画对象上绘制动作路径，如图 6-31 所示。

步骤 4　拖动动作路径图形的控制点，可以根据需要调整动画效果的合理位置。

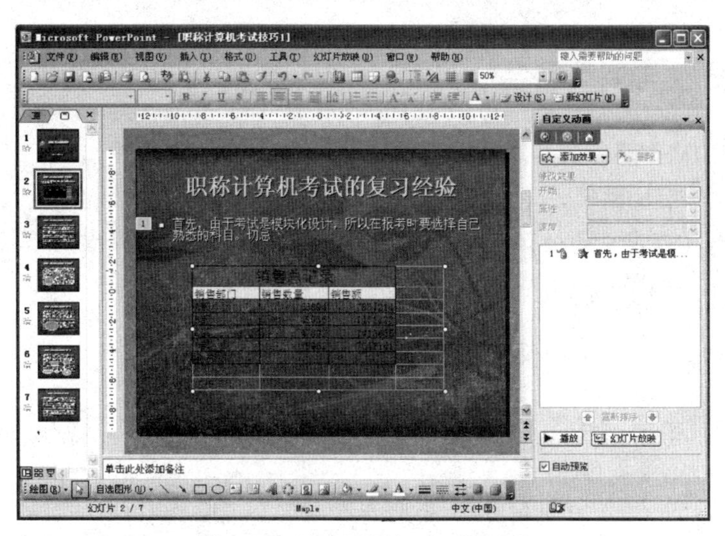

图 6-29　选中要添加动画的对象

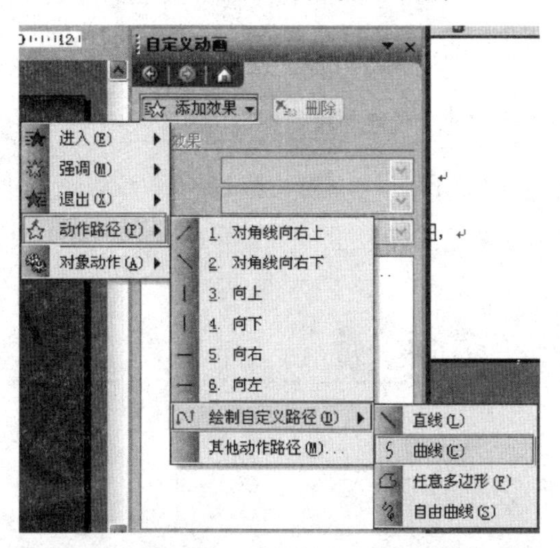

图 6-30　选择【动作路径】→【绘制自定义路径】→【曲线】命令

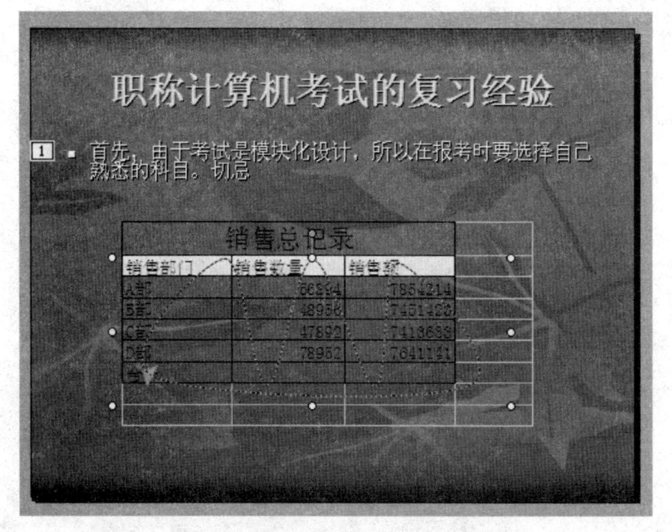

图 6-31　绘制动作路径

6.6.3 更改与调整路径

调整绘制好的动作路径的具体操作步骤如下：

步骤1 单击绘制的路径。

步骤2 单击【自定义动画】面板中的【路径】列表框，在弹出的下拉列表框中选择【编辑顶点】选项，如图6-32所示。

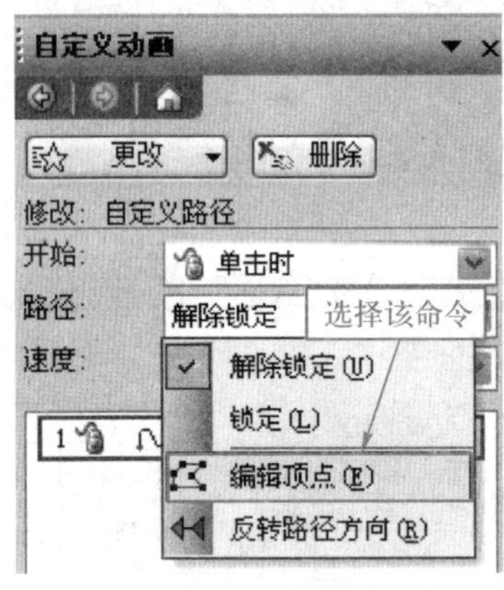

图6-32 【路径】下拉列表框

步骤3 将鼠标放置在要调整的路径上，可编辑路径。

6.7 图示与图表动画

6.7.1 设置图示级别动画

设置图示级别动画的具体操作步骤如下：

步骤1 单击幻灯片中的图示对象，如图6-33所示。

图6-33 选中幻灯片的图示对象

步骤 2 在【自定义动画】面板中单击图示动画右侧的下拉箭头，在弹出的下拉菜单中选择【效果选项】命令，打开动画效果选项设置对话框，如图 6-34 所示。

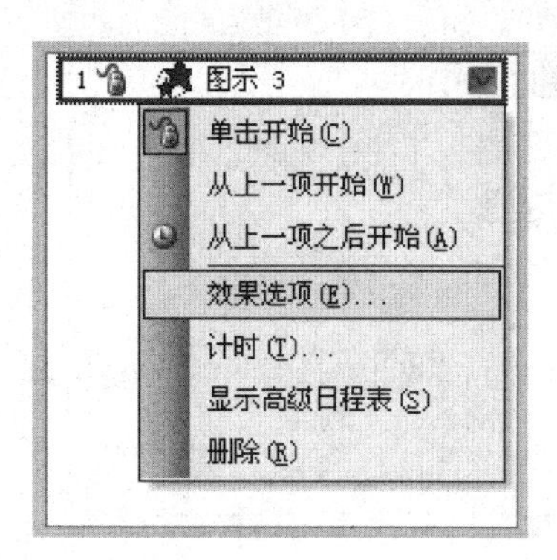

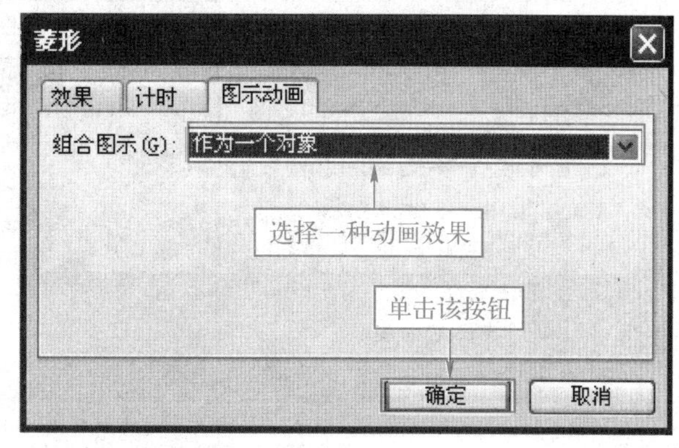

图 6-34 打开动画效果选项设置对话框

步骤 3 单击【组合图示】列表框，在弹出的下拉列表框中选择需要的动画效果。

步骤 4 单击【确定】按钮。

6.7.2 设置图表序列动画

对幻灯片中的图表设置动画的具体操作步骤如下：

步骤 1 单击幻灯片中的图表对象，如图 6-35 所示。

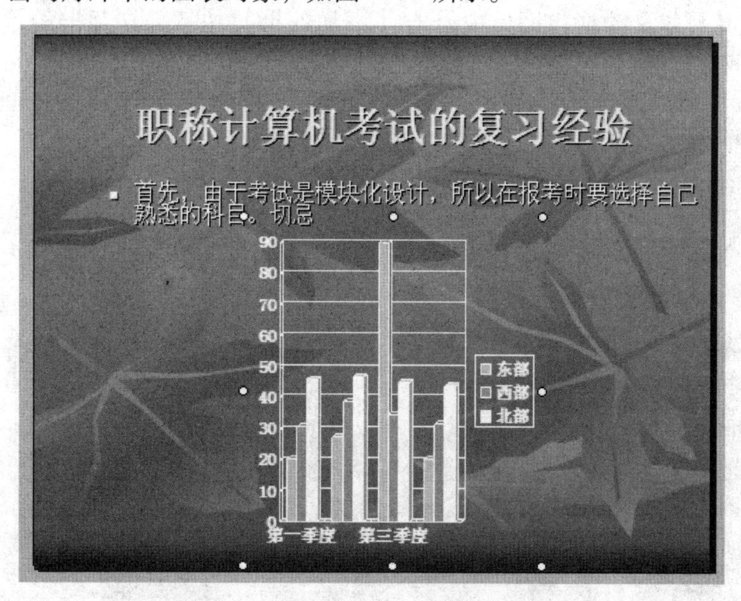

图 6-35 选中幻灯片的图表对象

步骤 2 在【自定义动画】面板中单击图表动画右侧的下拉箭头，在弹出的下拉菜单中选择【效果选项】命令，打开动画效果选项设置对话框，如图 6-36 所示。

步骤 3 单击【组合图表】列表框，在弹出的下拉列表框中选择需要的动画效果。

步骤 4 单击【确定】按钮。

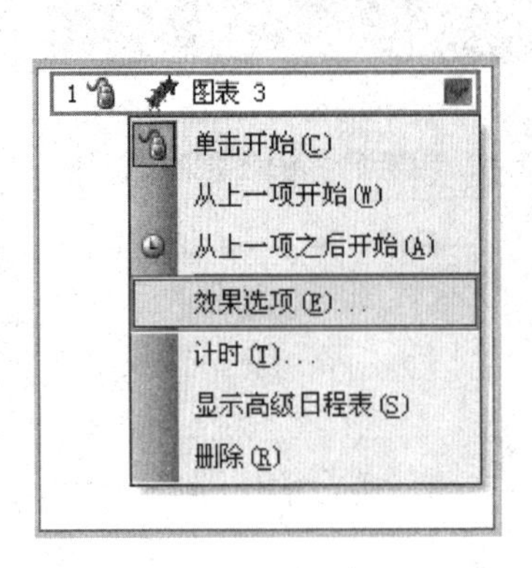

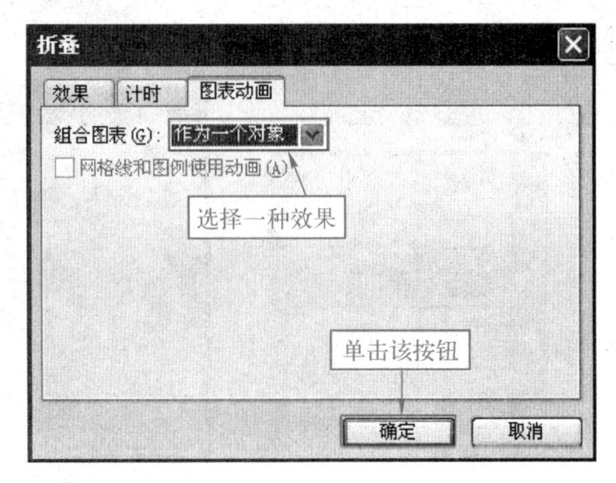

图 6-36　打开动画效果选项设置对话框

6.8 声音文件的动画设置

设置声音的动画效果的具体操作步骤如下：

步骤 1　单击幻灯片中的声音对象，如图 6-37 所示。

步骤 2　在【自定义动画】面板中单击【添加效果】按钮，在弹出的下拉菜单中选择【声音操作】→相应动画效果命令，如图 6-38 所示。

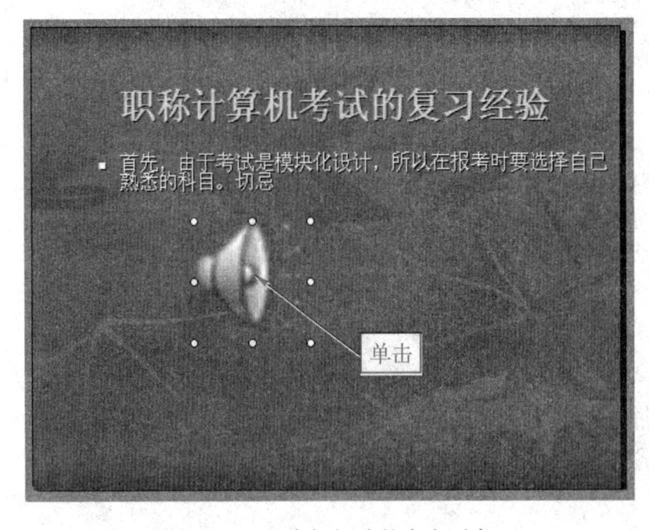

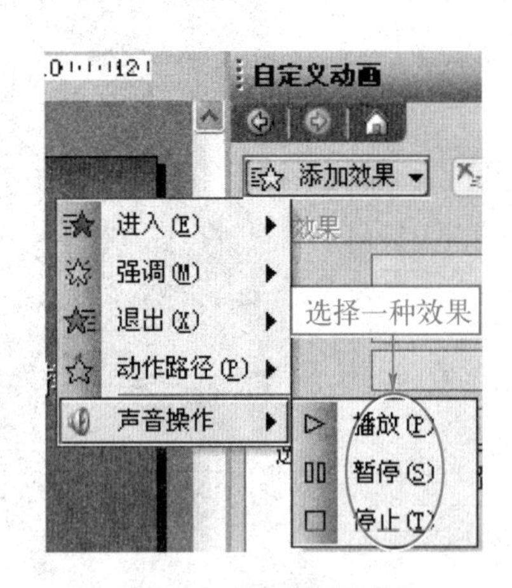

图 6-37　选中幻灯片的声音对象　　图 6-38　添加效果列表

步骤 3　单击声音动画右侧的下拉箭头，在弹出的下拉列表框中选择【效果选项】选项，打开【播放 声音】对话框，如图 6-39 所示。

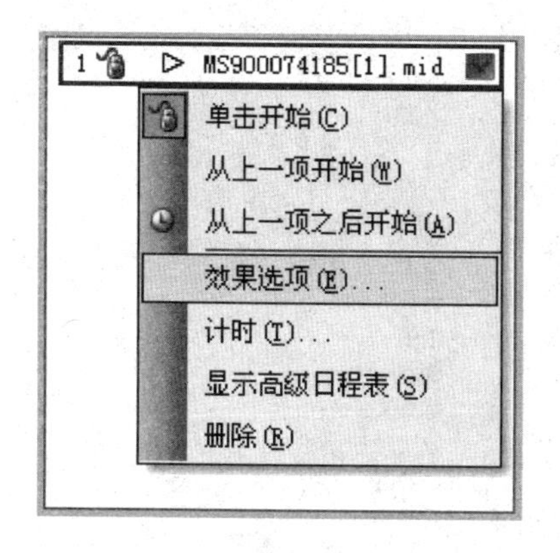

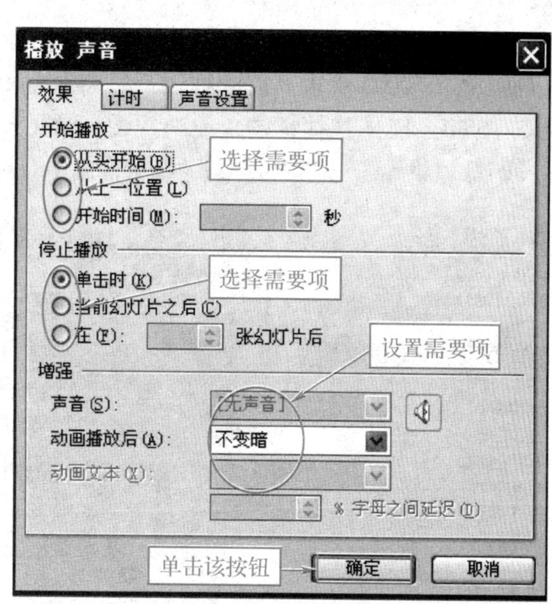

图6-39　打开【播放 声音】对话框

步骤4　在【效果】、【计时】、【声音设置】选项卡中设置播放控制效果。

6.9　预览动画效果

设置好的动画效果，可以通过普通视图、浏览视图、放映视图预览动画效果，利用预览动画效果这一功能，可以方便地找出幻灯片的不足并进行调整。

1. 在普通视图上预览动画效果

方法1　在普通视图上预览动画效果，直接单击【自定义动画】面板下的【播放】按钮，就可以将设置好的动画效果依次播放。

方法2　在【幻灯片】选项卡中单击设置动画幻灯片前的【播放动画】按钮。

2. 在浏览视图上预览动画效果

进入幻灯片浏览视图，如图6-40所示。单击幻灯片上的【播放动画】按钮，也可以在幻灯片窗格内预览一次动画效果。

图6-40　在浏览视图上预览动画效果

3. 在放映视图上预览动画效果

在 PowerPoint 2003 中进入放映视图后，每张幻灯片都会自动启动动画效果预览，也可以直接按〈Shift + F5〉快捷键进入放映视图，常见的操作是单击【幻灯片切换】、【自定义动画】、【幻灯片设计——动画方案】面板中的【幻灯片放映】按钮，如图 6–41 所示。

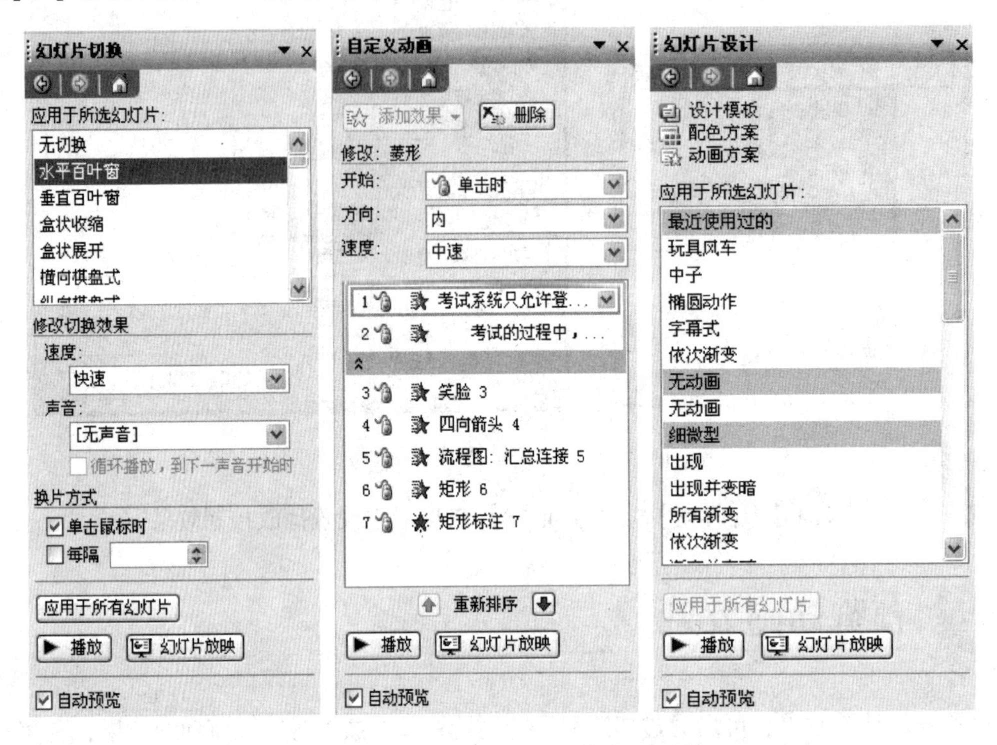

图 6–41　在放映视图上预览动画效果

6.10 上机练习

1. 设置使当前文本退出时动画效果为随机线条，速度为快速（1 秒），播放完之后快退。

2. 设置当前对象的动作路径为向右弯曲。

3. 设置在前一事件 3 秒后启动当前动画效果，并且下一次单击时结束动画效果。

4. 设置当前对象进入动画效果为：旋转，方向垂直，并且设为播放动画后隐藏。

5. 给幻灯片中的花卉图片添加“退出/飞出”的动画效果。

6. 给演示文稿中第 2 张幻灯片中的标题文本添加“强调/陀螺旋”的动画效果，并使其逆时针旋转一周。

7. 在没有动画的幻灯片中设置在幻灯片放映时重复播放 10 次，其他保持不变。

8. 使幻灯片中添加了动画效果的正文文本在放映幻灯片时单击鼠标即开始播放，并将“标题：送别”，调整到倒数第二位播放。

9. 使标题幻灯片中添加了动画效果的标题文本，在放映幻灯片时动画播放后变为大红色。

10. 将演示文稿中当前幻灯片的动画方案删除。

11. 将第1张幻灯片设置为玩具风车的动画方案，并观看动画效果。

12. 将幻灯片中兔子图像的动画顺序调到最后，然后将兔子图像与树叶设为最后同时播放。

13. 设置当前幻灯片切换效果为“新闻快报”，速度为“中速”，声音为“打字机”。

14. 设置所有幻灯片切换时为盒状收缩，并播放动画使幻灯片之间的切换实现“盒状收缩”动画。

15. 将演示文稿中的所有幻灯片的动画方案设置为“向内溶解”。

16. 给幻灯片中的笔记本电脑剪贴画添加“进入/伸展”的动画效果（说明：笔记本剪贴画添加在幻灯片母版中）。

17. 将当前演示文稿中当前幻灯片中的切换效果设为随机，在设置过程中不进行自动预览。

18. 为第1张幻灯片中的标题设置“添加下划线”动画效果，并进行播放。

19. 取消所有幻灯片的动画效果。

上机操作提示（具体操作详见随书光盘中【手把手教学】第6章01～19题）

1. 步骤1 单击【添加效果】按钮，在弹出的下拉菜单中选择【退出】→【其他效果】命令，打开【添加退出效果】对话框。

步骤2 单击【随机线条】，单击【确定】按钮。

步骤3 在【j0304933】上单击鼠标右键，在弹出的快捷菜单中选择【效果选项】命令，打开【随机线条】对话框。

步骤4 单击【计时】选项卡，单击【速度】列表框旁的下拉箭头，在弹出的下拉列表框中选择【快速（1秒）】，选中【播完后快退】复选框，单击【确定】按钮。

步骤5 单击编辑区空白位置。

2. 步骤1 单击【添加效果】按钮，在弹出的下拉菜单中选择【动作路径】→【其他动作路径】命令，打开【添加动作路径】对话框。

步骤2 双击【向右弯曲】。

步骤3 单击编辑区空白位置。

3. 步骤1 在【问题2】上单击鼠标右键，在弹出的快捷菜单中选择【效果选项】命令，打开【放大/缩小】对话框。

步骤2 单击【计时】选项卡，单击【开始】列表框，在弹出的下拉列表框中选择【之后】选项，将【延迟】数值框中输入“3”，单击【重复】列表框旁的下拉箭头，在弹出的下拉列表框中选择【直到下一次单击】选项。

步骤3 单击【确定】按钮。

4. 步骤1 单击【添加效果】按钮，在弹出的下拉菜单中选择【进入】→【其他效果】命令，打开【添加进入效果】对话框。

步骤2 双击【旋转】，在【形状1：青花瓷】上单击鼠标右键，在弹出的快捷菜单中选择【效果选项】命令，打开【旋转】对话框。

步骤3 在【效果】选项卡下单击【方向】列表框，在弹出的下拉列表框中选择【垂直】选项，单击【动画播放后】列表框，在弹出的下拉列表框中选择【播放动画后隐藏】选项，单击【确定】按钮。

5. 步骤1 单击幻灯片中的图片。

步骤2 选择【幻灯片放映】→【自定义动画】菜单命令，打开【自定义动画】面板。

步骤3 单击【添加效果】按钮，在弹出的下拉菜单中选择【退出】→【飞出】命令。

6. 步骤1 单击文字【送别】。

步骤2 选择【幻灯片放映】→【自定义动画】菜单命令，打开【自定义动画】面板。

步骤3 单击【添加效果】按钮，在弹出的下拉菜单中选择【强调】→【陀螺旋】命令。

步骤4 单击【数量】列表框，在弹出的下拉列表框中选择【逆时针】选项。

7. 步骤1 在【j0304933】上单击鼠标右键，在弹出的快捷菜单中选择【效果选项】命令，打开【随机线条】对话框。

步骤2 单击【计时】选项卡，单击【重复】列表框旁的下拉箭头，在弹出的列表中选择【10】。

步骤3 单击【确定】按钮。

8. 步骤1 在【自定义动画】面板中单击【开始】列表框，在弹出的下拉列表框中选择【单击时】选项。

步骤2 单击【标题1：送别】，单击【重新排序】左侧的【向上】按钮。

9. 步骤1 在【标题1:】上单击鼠标右键，在弹出的快捷菜单中选择【效果选项】命令，打开【飞入】对话框。

步骤2 单击【动画播放后】列表框，在弹出的下拉列表框中选择【红色】选项。

步骤3 单击【确定】按钮。

10. 步骤1 选择【幻灯片放映】→【动画方案】菜单命令，打开【幻灯片设计】面板。

步骤2 在【应用于所选幻灯片】列表框中单击【无动画】选项。

11. 步骤1 选择【幻灯片放映】→【动画方案】菜单命令，打开【幻灯片设计】面板。

步骤2 在【应用于所选幻灯片】列表框中单击【玩具风车】选项。

步骤3 单击【幻灯片放映】按钮。

12. 步骤1 选择【幻灯片放映】→【自定义动画】菜单命令，打开【自定义动画】面板。

步骤2 单击第2种动画【j0304933】，单击【重新排序】左侧的【向下】按钮，再次单击【重新排序】左侧的【向下】按钮。

步骤3 在【j0304933】上单击鼠标右键，在弹出的快捷菜单中选择【从上一项开始】命令。

步骤4 单击编辑区空白处任意位置。

13. 步骤1 选择【幻灯片放映】→【幻灯片切换】菜单命令，打开【幻灯片切换】

面板。

步骤2 选择【应用于所选幻灯片】列表框中的【新闻快报】，单击【速度】列表框，在弹出的下拉列表框中选择【中速】选项，单击【声音】列表框，在弹出的下拉列表框中选择【打字机】选项。

步骤3 单击面板中的【关闭】按钮。

14. 步骤1 选择【幻灯片放映】→【幻灯片切换】菜单命令，打开【幻灯片切换】面板。

步骤2 选择【应用于所选幻灯片】列表框中的【盒状收缩】，单击【应用于所有幻灯片】按钮，单击【播放】按钮。

15. 步骤1 选择【幻灯片放映】→【动画方案】菜单命令。

步骤2 选择【应用于所选幻灯片】列表框中的【向内溶解】，单击【应用于所有幻灯片】按钮。

16. 步骤1 选择【视图】→【母版】→【幻灯片母版】命令。

步骤2 单击笔记本电脑剪贴画。

步骤3 选择【幻灯片放映】→【自定义动画】菜单命令，打开【自定义动画】面板。

步骤4 单击【添加效果】按钮，在弹出的下拉菜单中选择【进入】→【其他效果】命令，打开【添加进入效果】对话框。

步骤5 向下拖动滚动条，单击【温和型】下拉列表框中的【伸展】选项，单击【确定】按钮。

步骤6 单击【幻灯片母版】工具栏上的【关闭母版视图】按钮。

17. 步骤1 选择【格式】→【背景】菜单命令，打开【背景】对话框。

步骤2 单击【背景填充】列表框，在弹出的下拉列表框中选择【其他颜色】命令，打开【颜色】对话框，单击【绿色】选项，单击【确定】按钮，返回到【背景】对话框。单击【预览】按钮。

步骤3 单击【全部应用】按钮。

18. 步骤1 单击【PowerPoint 学习】占位符，选择【幻灯片放映】→【动画方案】菜单命令。

步骤2 选择【应用于所选幻灯片】列表框中的【添加下划线】选项，单击【播放】按钮。

步骤3 单击文本框外任意位置。

19. 步骤1 选择【视图】→【母版】→【幻灯片母版】菜单命令。

步骤2 选择【格式】→【幻灯片设计】菜单命令。

步骤3 选择【幻灯片放映】→【动画方案】菜单命令，选择【应用于所选幻灯片】列表框中的【无动画】选项，单击【应用于母版】。

步骤4 单击【幻灯片母版】工具栏上的【关闭母版视图】按钮。

第 7 章 演示文稿放映和打包

本章详细讲解 PowerPoint 2003 中幻灯片放映的控制方法、幻灯片放映的方式及范围、幻灯片旁白的设置、为打包的演示文稿放映等功能。读者可以一边阅读教材，一边在配套的光盘上操作练习，效果最佳。

7.1 幻灯片的放映方式

PowerPoint 2003 为用户提供了多种放映幻灯片和控制幻灯片的方法，如正常放映、计时放映、录音放映、跳转放映等。用户可以选择最为理想的放映速度与放映方式，使幻灯片的放映结构清晰、节奏明快、过程流畅。另外，在放映时用户还可以利用绘图笔在屏幕上随时进行标示或强调，使重点更为突出。本章将介绍交互式演示文稿的创建方法及幻灯片放映方式的设置。

PowerPoint 2003 提供了多种演示文稿的放映方式，最常用的是幻灯片页面的演示控制，主要有幻灯片的定时放映、连续放映及自动循环放映。

7.1.1 幻灯片的定时放映

如果要对幻灯片放映定时，可以利用【幻灯片切换】面板进行调整，在【换片方式】设置区选中【每隔】复选框，然后在后面的数值框中输入间隔的时间，如图 7-1 所示。

7.1.2 幻灯片的连续放映

在如图 7-1 所示的【幻灯片切换】面板的【换片方式】设置区中设置定时放映的时间，然后单击【应用于所有幻灯片】按钮，可以将幻灯片设置成连续放映的状态，如果对某张幻灯片的设置时间有要求，可以根据需要手动设置。

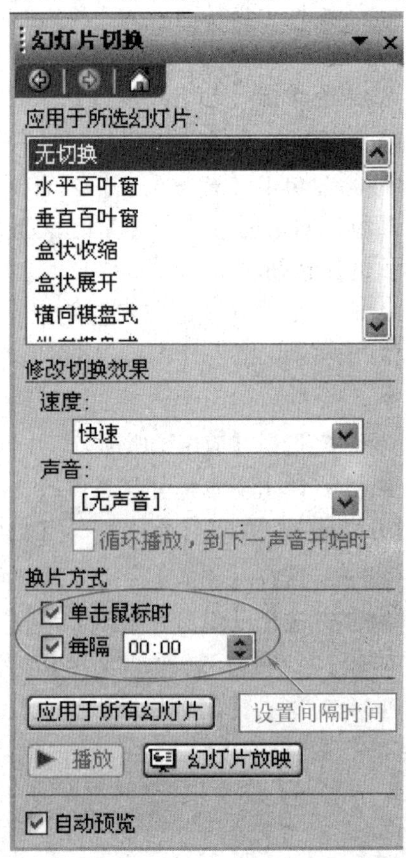

图 7-1 【换片方式】设置区

7.1.3 幻灯片的自动循环放映

将幻灯片自动循环放映的具体操作步骤如下：

步骤 1 打开要设置自动循环放映的演示文稿，选择【幻灯片放映】→【设置放映方式】菜单命令，打开【设置放映方式】对话框，如图 7-2 所示。

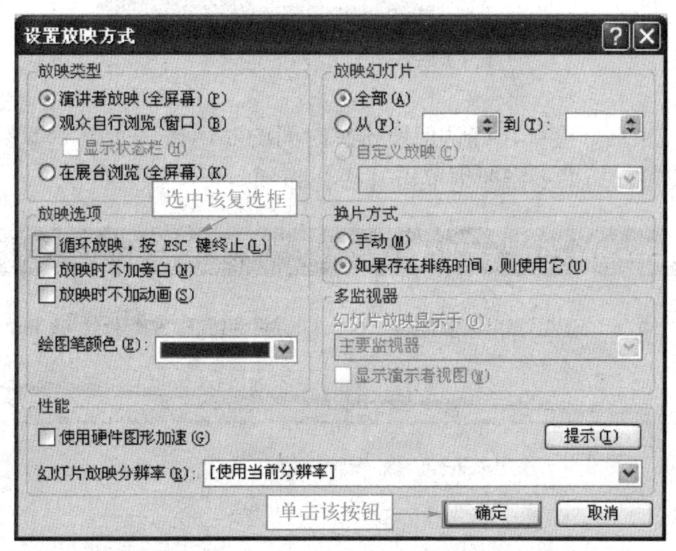

图 7-2 【设置放映方式】对话框

步骤 2 在【放映选项】设置区中选中【循环放映，按 ESC 键终止】复选框。

步骤 3 单击【确定】按钮。

7.1.4 运用排演计时

当完成演示文稿内容制作之后，可以运用 PowerPoint 2003 的【排练计时】功能来排练整个演示文稿放映的时间。通过【排练计时】功能，演讲者可以确切了解每一页幻灯片需要讲解的时间及整个演示文稿的总放映时间。

利用【排练计时】功能来排练演示文稿放映时间的具体操作步骤如下：

步骤 1 打开要放映的演示文稿，选择【幻灯片放映】→【排练计时】菜单命令，进入到排练计时状态，如图 7-3 所示。

图 7-3 排练计时状态

步骤2 幻灯片进入到【放映】视图，屏幕左上角显示【预演】工具栏，如图 7-4 所示。在【预演】工具栏中单击【下一项】按钮，可以放映幻灯片内的一个动画项目。

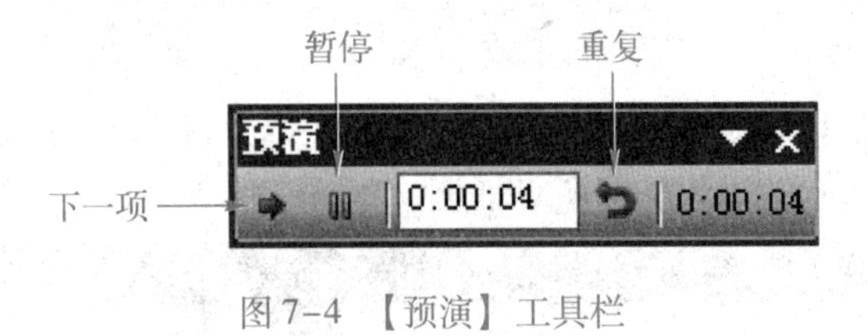

图 7-4 【预演】工具栏

步骤3 放映结束后，会弹出确认保留排练时间的对话框，如图 7-5 所示。如果需要保留，单击【是】按钮，如果不需要则单击【否】按钮。

图 7-5 保留排练时间对话框

7.1.5 设置自定义放映方式

在 PowerPoint 2003 中，可以在单个演示文稿中创建自定义放映，使其适应观众的不同需要。用户不必再复制整个演示文稿，将其保存为新文件并进行修改即可满足新的需要，从而节省了精力。

自定义放映是由演示文稿中的幻灯片组创建的。可以随意将幻灯片组合成多种不同的自定义放映。为每一种自定义放映命名，在放映演示文稿时，可以为特定观众选择自定义放映。

创建自定义放映方式的具体操作步骤如下：

步骤1 选择【幻灯片放映】→【自定义放映】菜单命令，打开【自定义放映】对话框，如图 7-6 所示。

步骤2 单击【新建】按钮，新建一个自定义放映项目，并打开【定义自定义放映】对话框，如图 7-7 所示。

步骤3 在【幻灯片放映名称】文本框内输入放映项目的名称。

步骤4 在【在演示文稿中的幻灯片】列表框中选择需要放映的幻灯片。

步骤5 单击【添加】按钮。

步骤6 在【在自定义放映中的幻灯片】设置区中单击【向上】、【向下】按钮，来调整幻灯片放映的顺序，如图 7-8 所示。

步骤7 单击【确定】按钮，返回到【自定义放映】对话框。

步骤8 单击【放映】按钮，开始放映选中的幻灯片。

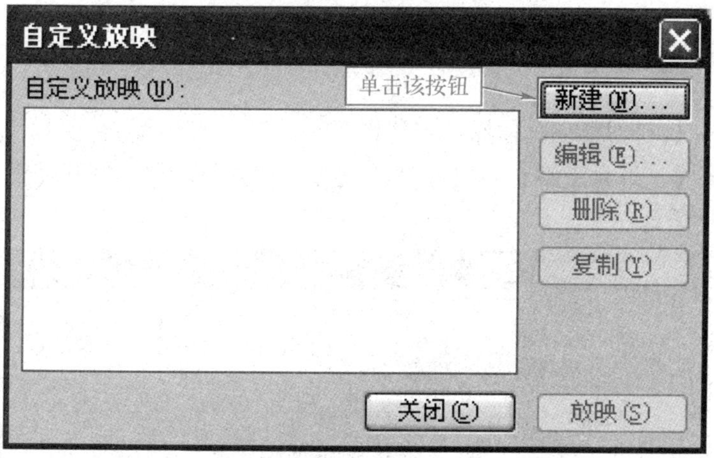

图 7-6 【自定义放映】对话框

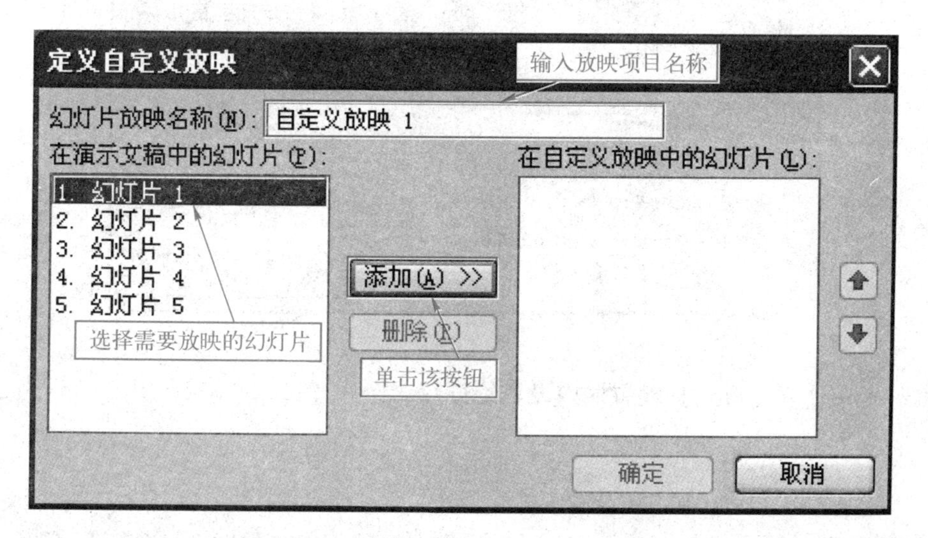

图 7-7 【定义自定义放映】对话框

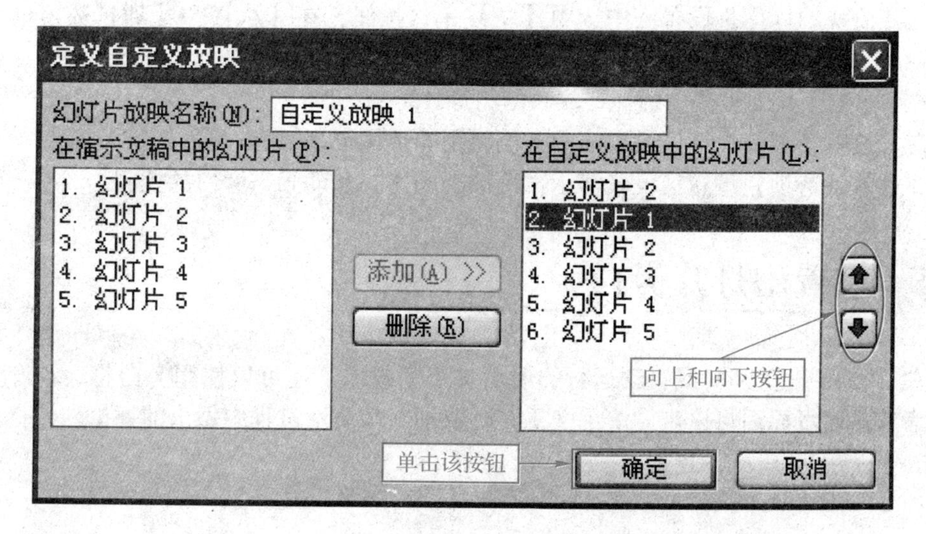

图 7-8 【定义自定义放映】对话框

7.1.6 设置换片方式

将两张幻灯片进行切换的具体操作步骤如下：

步骤1 选择【幻灯片放映】→【设置放映方式】菜单命令，打开【设置放映方式】对话框，如图7-9所示。

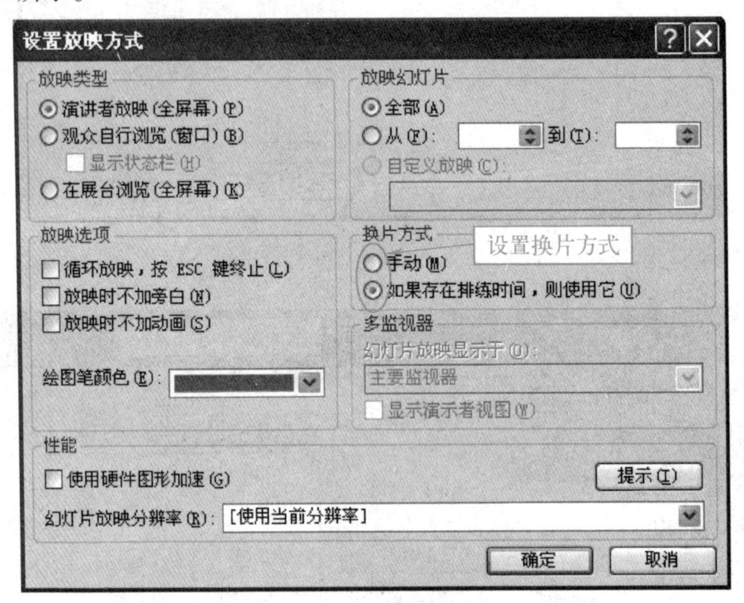

图7-9 设置换片方式

步骤2 在【换片方式】设置区内设置幻灯片的换片方式。

7.1.7 设置放映范围及方式

利用【设置放映方式】对话框设置放映范围及放映方式，如图7-9所示。

- 在【放映幻灯片】设置区中选中【从】单选按钮，在【从】和【到】数值框中输入要放映的幻灯片。选中【自定义放映】单选按钮，可以单击【自定义放映】列表框，在弹出的下拉列表框中选择要放映的幻灯片。
- 在【放映类型】设置区设置演示文稿使用的环境类型。
- 在【放映选项】设置区设置演示文稿放映的方式和动画与旁白的控制。

7.2 设置幻灯片旁白

旁白可增强基于 Web 或自动运行的演示文稿的效果，还可以使用旁白将会议存档，以便演示者或缺席者以后可以观看演示文稿，听取别人在演示过程中做出的评论。

7.2.1 录制旁白

录制旁白时，可以排演整个演示文稿并为每张幻灯片单独录制旁白。录制过程中可以暂停录制和继续录制，具体操作步骤如下：

步骤1 在【普通】视图中，选择要开始录制的幻灯片。

步骤2 选择【幻灯片放映】→【录制旁白】菜单命令，打开【录制旁白】对话框，如图7-10所示。

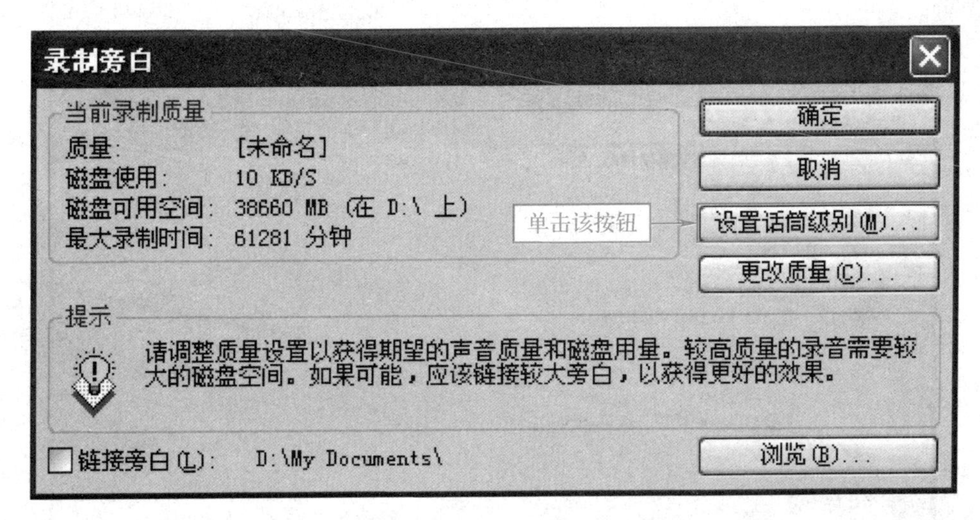

图7-10 【录制旁白】对话框

步骤3 单击【设置话筒级别】按钮，打开【话筒检查】对话框，如图7-11所示，调整话筒的设置使之满足使用要求。

步骤4 一边朗读文字一边调整话筒输入音量电平，使绿色的电平指示到80%左右，单击【确定】按钮。

步骤5 在返回的【录制旁白】对话框中单击【更改质量】按钮，打开【声音选定】对话框，如图7-12所示。

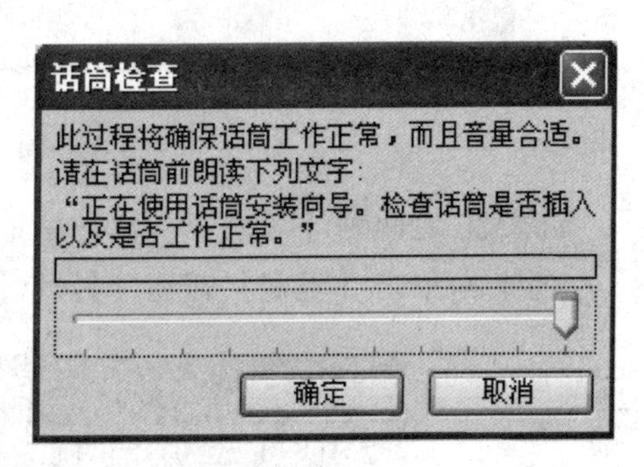

图7-11 【话筒检查】对话框

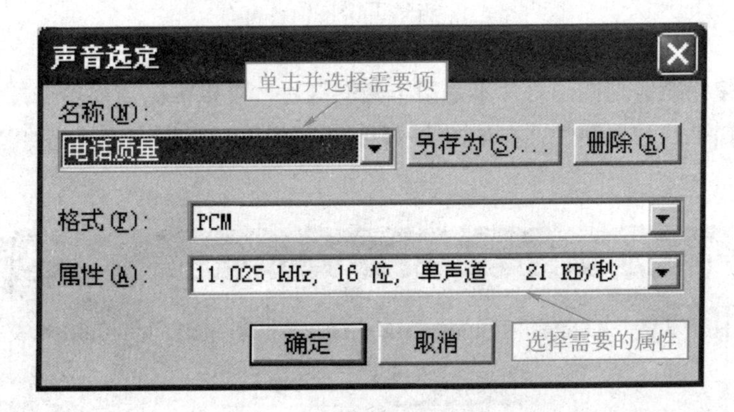

图7-12 【声音选定】对话框

步骤 6 单击【格式】列表框，在弹出的下拉列表框中选择音频格式，单击【属性】列表框，在弹出的下拉列表框中选择适合的音频属性，在【名称】下拉列表框中选择这一设置的名称，单击【确定】按钮返回【录制旁白】对话框。

步骤 7 单击【浏览】按钮，打开【选择目录】对话框，如图 7-13 所示，为旁白设置存储位置。

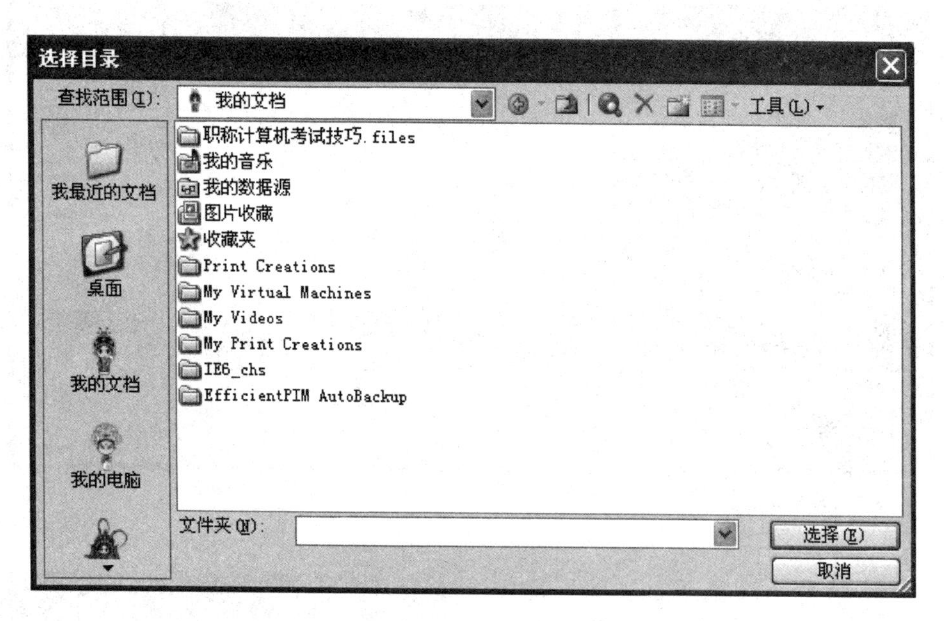

图 7-13 【选择目录】对话框

步骤 8 返回到【录制旁白】对话框，选中【链接旁白】复选框。

步骤 9 单击【确定】按钮，打开【录制旁白】对话框，如图 7-14 所示。

图 7-14 【录制旁白】对话框

步骤 10 如果录制旁白的幻灯片不是第 1 张幻灯片，可以根据需要单击按钮。

步骤 11 旁白是自动保存的，在如图 7-15 所示的提示对话框中确认幻灯片的播放时间是否更新。

图 7-15 录制旁白保存对话框

7.2.2 测试旁白

在录制的幻灯片右下角会显示扬声器小喇叭的图标，双击该图标，将播放录制的声音，可以很方便地测试录制的旁白。

7.2.3 删除旁白

删除旁白的具体操作方法如下：

方法1 单击幻灯片中表示旁白的扬声器图标，按〈Delete〉键。

方法2 单击幻灯片中表示旁白的扬声器图标，选择【编辑】→【清除】菜单命令。

7.3 创建交互式演示文稿

7.3.1 使用动作按钮

动作按钮如图7-16所示，是PowerPoint 2003中预先设置好的一组带有特定动作的图形按钮，这些按钮被预先设置为指向前一张、后一张、第一张、最后一张幻灯片、播放声音及播放电影等链接，用户可以方便地应用这些预置好的按钮，实现在放映幻灯片时跳转的目的。

动作与超链接有很多相似之处，动作几乎包括了超链接可以指向的所有位置，但动作除了可以设置超链接指向外，还可以设置其他属性，比如可以设置当鼠标移过某一对象上方时的动作。下面将介绍动作按钮各项的作用。

- 第一张：转到第一张幻灯片。
- 上一张：前面放映的前一张。
- 开始：转到第一张幻灯片。
- 结束：转到最后一张幻灯片。
- 文档：链接到文档。
- 声音：播放声音。
- 影片：播放影片。
- 自定义：自定义跳转位置。
- 帮助：打开帮助文档。
- 信息：显示信息。
- 后退或前一项：后退一张幻灯片。
- 前进或下一项：前进一张幻灯片。

在幻灯片中添加动作按钮的具体操作步骤如下：

步骤1 单击【绘图】工具栏中的【自选图形】按钮，在弹出的下拉菜单中选择【动作按钮】命令，或选择【幻灯片放映】→【动作按钮】菜单命令，如图 7-16 所示。

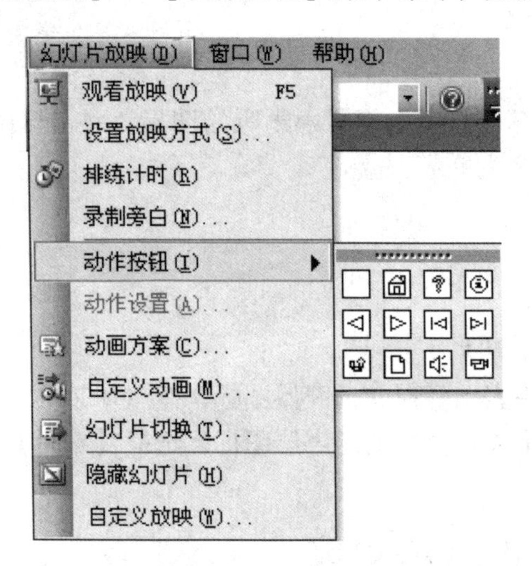

图 7-16 动作按钮列表

步骤 2 单击需要的按钮，然后在幻灯片窗口绘制一个动作按钮。

步骤 3 当松开鼠标时将弹出【动作设置】对话框，如图 7-17 所示，在该对话框中可以执行下列操作之一：

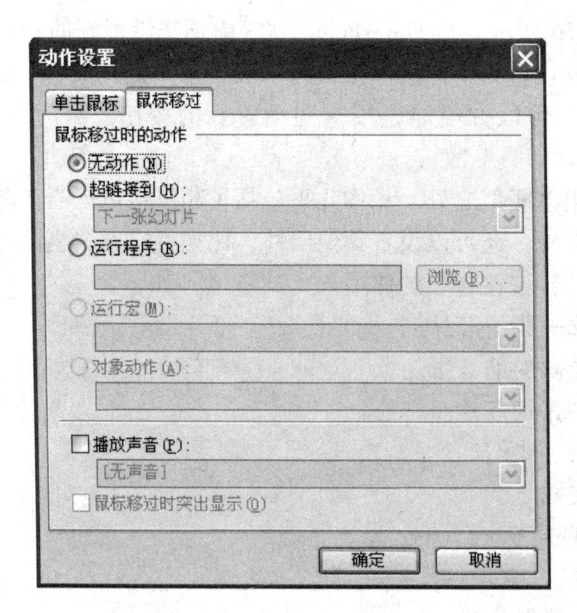

图 7-17 【动作设置】对话框

- 要选择鼠标移过时动作按钮的行为，可单击【鼠标移过】选项卡。
- 要选择动作按钮在被单击时的行为，可单击【单击鼠标】选项卡。

要选择单击鼠标或鼠标移过动作按钮时所发生的操作，可执行下列操作之一：

- 如果不想进行任何操作，则选中【无动作】单选按钮。
- 要创建超链接，可选中【超链接到】单选按钮，然后选择超链接的目标。

- 要运行程序，可选中【运行程序】单选按钮，单击【浏览】按钮，然后找到要运行的程序。
- 要运行宏，可选中【运行宏】单选按钮，然后选择要运行的宏。
- 如果希望将选择的形状用作执行动作的动作按钮，则可选中【对象动作】单选按钮，然后选择要通过该按钮执行的动作。
- 要播放声音，可选中【播放声音】复选框，然后选择要播放的声音。

7.3.2 为文本建立超链接

为文本添加超链接的具体操作步骤如下：

步骤1 在【普通视图】的幻灯片窗格内选中要添加超链接的文本。

步骤2 打开【插入超链接】对话框，如图7-18所示，有3种方法，具体操作方法如下：

方法1 单击【常用】工具栏中的【插入超链接】按钮。

方法2 选择【插入】→【超链接】菜单命令。

方法3 在选中文字上单击鼠标右键，在弹出的快捷菜单中选择【超链接】命令。

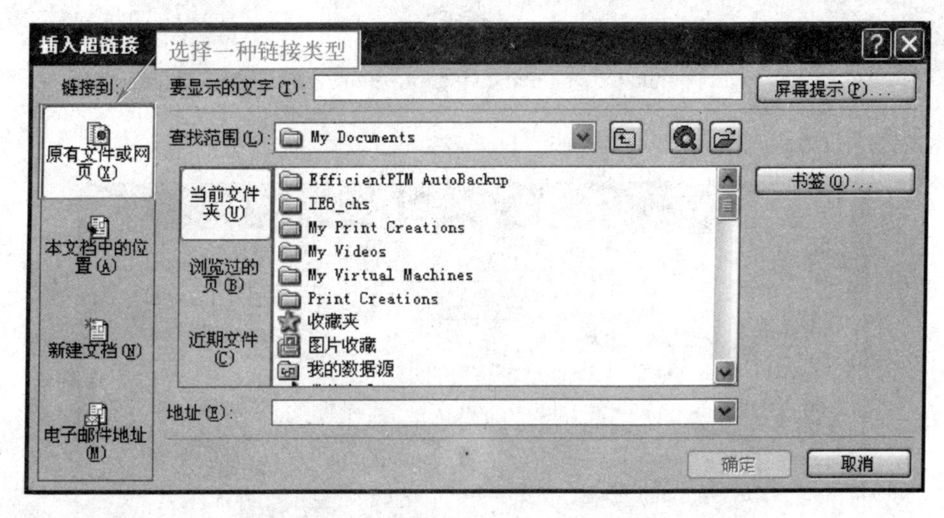

图7-18 【插入超链接】对话框

步骤3 在【链接到】列表中选择超链接类型。

步骤4 如果超链接为内部链接，在【请选择文档中的位置】列表框中选择超链接到的幻灯片，单击【确定】按钮。

步骤5 文本添加超链接后的幻灯片如图7-19所示，超链接的文本字体的颜色将按配色方案发生变化，并增加了下划线。

修改文本超链接的颜色具体操作步骤如下：

步骤1 单击【格式】工具栏中的【设计】按钮 设计(S)，打开【幻灯片设计】面板，如图7-20所示。

步骤2 单击【配色方案】超链接，在面板下显示【应用配色方案】列表框。

步骤3 单击【编辑配色方案】链接，打开【编辑配色方案】对话框，如图7-21所示。

图 7-19　添加超链接后的幻灯片

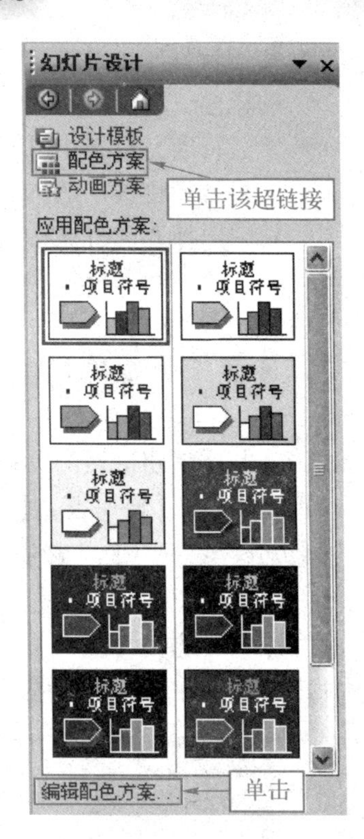

图7-20　【幻灯片设计】面板

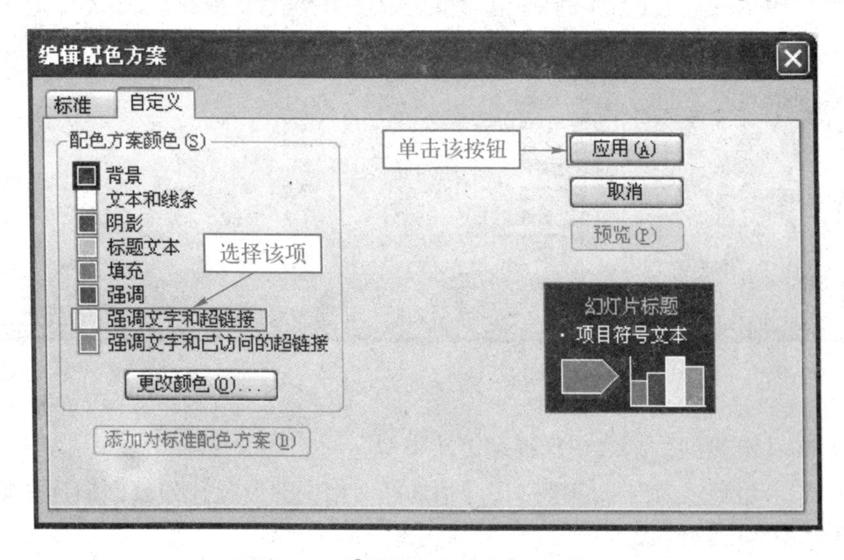

图 7-21　【编辑配色方案】对话框

步骤 4　在【配色方案颜色】列表框中选择【强调文字和超链接】，单击【更改颜色】按钮，修改超链接的显示颜色，然后单击【应用】按钮，关闭对话框，完成修改。

7.3.3　为图片建立超链接

为图片添加超链接和为文本添加超链接的方法类似，首先要打开【插入超链接】对话框，如图 7-18 所示，在这里就不介绍了，打开【插入超链接】对话框后，单击【书签】按钮，打开【在文档中选择位置】对话框，如图 7-22 所示，选择演示文稿的内部书签，单击【确定】按钮。

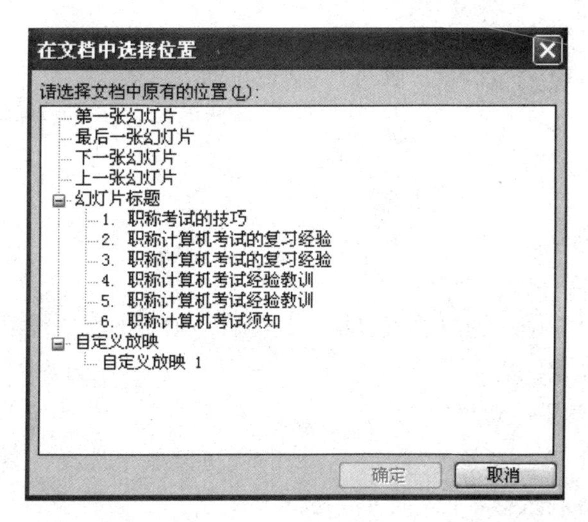

图 7-22　【在文档中选择位置】对话框

单击【链接到】列表框中的【电子邮件地址】选项，如图 7-23 所示。

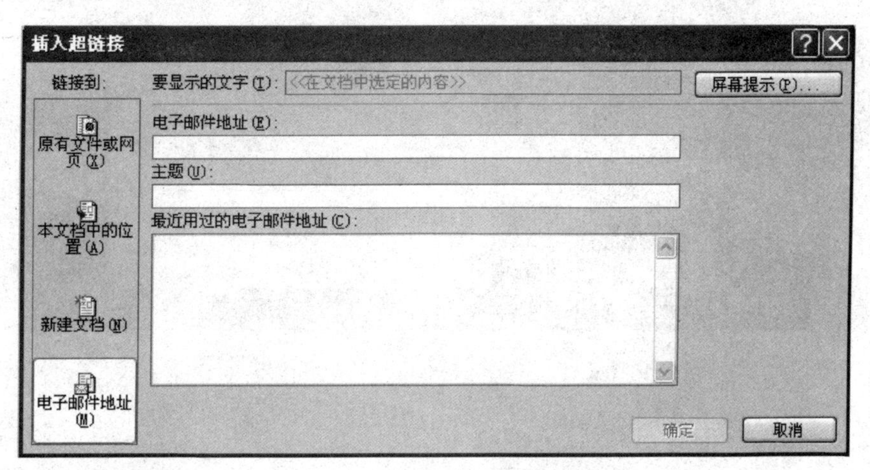

图 7-23　单击【电子邮件地址】选项

如图 7-18 所示，在【地址】输入框中输入外部网站地址，也可以在放映时访问 Web 网页。

7.4 演示文稿放映的开始、控制及结束

7.4.1　开始放映

放映幻灯片有 5 种方法，具体操作方法如下：

方法 1　单击幻灯片窗口左下角的【从当前幻灯片开始幻灯片放映】按钮。

方法 2　按〈Shift + F5〉快捷键。

方法 3　选择【幻灯片放映】→【观看放映】菜单命令。

方法 4　按〈F5〉快捷键。

方法 5　单击面板中的【幻灯片放映】按钮。

上述方法中方法 1、方法 2、方法 5 都是从当前的幻灯片进行放映，方法 3 和方法 4 是从第 1 张幻灯片开始播放的。

7.4.2　放映中的控制

在幻灯片放映的过程中，用户也可以根据需要对个别幻灯片进行控制，如调整幻灯片的顺序、使用绘图笔、添加演讲者备注等。

1. 控制放映顺序与重新定位放映

在放映的幻灯片上单击鼠标右键，在弹出的快捷菜单中选择【定位至幻灯片】命令，在弹出的级联菜单中重新选择定位一张开始放映的幻灯片，如图 7–24 所示。

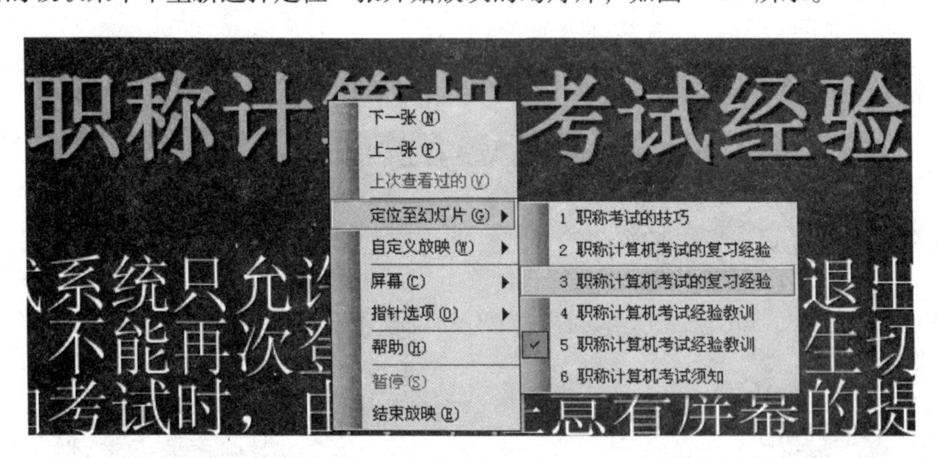

图 7–24　【定位至幻灯片】级联菜单

2. 使用绘图笔

如果在放映时有需要标记的地方，可以利用绘图笔功能来实现，如利用荧光笔将“考试系统”标记，具体操作步骤如下：

步骤 1　在放映的幻灯片上单击鼠标右键，在弹出的快捷菜单中选择【指针选项】→【荧光笔】命令，如图 7–25 所示。

步骤 2　在屏幕上拖动鼠标绘制“考试系统”4 个字，为幻灯片做出标记，如图 7–26 所示。

步骤 3　结束放映时会弹出提示对话框提示是否保留墨迹注释，如图 7–27 所示。

3. 改变绘图笔颜色

如果绘图笔不是自己想要的颜色，可以根据需要来修改颜色，修改颜色有两种方法，具体操作方法如下：

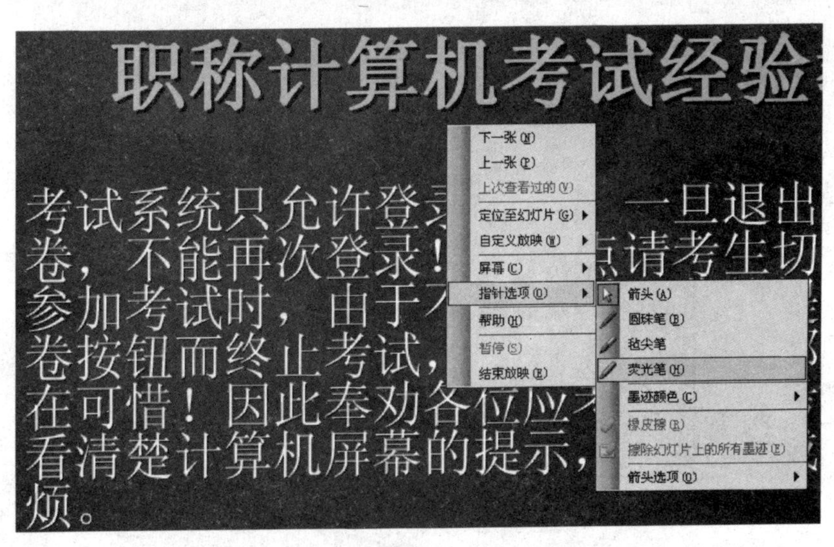

图7-25 【指针选项】菜单

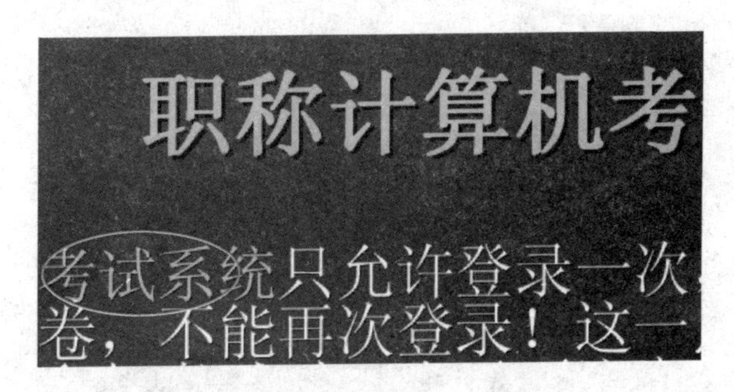

图7-26 绘制后的文字

图7-27 提示对话框

方法1 选择【幻灯片放映】→【设置放映方式】菜单命令，打开【设置放映方式】对话框，在【放映选项】设置区中单击【绘图笔颜色】列表框，在弹出的下拉列表框中选择需要的颜色，如图7-28所示。

方法2 在放映的幻灯片上单击鼠标右键，在弹出的快捷菜单中选择【指针选项】→【墨迹颜色】，选择需要的颜色，如图7-29所示。

4. 擦除墨迹

如果将绘制的标记擦除，可以在放映的幻灯片上单击鼠标右键，在弹出的快捷菜单中选择【指针选项】→【橡皮擦】命令，如图7-30所示。用【橡皮擦】工具擦除绘图笔墨迹。

5. 添加演讲者备注

为演讲者添加备注的具体操作步骤如下：

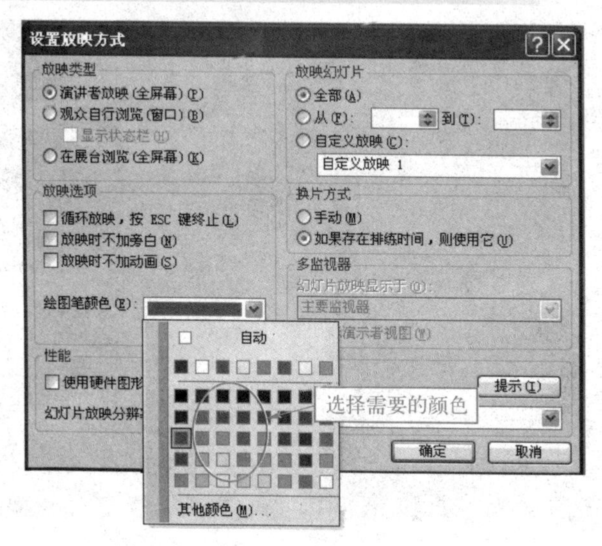

图 7-28 【绘图笔颜色】下拉列表框

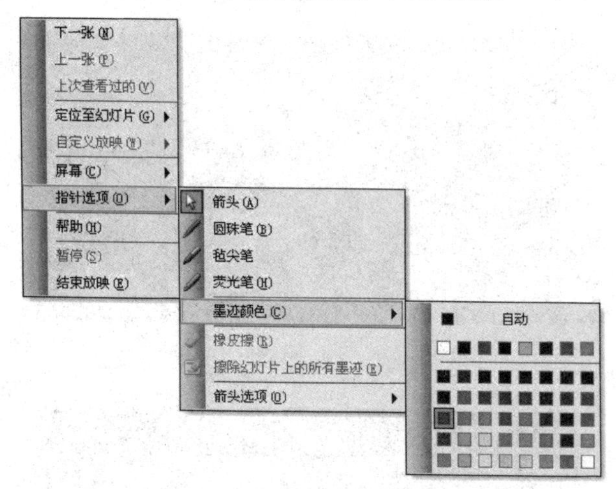

图 7-29 【指针选项】菜单

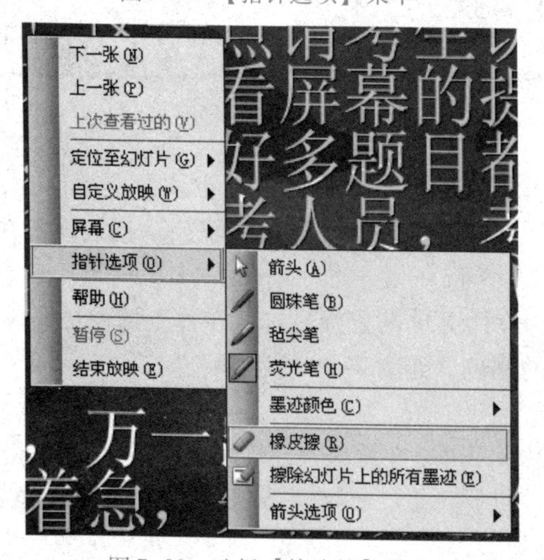

图 7-30 选择【橡皮擦】命令

步骤1 在放映的幻灯片上单击鼠标右键，在弹出的快捷菜单中选择【屏幕】→【演讲者备注】命令，打开【演讲者备注】对话框，如图7-31所示。

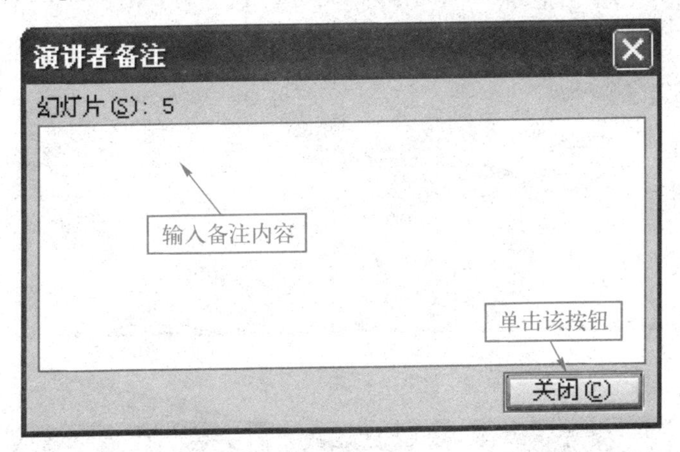

图7-31 【演讲者备注】对话框

步骤2 在【幻灯片】文本框中输入备注的内容，单击【关闭】按钮。

7.4.3 结束放映

要结束放映中的幻灯片，具体操作方法如下：

方法1 按〈Esc〉键。

方法2 按〈Ctrl + Break〉快捷键。

方法3 在幻灯片上单击鼠标右键，在弹出的快捷菜单中选择【结束放映】命令。

7.5 演示文稿的打包放映

7.5.1 打包演示文稿

制作完成的演示文稿，可以脱离PowerPoint环境，打包形成专门的演示文件在Windows下直接进行演示，打包到文件夹的具体操作步骤如下：

步骤1 选择【文件】→【打包成CD】菜单命令，打开【打包成CD】对话框，如图7-32所示。

步骤2 单击【添加文件】按钮，打开【添加文件】对话框，从中添加需要打包的文件。

步骤3 单击【选项】按钮，打开【选项】对话框，如图7-33所示，设置打包选项。

步骤4 选中【PowerPoint播放器】复选框，方便在未安装PowerPoint的计算机上播放。

步骤5 选中【链接的文件】、【嵌入的TrueType字体】复选框，以方便计算机使用复杂字体。可以根据需要对打包的文稿设置密码，在【打开文件的密码】文本框中输入要设置的密码。

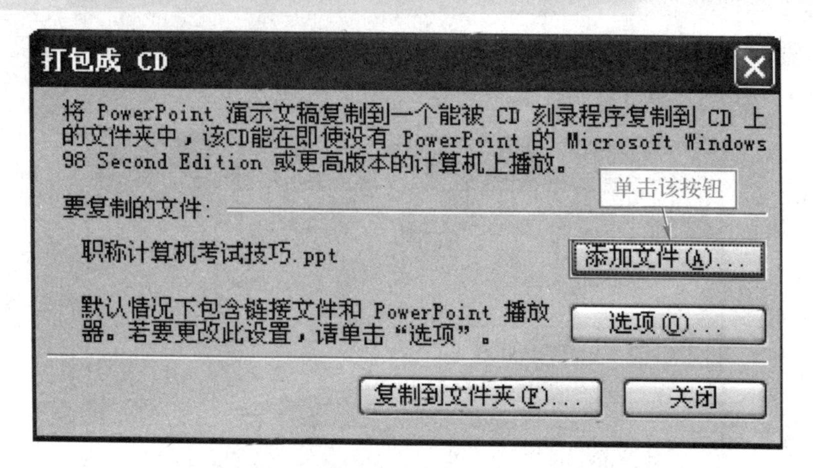

图 7-32 【打包成 CD】对话框

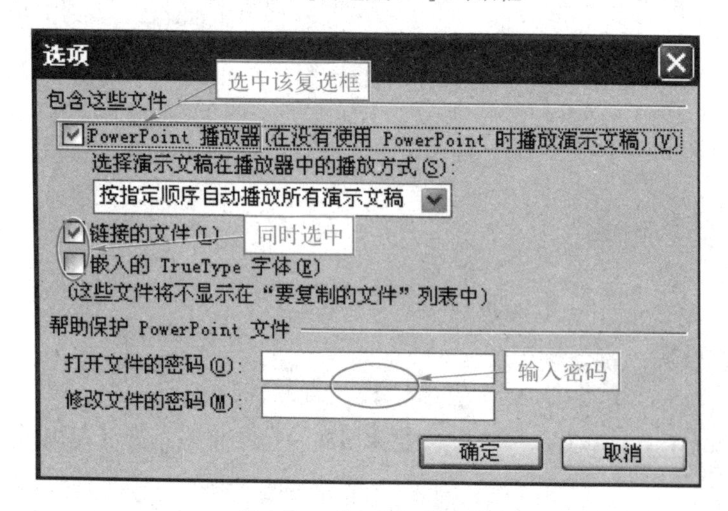

图 7-33 【选项】对话框

步骤 6 单击【复制到文件夹】按钮，打开【复制到文件】对话框，如图 7-34 所示。

图 7-34 【复制到文件夹】对话框

步骤 7 单击【浏览】按钮，选中打包文件的保存位置，单击【确定】按钮。

步骤 8 自动打开文件复制提示框，完成后自动关闭，单击【关闭】按钮。

7.5.2 放映打包的演示文稿

将打包的演示文稿放映的具体操作步骤如下：

步骤 1 打包后的演示文稿是一个文件夹，双击这个文件夹后，文件夹中会显示如图 7-35 所示的文件。

图 7-35 双击打包的演示文稿

步骤 2 双击 pptview.exe，打开选择放映文件对话框，如图 7-36 所示，从中选择要放映的演示文稿文件，单击【打开】按钮。

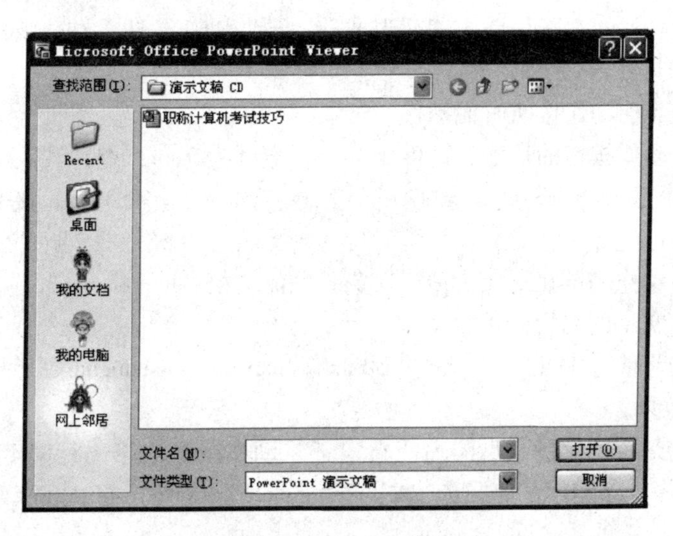

图 7-36 选择放映文件对话框

7.6 上机练习

1. 从第一张幻灯片开始放映，然后转到自定义放映。
2. 新建一个名称为“CPU”的自定义放映，放映顺序为 1、2、3、4、5、6。
3. 设置当前演示文稿的放映类型为“观众自行浏览方式”，循环放映，按〈Esc〉键终止。

4. 在当前幻灯片放映状态下，将鼠标箭头设置为“可见”。

5. 首先将当前演示文稿的放映方式设置为：在展台浏览（全屏幕），手动换片，然后从第一张幻灯片开始放映。

6. 在当前演示文稿的放映方式设置为：观众自行浏览（窗口）、手动换片、放映时添加旁白、放映第2张到第6张幻灯片。

7. 排练计时前5张幻灯片，时间分别是4、3、5、6、2并保留其排练时间。

8. 设置当前幻灯片的第2、5、6张幻灯片为自定义放映，名称默认，并直接放映。

9. 在当前幻灯片开始录制旁白，设置录音质量属性为：8.000 kHz，16位，立体声，31 Kb/s，并将此设置保存，命名为：录制旁白设置。

10. 从当前幻灯片开始放映并录制旁白，将旁白链接到本演示文稿（默认文件）。

11. 在幻灯片放映时使用绘画笔，设置为“圆珠笔，蓝色”在文字下方画一条线。

12. 擦除幻灯片上所有墨迹。

13. 将当前演示文稿打包为CD，并设置不自动播放。

14. 将当前演示文稿打包到我的文档，文件名称为“打包演示文稿”，打包时不包含PowerPoint播放器。

15. 在当前添加“我的文档/示例.ppt”文件，两个演示文稿一起打包到“我的文档”打包文件名称为“演示文稿及示例”。

16. 在当前幻灯片的右下角插入“后退或前一项”动作按钮，在放映幻灯片时单击鼠标可跳转到上一张幻灯片。

17. 设置单击当前动作按钮时无动作。

18. 调整当前动作按钮的尺寸，高度为4 cm，宽度为5 cm，查看其效果。

19. 在幻灯片左下角添加信息按钮（第一行最后一个），链接到URL为：http://www.cctykw.com。

20. 更改选中动作的链接对象为声音对象：我的文档：hey oh.mp3。

21. 删除当前文字的超级链接。

22. 设置单击当前选中文字时，链接到邮箱“mailto：shishanghai@163.com”，放映当前幻灯片查看设置效果。

23. 为当前幻灯片文字的最后添加“自定义”动作按钮（第1行第1列），单击鼠标后打开“Word”程序，该程序的路径为“C:\Programe Files\Microsoft Office\OFFICE11”。

上机操作提示（具体操作请参考随书光盘中【手把手教学】第7章01~23题）

1. 步骤1 选择【幻灯片放映】→【观看放映】菜单命令。

步骤2 在幻灯片上单击鼠标右键，在弹出的快捷菜单中选择【定位至幻灯片】→【8 茶文化】命令。

2. 步骤1 选择【幻灯片放映】→【自定义放映】菜单命令，打开【自定义放映】对话框。

步骤2 单击【新建】按钮，打开【定义自定义放映】对话框。

步骤3 在【在演示文稿中的幻灯片】列表中双击【1. 实验报告】，在【在演示文稿中的幻灯片】列表中双击【2. 标题】，在【在演示文稿中的幻灯片】列表中双击【3. 实验目的】，在【在演示文稿中的幻灯片】列表中双击【4. 实验用仪器及材料】，在【在演示文稿中的幻灯片】列表中双击【5. 实验方法】，在【在演示文稿中的幻灯片】列表中双击【6. 实验步骤】。

步骤4 在【幻灯片放映名称】文本框中输入“CPU”，单击【确定】按钮，返回到【自定义放映】对话框。

步骤5 单击【关闭】按钮。

3. 步骤1 选择【幻灯片放映】→【设置放映方式】菜单命令，打开【设置放映方式】对话框。

步骤2 在【放映类型】设置区中选中【观众自行浏览】单选按钮，在【放映选项】设置区中选中【循环放映，按Esc键终止】复选框。

步骤3 单击【确定】按钮。

4. 步骤 在幻灯片任意位置上单击鼠标右键，在弹出的快捷菜单中选择【指针选项】→【箭头选项】→【可见】命令。

5. 步骤1 选择【幻灯片放映】→【设置放映方式】菜单命令，打开【设置放映方式】对话框。

步骤2 在【放映类型】设置区中选中【在展台浏览（全屏幕）】单选按钮，在【放映类型】设置区中选中【观众自行浏览】单选按钮，在【换片方式】设置区中选中【手动】单选按钮，单击【确定】按钮。

步骤3 选择【幻灯片放映】→【观看放映】菜单命令。

6. 步骤1 选择【幻灯片放映】→【设置放映方式】菜单命令，打开【设置放映方式】对话框。

步骤2 在【放映类型】设置区中选中【观众自行浏览】单选按钮，在【放映选项】设置区中取消已选中【放映时不加旁白】复选框，在【换片方式】设置区中选中【手动】单选按按钮，在【放映幻灯片】设置区中将“从”数值框中的内容修改为“2”，将“到”数值框中的内容修改为“6”。

步骤3 单击【确定】按钮。

7. 步骤1 选择【幻灯片放映】→【排练计时】菜单命令。

步骤2 等待预演时间变为【0:00:04】时，单击【预演】工具栏中的【下一项】按钮，等待预演时间变为【0:00:03】时，单击【预演】工具栏中的【下一项】按钮，等待预演时间变为【0:00:05】时，单击【预演】工具栏中的【下一项】按钮，等待预演时间变为【0:00:06】时，单击【预演】工具栏中的【下一项】按钮。

步骤3 等待预演时间变为【0:00:02】时，单击【预演】工具栏中的【关闭】按钮。

步骤4 在弹出的对话框中单击【是】按钮。

8. 步骤1 选择【幻灯片放映】→【自定义放映】菜单命令，打开【自定义放映】对话框。

步骤2 单击【新建】按钮，打开【定义自定义放映】对话框。

步骤3 在【在演示文稿中的幻灯片】列表中依次双击【2. 百科名片】、【5. 茶文化】和【6. 幻灯片6】，然后单击【确定】按钮，返回到【自定义放映】对话框。

步骤4 单击【放映】按钮。

9. 步骤1 选择【幻灯片放映】→【录制旁白】菜单命令，打开【录制旁白】对话框。

步骤2 单击【更改质量】按钮，打开【声音选定】对话框。

步骤3 单击【属性】列表框，在弹出的列表中选择【8.000 kHz，16 位立体声 31 Kb/s】，单击【另存为】按钮，打开【另存为】对话框。

步骤4 在【将这个格式另存为】文本框中输入“录制旁白设置”，单击【确定】按钮，返回到【声音选定】对话框，单击【确定】按钮，返回到【录制旁白】对话框。

步骤5 单击【确定】按钮。

10. 步骤1 选择【幻灯片放映】→【录制旁白】菜单命令，打开【录制旁白】对话框。

步骤2 选中【链接旁白】复选框，单击【确定】按钮。

11. 步骤1 在幻灯片任意位置上单击鼠标右键，在弹出的快捷菜单中选择【指针选项】→【圆珠笔】命令。

步骤2 在幻灯片任意位置上单击鼠标右键，在弹出的快捷菜单中选择【指针选项】→【墨迹颜色】→【蓝色】命令。

步骤3 在文字下方拖动鼠标绘制一条线。

12. 步骤 在幻灯片任意位置上单击鼠标右键，在弹出的快捷菜单中选择【指针选项】→【擦除幻灯片上的所有墨迹】命令。

13. 步骤1 选择【文件】→【打包成 CD】菜单命令，打开【打包成 CD】对话框。

步骤2 单击【选项】按钮，打开【选项】对话框。单击【选择演示文稿在播放器中的播放方式】列表框，在弹出的列表中选择【不自动播放 CD】，单击【确定】按钮，返回到【打包成 CD】对话框。

步骤3 单击【复制到文件夹】按钮，打开【复制到文件夹】对话框，单击【确定】按钮，返回到【打包成 CD】对话框。

步骤4 单击【关闭】按钮。

14. 步骤1 单击【文件】→【打包成 CD】菜单命令，打开【打包成 CD】对话框。

步骤2 单击【选项】按钮，打开【选项】对话框。取消已选中【PowerPoint 播放器】复选框，单击【确定】按钮，返回到【打包成 CD】对话框，单击【复制到文件夹】按钮，打开【复制到文件夹】对话框，将【文件夹名称】文本框中的内容修改为“打包演示文稿”，单击【确定】按钮，返回到【打包成 CD】对话框。

步骤3 单击【关闭】按钮。

15. 步骤1 选择【文件】→【打包成 CD】菜单命令，打开【打包成 CD】对话框。

步骤2 单击【添加文件】按钮，打开【添加文件】对话框，双击【示例 . ppt】，返回到【打包成 CD】对话框。单击【复制到文件夹】按钮，打开【复制到文件夹】对话框。

步骤3 单击【浏览】按钮，打开【选择位置】对话框，双击【我的文档】，返回到【复制到文件夹】对话框，将【文件夹名称】文本框中的内容修改为“演示文稿及示例”，单击【确定】按钮，返回到【打包成 CD】对话框。

步骤4 单击【关闭】按钮。

16. 步骤1 选择【幻灯片放映】→【动作按钮】→【后退或前一项】菜单命令。

步骤2 在幻灯片右下角绘制一个动作按钮，打开【动作设置】对话框。

步骤3 选中【超链接到】单选按钮，单击【超链接到】列表框，在弹出的列表中选择【上一张幻灯片】。

步骤4 单击【确定】按钮。

17. 步骤1 单击左下角的动作按钮，选择【幻灯片放映】→【动作设置】菜单命令，打开【动作设置】对话框。

步骤2 选中【无动作】单选按钮，单击【确定】按钮。

18. 步骤1 选择【格式】→【自选图形】菜单命令，打开【设置自选图形格式】对话框。

步骤2 单击【尺寸】选项卡，将【尺寸和旋转】设置区中【高度】数值框中的内容修改为“4 厘米”，将【尺寸和旋转】设置区中【宽度】数值框中的内容修改为“5 厘米”。

步骤3 单击【确定】按钮。

19. 步骤1 选择【幻灯片放映】→【动作按钮】→【动作按钮：信息】菜单命令。

步骤2 在幻灯片左下角绘制一个动作按钮，打开【动作设置】对话框。

步骤3 选中【超链接到】单选按钮，单击【超链接到】列表框，在弹出的列表中选择【UPL】，打开【超链接到 UPL】对话框。

步骤4 在【UPL】文本框中输入“http://www. cctykw. com”，单击【确定】按钮，返回到【动作设置】对话框。

步骤5 单击【确定】按钮。

20. 步骤1 选择【幻灯片放映】→【动作设置】菜单命令，打开【动作设置】对话框。

步骤2 选中【超链接到】单选按钮，单击【超链接到】列表框，在弹出的列表中选择【其他文件】，打开【超链接到其他文件】对话框。双击【hey oh. mp3】，返回到【动作设置】对话框。

步骤3 单击【确定】按钮。

21. 步骤1 单击【常用】工具栏中的【插入超链接】按钮，打开【插入超链接】对话框。

步骤2 单击【删除链接】按钮。

22. 步骤1 单击【常用】工具栏中的【插入超链接】按钮，打开【插入超链接】对话框。

步骤2 在【链接到】列表框中选择【电子邮件地址】选项，在【电子邮件地址】文本框中输入“mailto:shishanghai@163. com”，单击【确定】按钮。

步骤3 按快捷键〈Shift + F5〉，单击文字链接【送别】。

23. 步骤1 单击【绘图】工具栏中的【自选图形】按钮，在弹出的下拉菜单中选择【动作按】→【动作按钮：自定义】命令。

步骤2 在幻灯片文字末尾处绘制一个动作按钮，打开【动作设置】对话框。

步骤3 选中【运行程序】单选按钮，单击【浏览】按钮，打开【选择一个要运行的程序】对话框。双击【Program Files】文件夹，双击【Microsoft Office】文件夹，双击【OFFICE11】文件夹，双击【WINWORD. EXE】，返回到【动作设置】对话框。

步骤4 单击【确定】按钮。

第8章 PowerPoint 2003的协同工作

本章详细讲解 PowerPoint 2003 中设置演示文稿属性与安全选项、恢复意外受损的演示文稿、演示文稿的合并、审阅及在 Web 网上工作等功能。读者可以一边阅读教材，一边在配套的光盘上操作练习，效果最佳。

8.1 设置演示文稿属性与安全选项

8.1.1 添加演示文稿的属性与个人信息

文件属性包含文档的简明信息，如作者、出版社、关键字等，在传递和使用文档时通过查看文档的属性便可以更好地了解文档的用途以便管理文件。

(1) 手动填写演示文稿摘要

具体操作步骤如下：

步骤1 选择【文件】→【属性】菜单命令，打开【属性】对话框。

步骤2 单击【摘要】选项卡，在【标题】等各个文本框中输入文档信息，如图8-1所示。

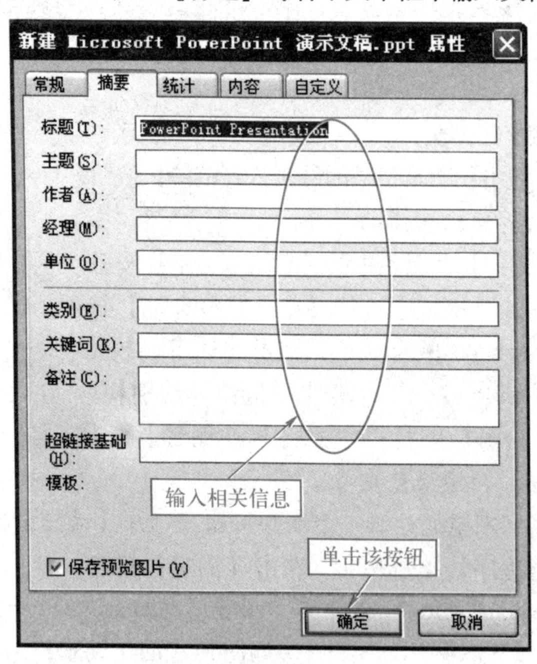

图8-1 【摘要】选项卡

步骤 3 单击【确定】按钮或按〈Enter〉键，保存并应用所设置的文档属性值。

(2) 添加文件的自定义属性

具体操作步骤如下：

步骤 1 选择【文件】→【属性】菜单命令，打开【属性】对话框。

步骤 2 单击【自定义】选项卡，如图 8-2 所示。

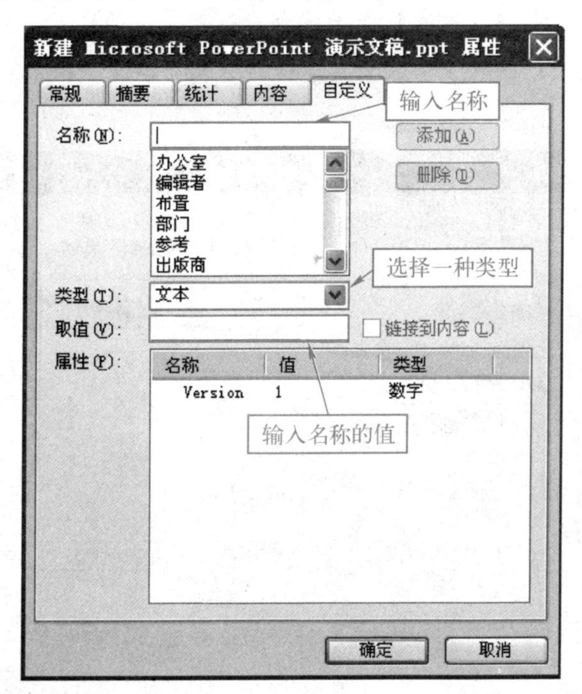

图 8-2 【自定义】选项卡

步骤 3 在【名称】文本框中输入名称，在【类型】下拉列表框中选择名称的取值类型，在【取值】文本框中输入名称的值。

步骤 4 单击【添加】按钮，将自定义的属性添加到【属性】列表中。

在演示文稿中有几项属性是只能查看不能修改的，如图 8-3 所示。

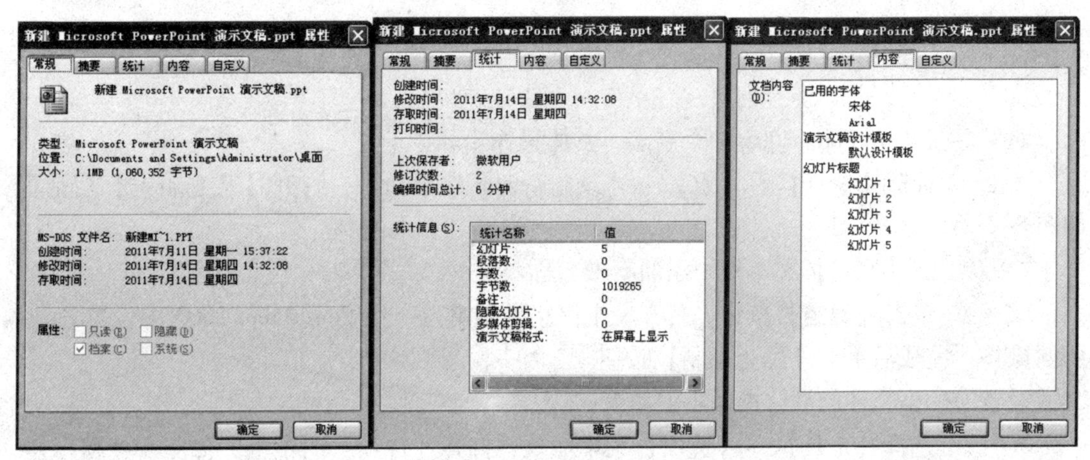

图 8-3 查看演示文稿的只读属性

8.1.2 设置演示文稿的安全性选项

为了保证文档的安全，在【选项】对话框的【安全性】选项卡中可以进行安全选项设置，具体操作步骤如下：

步骤1 选择【工具】→【选项】菜单命令，打开【选项】对话框。

步骤2 在【安全性】选项卡中选中【保存时从文件属性中删除个人信息】复选框，如图 8-4 所示。

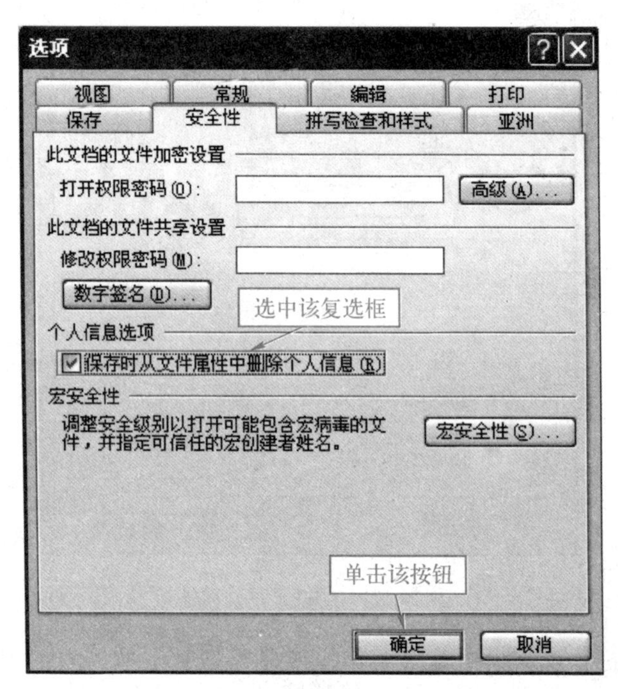

图 8-4 【安全性】选项卡

步骤3 单击【确定】按钮。

8.1.3 宏的录制及安全性设置

如果要在 PowerPoint 2003 中录制宏，具体操作步骤如下：

步骤1 选择【工具】→【宏】→【录制新宏】菜单命令，打开【录制新宏】对话框，如图 8-5 所示。

步骤2 在【宏名】文本框中添加新宏名称。

步骤3 单击【确定】按钮，打开一个停止录制窗口。在 PowerPoint 2003 中设置各种需要的操作，完成后单击【停止录制】按钮。

设置宏的安全性的具体操作步骤如下：

步骤1 选择【工具】→【选项】菜单命令，打开【选项】对话框，如图 8-4 所示。

步骤2 单击【宏安全性】按钮，打开【安全性】对话框，如图 8-6 所示。

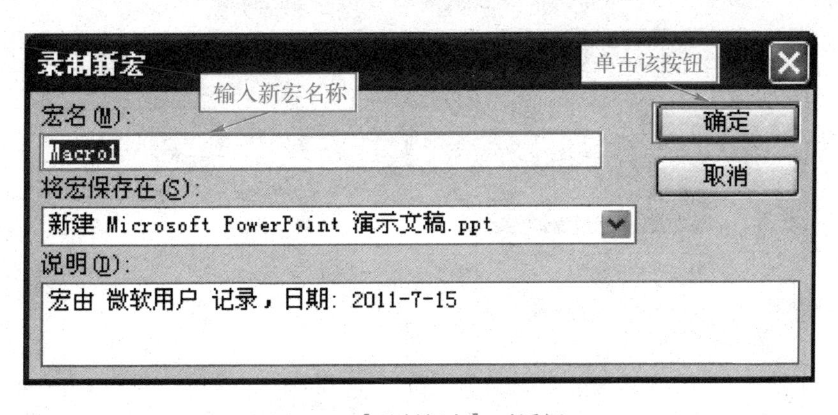

图 8-5 【录制新宏】对话框

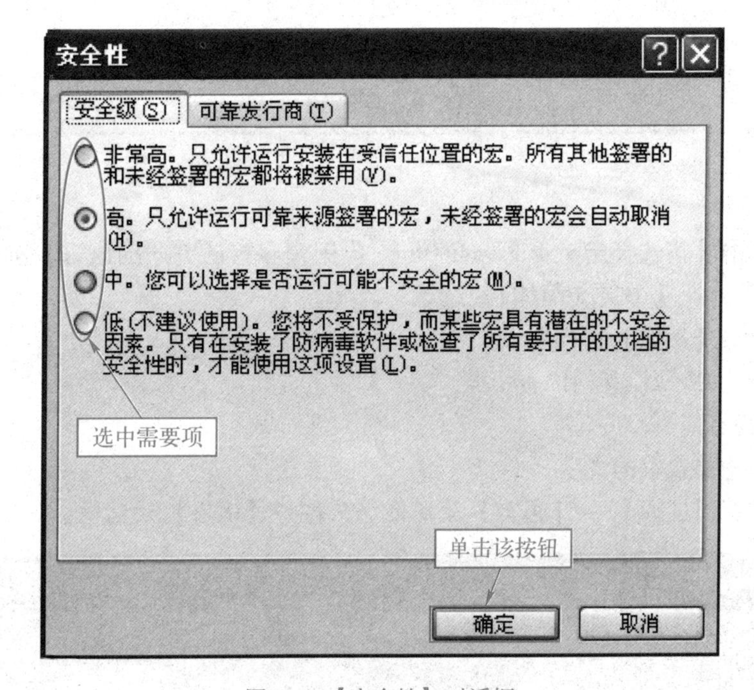

图 8-6 【安全性】对话框

步骤3 选中安全等级单选按钮。

步骤4 单击【确定】按钮。

8.1.4 设置与特定语言相关的功能

(1) 设置默认的简体中文为工作语言

具体操作步骤如下：

步骤1 依次选择【开始】→【所有程序】→【Microsoft Office】→【Microsoft Office 工具】→【Microsoft Office 2003 语言设置】，打开【Microsoft Office 2003 语言设置】对话框，如图 8-7 所示。

步骤2 单击【可用语言】选项卡。

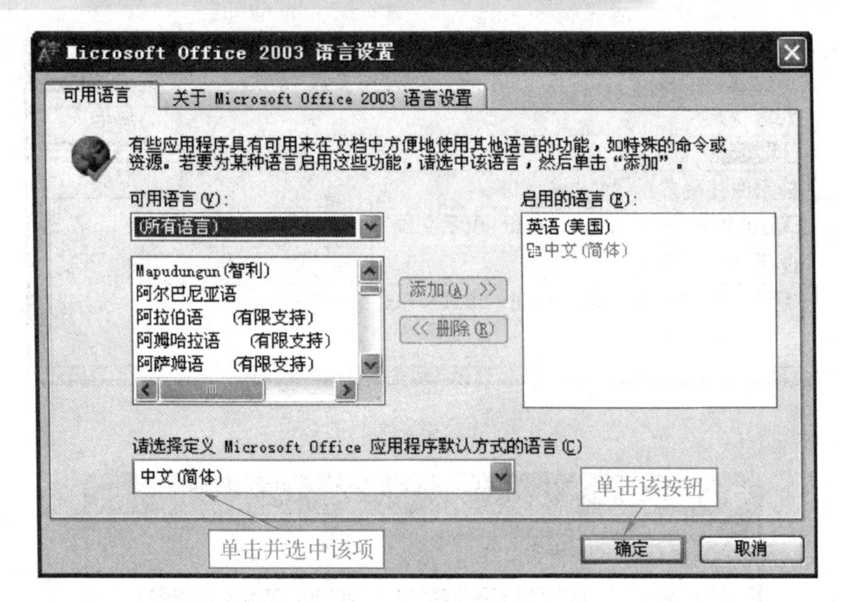

图 8-7 【Microsoft Office 2003 语言设置】对话框

步骤3 单击【请选择定义 Microsoft Office 应用程序默认方式的语言】列表框，在弹出的下拉列表框中选择【中文（简体）】选项。

步骤4 单击【确定】按钮。

(2) 更改自动拼写检查的语言字典

具体操作步骤如下：

步骤1 选中要设置的文字。

步骤2 选择【工具】→【语言】菜单命令，打开【语言】对话框，如图 8-8 所示。

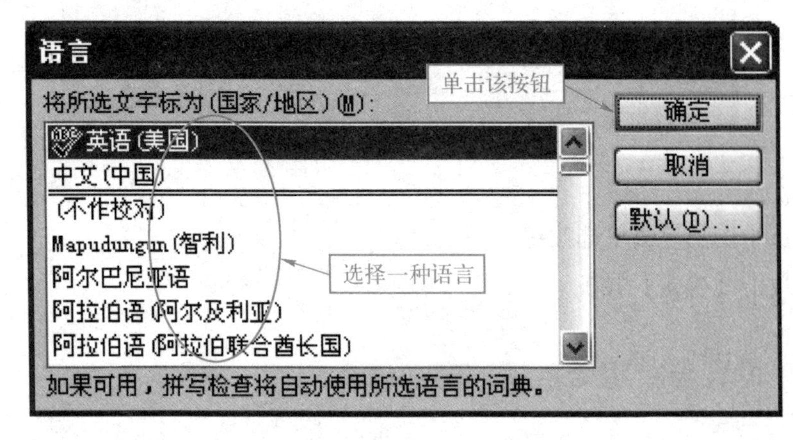

图 8-8 【语言】对话框

步骤3 在【将所选文字标为（国家/地区）】列表框中选择要更改的语言。

步骤4 单击【确定】按钮。

(3) 设置中文的特殊版式

具体操作步骤如下：

步骤1 选择【格式】→【换行】菜单命令，打开【亚洲换行符】对话框，如图 8-9 所示。

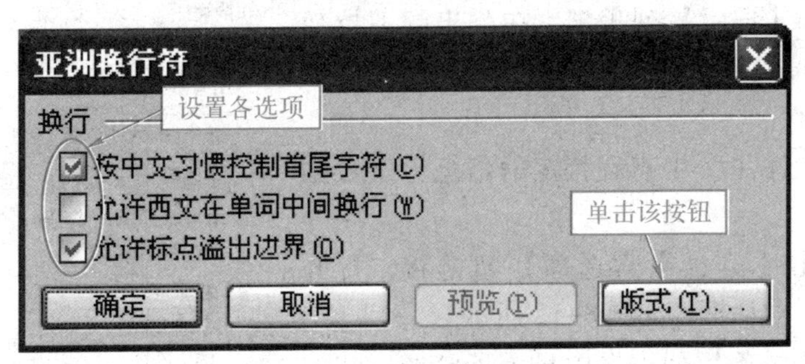

图 8-9 【亚洲换行符】对话框

步骤2 根据需要选中或取消【换行】设置区的项目。

步骤3 如果要处理个别标点符号的换行，则单击【版式】按钮，打开【版式】对话框，如图 8-10 所示。

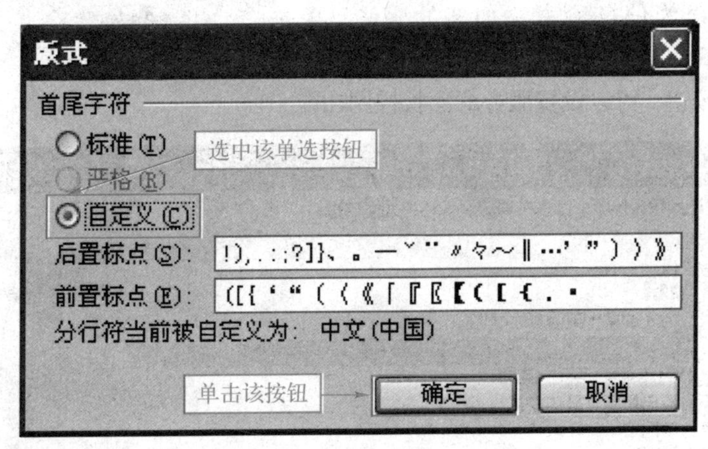

图 8-10 【版式】对话框

步骤4 选中【自定义】单选按钮，根据需要依次输入需要的标点。

步骤5 单击【确定】按钮。

8.1.5 PowerPoint 2003 的信息检索

在 PowerPoint 2003 中使用【信息检索】服务，可修改搜索范围以包含所需的多个资源或仅包含一个资源。来自多个资源的结果会以某种组织结构返回给用户，以便用户可快速地扫描信息并保持较高的工作效率。如果要使用【信息检索】服务，具体操作步骤如下：

步骤1 打开【信息检索】面板，如图 8-11 所示，具体操作方法如下：

方法1 选中要搜索的信息，按住〈Alt〉键的同时单击文本。

方法2 选择【工具】→【信息检索】菜单命令。

方法3　打开【任务窗格】，单击右上角的下拉箭头，在列表中单击【信息检索】。

步骤2　单击【搜索】列表框，在弹出的下拉列表框中可以选择搜索多个检索数据源或某个特定的数据源。

步骤3　在“标注”中查看特定的信息检索数据源结果。

步骤4　单击【信息检索选项】超链接，打开【信息检索选项】对话框，如图8-12所示。

步骤5　在【服务】列表框中显示了已经安装的搜索服务，可以根据需要选中或取消服务，选中某个服务，单击右侧的【属性】按钮，可以设置服务的属性。

步骤6　单击【信息检索选项】对话框中的【添加服务】按钮，可以为信息检索添加新的服务；单击【更新/删除】按钮，可以更新或删除所选的服务；单击【家长控制】按钮，可以设置服务的家长控制功能。

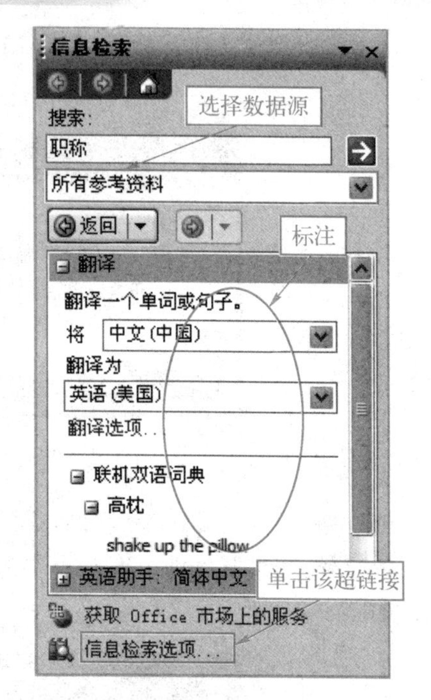

图8-11　打开【信息检索】面板

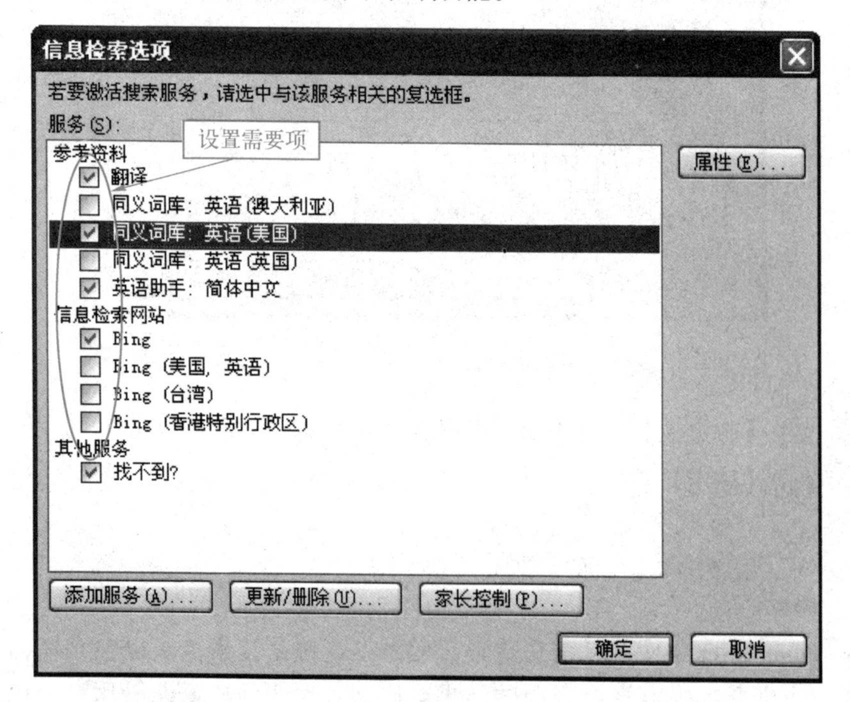

图8-12　【信息检索选项】对话框

8.2　恢复意外受损的演示文稿

如果在打开PPT文件时遇到意外情况，说明演示文稿可能已被破坏或损坏。使用已被损坏的演示文稿时出现的问题包括以下几种：

1）发生无效的页面错误、常规保护错误或非法指令等错误。

2）尝试打开演示文稿时，将出现以下错误信息之一：

- This is not a PowerPoint Presentation.
- PowerPoint cannot open the type of file represented by filename . ppt.
- Your system is low on virtual memory. To ensure that Windows runs properly, increase the size of your virtual memory paging file.
- Part of the file is missing.

3）发生内存不足或系统资源不足的错误。

如果只有一个演示文稿出现了这些意外情况，说明该演示文稿已被损坏。本文提供一些通用步骤，可以利用这些步骤试着恢复遭到破坏的演示文稿。不过，请记住，这些步骤并不保证能够成功恢复遭到破坏的文件。某些情况下，取决于具体的破坏类型，用户将无法恢复任何数据，必须重新创建遭到破坏的演示文稿。

8.2.1 启动【Microsoft Office 应用程序恢复】程序

利用【开始】菜单启动【Microsoft Office 应用程序恢复】程序，并恢复演示文稿，具体操作步骤如下：

步骤 1 选择【开始】→【所有程序】→【Microsoft Office】→【Microsoft Office 工具】→【Microsoft Office 应用程序恢复】菜单命令，打开【Microsoft Office 应用程序恢复】对话框，如图 8-13 所示。

图 8-13 【Microsoft Office 应用程序恢复】对话框

步骤 2 单击【恢复应用程序】按钮，恢复正在使用的文稿，打开【Microsoft Office PowerPoint】对话框，如图 8-14 所示。如果要放弃对文稿的保存及恢复，可以直接单击【结束应用程序】按钮。

步骤 3 要恢复文档，需要选中【恢复我的工作并重启 Microsoft Office PowerPoint】复选框。

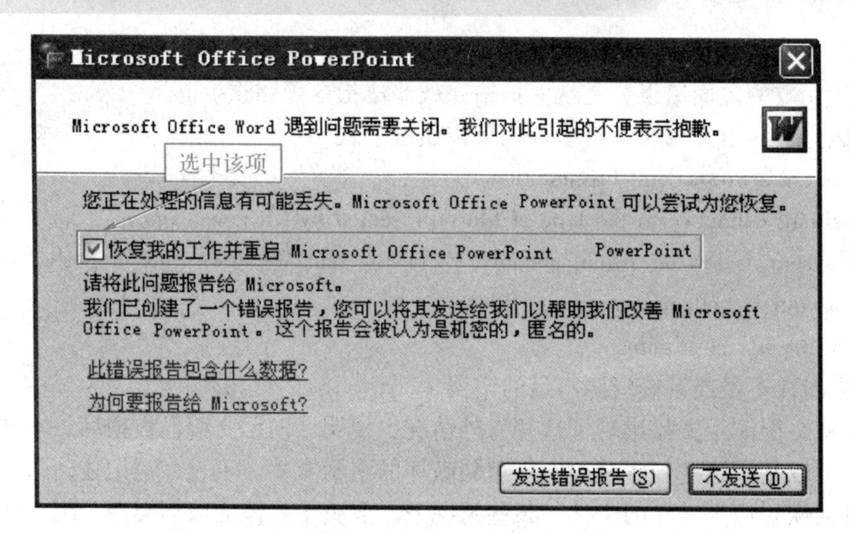

图 8-14 【Microsoft Office PowerPoint】对话框

8.2.2 使用【文档恢复】窗格恢复受损演示文稿

将受损的演示文稿重新打开，在【文档恢复】窗格中出现了要恢复的文稿，如图 8-15 所示。

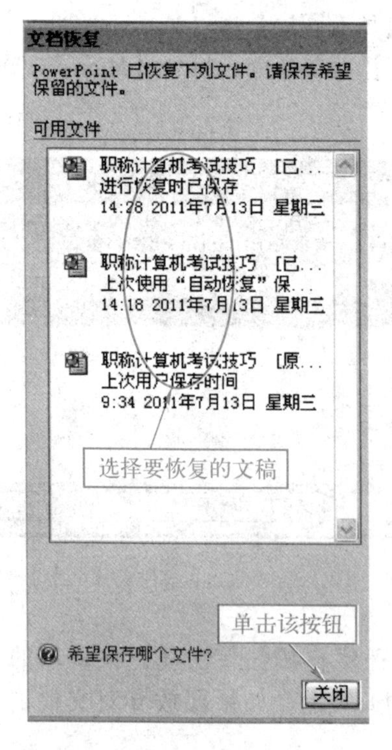

图 8-15 【文档恢复】窗格

在【文档恢复】窗格中单击要恢复的文稿，然后单击【关闭】按钮，打开一个提示对话框，如图 8-16 所示。可以根据需要选择是否保存，然后单击【确定】按钮，恢复的文稿被重新加载。

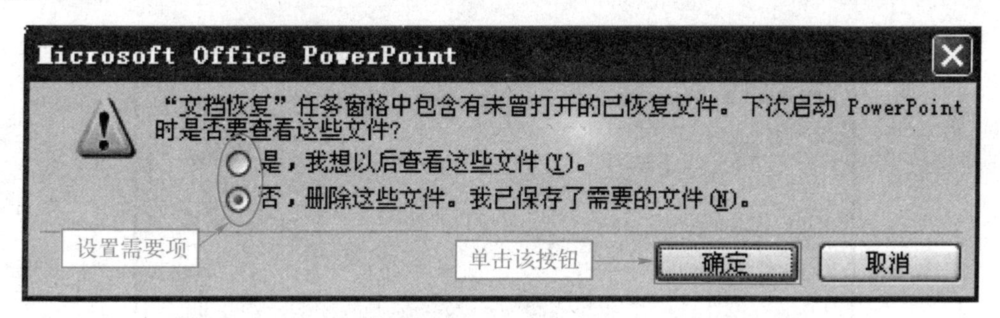

图 8-16　单击【关闭】按钮后打开的提示对话框

也可以直接将鼠标放在想要保存的文稿上，单击右侧的下拉箭头，在弹出的下拉菜单中选择【另存为】命令，如图 8-17 所示，打开【另存为】对话框，选择存放的位置，以便下次使用。

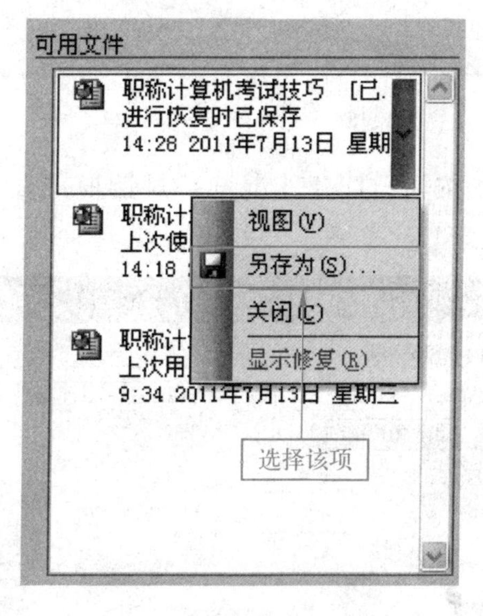

图 8-17　要另存的文稿

8.3　演示文稿的合并、修订及审阅设置

8.3.1　将多个演示文稿合二为一

有时希望将多个演示文稿合并为一个演示文稿。例如，将现有演示文稿中的幻灯片与来自不同文件的幻灯片合并成一个演示文稿，具体操作步骤如下：

步骤 1　打开用于组合的第一个演示文稿，选中组合后幻灯片所在的位置。

步骤 2　选择【插入】→【幻灯片（从文件）】菜单命令，打开【幻灯片搜索器】对话

框，如图 8-18 所示。

图 8-18 【幻灯片搜索器】对话框

步骤 3 单击【浏览】按钮，打开【浏览】对话框，选择要合并的演示文稿，如图 8-19 所示。

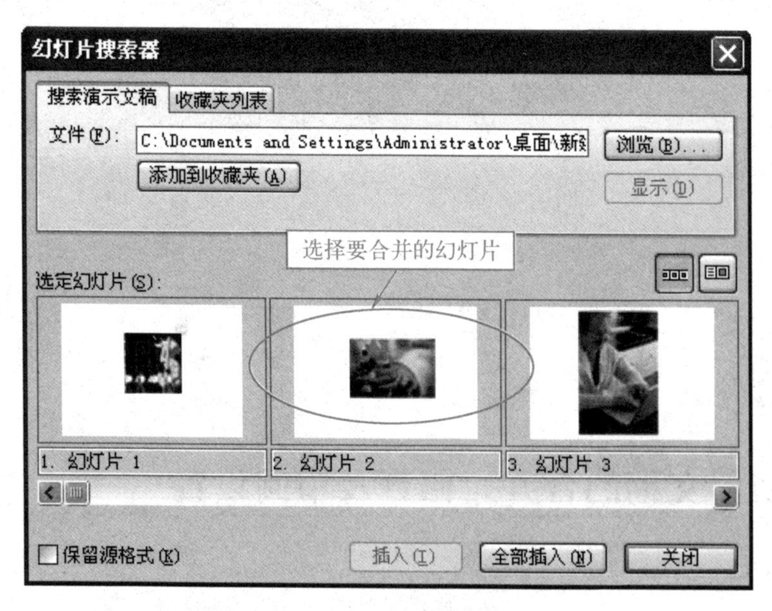

图 8-19 选择要合并的幻灯片

步骤 4 在【选定幻灯片】列表框中选择要合并的幻灯片，如果不是当前所显示的幻灯片，可以向右拖动滚动条选定需要的幻灯片，然后单击【插入】按钮，就可以将当前选中的幻灯片插入，如果要全部插入幻灯片，直接单击【全部插入】按钮即可。

步骤 5 单击【关闭】按钮。

8.3.2 添加及删除批注

(1) 为演示文稿添加批注

具体操作步骤如下：

步骤1 选中要插入批注的文本。

步骤2 选择【插入】→【批注】菜单命令或在【审阅】工具栏中单击【插入批注】按钮。

步骤3 在出现的批注框中单击并输入批注内容，如图8-20所示。

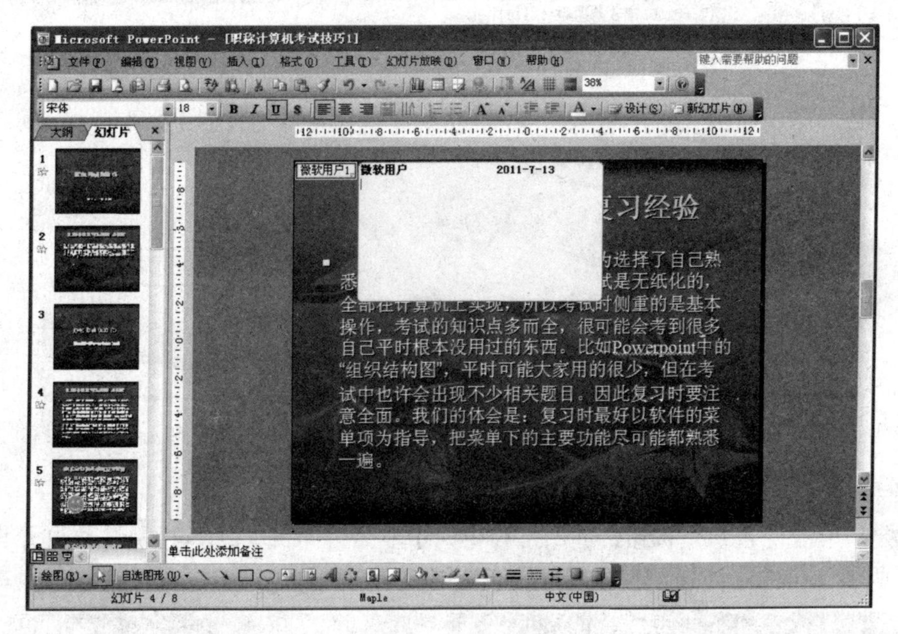

图8-20 添加批注

(2) 删除批注

具体操作方法如下：

方法1 在被批注文本上单击鼠标右键，在弹出的快捷菜单中选择【删除批注】命令，可以将批注删除。

方法2 单击【审阅】工具栏中的【删除批注】按钮，可以直接删除一个批注，要删除文稿中的多个批注，单击【审阅】工具栏中的【删除批注】按钮右侧的下拉箭头，在弹出的下拉菜单中选择【删除当前幻灯片中的所有标记】命令进行删除，如图8-21所示。

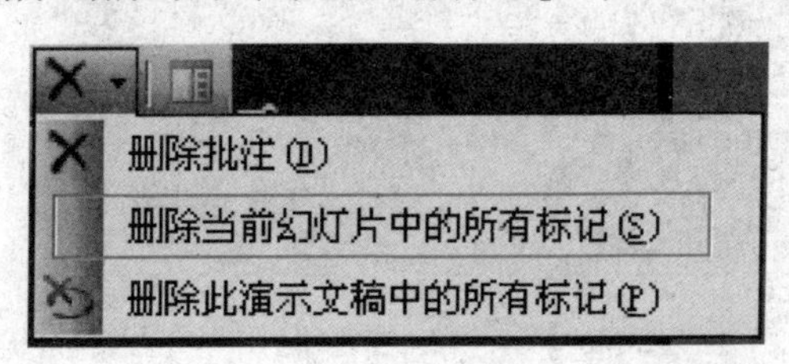

图8-21 删除列表

8.3.3 合并修改原演示文稿

利用比较合并演示文稿功能来实现演示文稿的修订，具体操作步骤如下：

步骤 1 在已打开的演示文稿中选择【工具】→【比较并合并演示文稿】菜单命令，打开【选择要与当前演示文稿合并的文件】对话框，如图 8-22 所示。

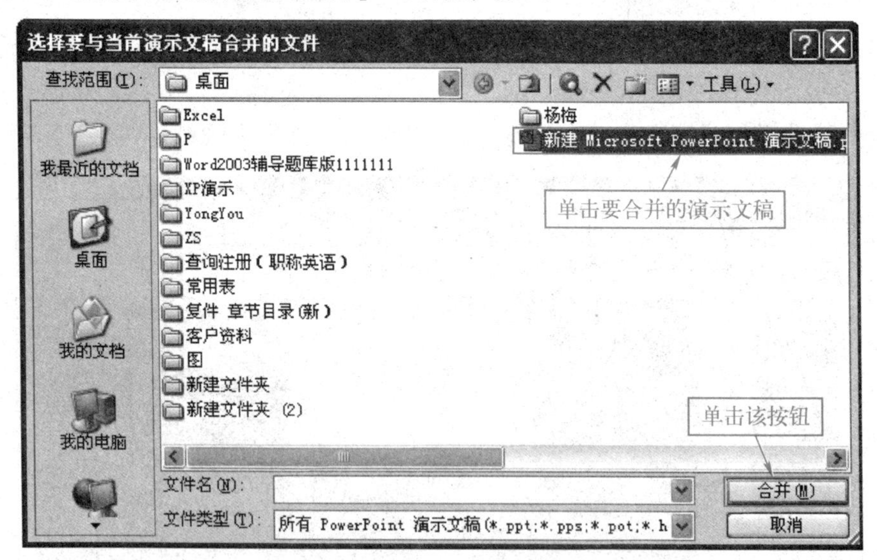

图 8-22 【选择要与当前演示文稿合并的文件】对话框

步骤 2 选择要合并的演示文稿。

步骤 3 单击【合并】按钮，在幻灯片窗口中显示【审阅】工具栏及【修订】面板，如图 8-23 所示，在【修订】面板中可以修改两篇演示文稿的差异。

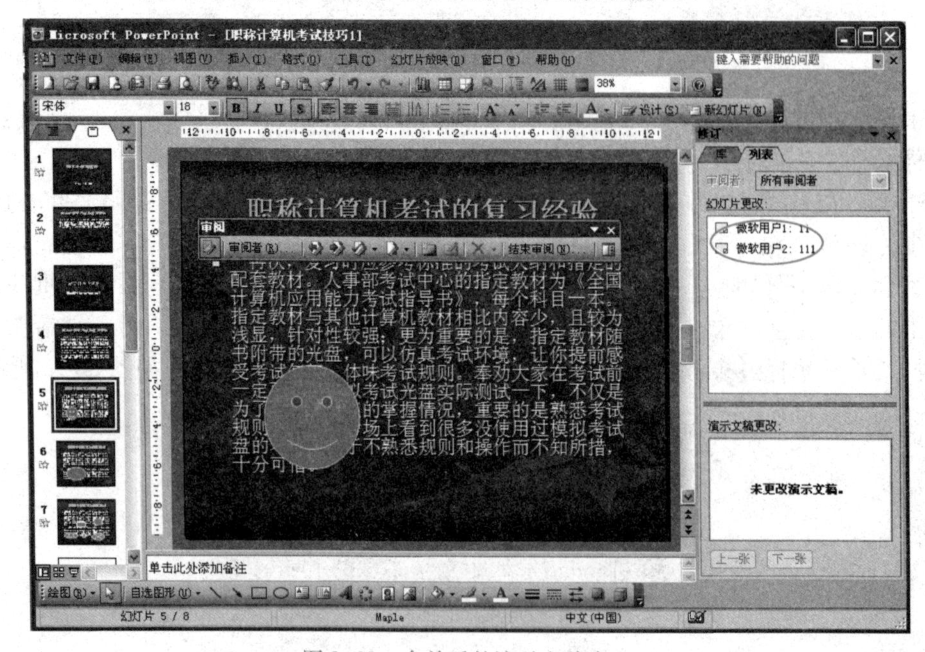

图 8-23 合并后的演示文稿窗口

8.3.4 查看修订信息

如果要查看修订的信息，具体操作步骤如下：

步骤1 单击审阅人对幻灯片对象的修改项目。

步骤2 选中接受的修改项目，如图 8-24 所示。

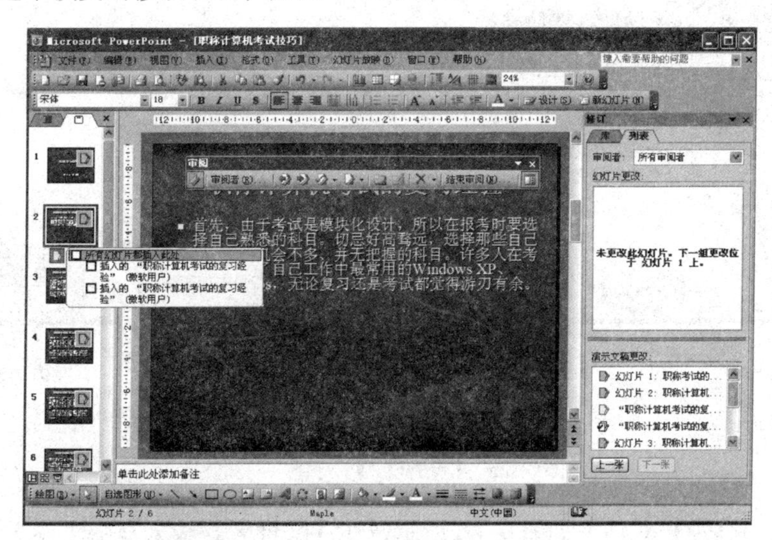

图 8-24 查看并接受修订信息项

8.3.5 结束审阅

只有在将已审阅的演示文稿与原始演示文稿合并之后，才可以结束审阅。结束审阅的方法很简单，直接在【审阅】工具栏中单击【结束审阅】按钮即可。尽管可以在审阅过程中的任何时刻将已审阅的演示文稿与原始演示文稿合并，但是一旦选择结束审阅任务，就无法再将已审阅的演示文稿与原始演示文稿进行合并。

8.4 在 Web 网上工作

8.4.1 保存演示文稿并发布为网页

在 PowerPoint 2003 中可以将制作好的演示文稿保存为网页的形式将其发布。例如，将“环保与绿化”演示文稿保存为网页的形式，网页的标题名称为“环保”，具体操作步骤如下：

步骤1 选择【文件】→【另存为】菜单命令，打开【另存为】对话框。

步骤2 在【保存类型】下拉列表框中选择【网页(*. htm; *. html)】选项，如图 8-25 所示。

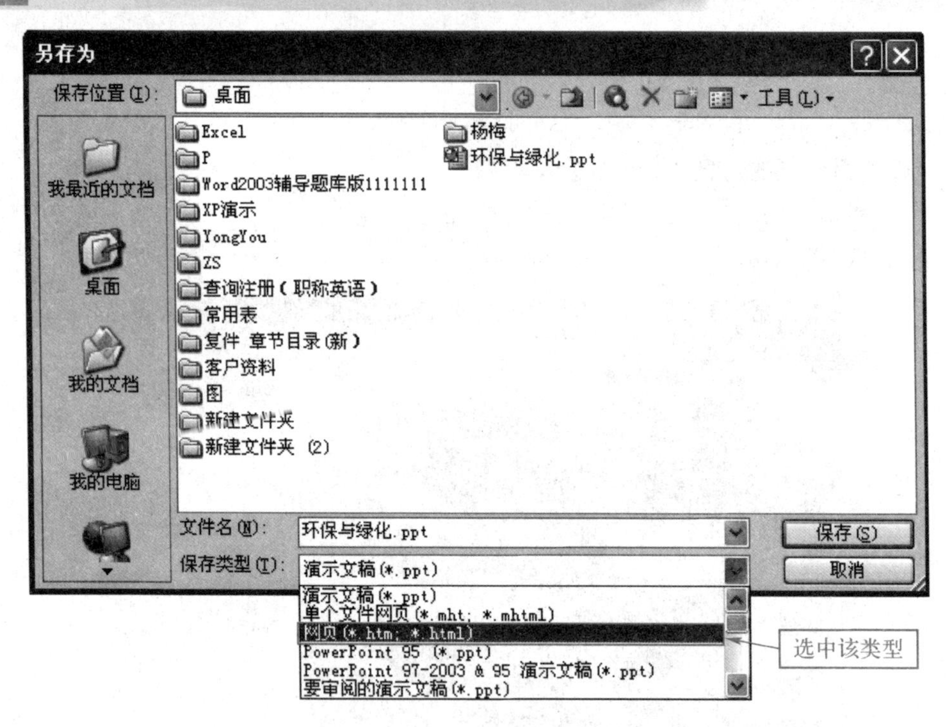

图 8-25 【保存类型】下拉列表框

步骤3 【另存为】对话框如图 8-26 所示，在【文件名】输入框中输入文件名称。

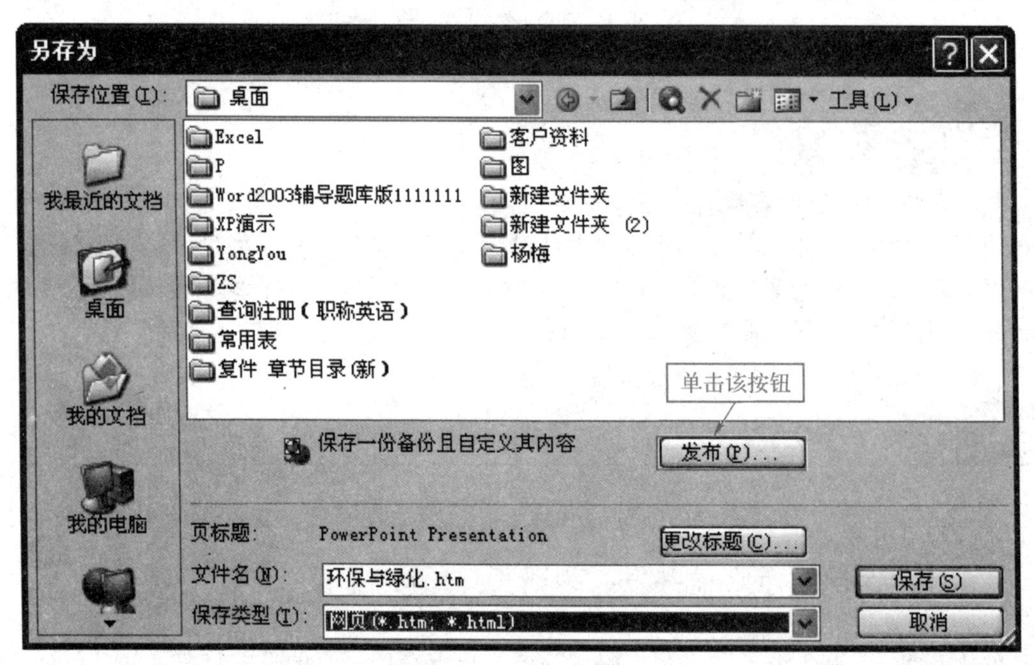

图 8-26 【另存为】对话框

步骤4 单击【发布】按钮，打开【发布为网页】对话框，如图 8-27 所示。

步骤5 根据需要设置发布的内容、浏览器支持版本等。

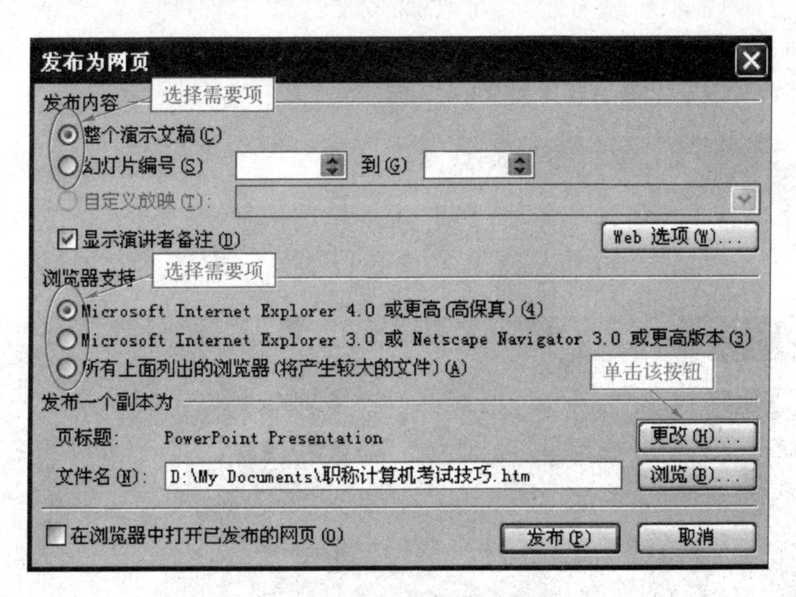

图 8-27 【发布为网页】对话框

步骤 6 单击【更改】按钮，打开【设置页标题】对话框，在【页标题】文本框中输入网页使用的标题“环保”，如图 8-28 所示。

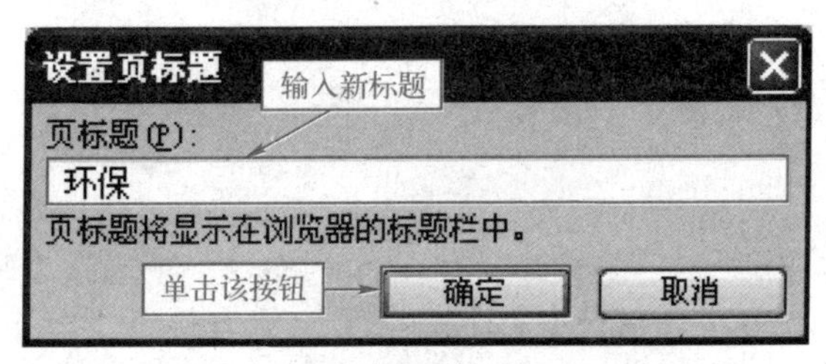

图 8-28 【设置页标题】对话框

步骤 7 单击【浏览】按钮更改存盘的位置。

步骤 8 单击【发布】按钮，发布完成后的 Html，如图 8-29 所示。

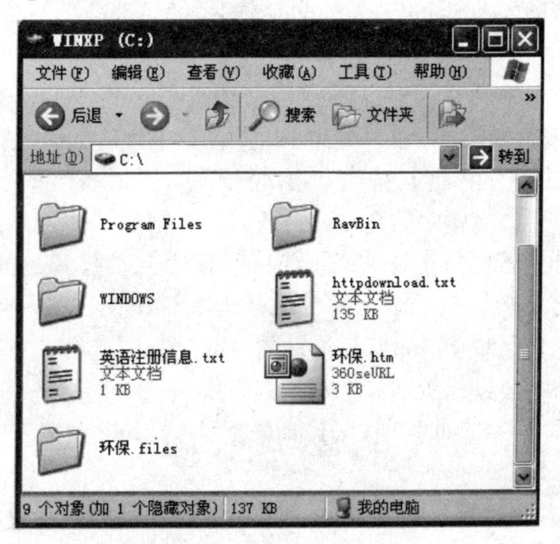

图 8-29 发布后的演示文稿

发布成网页的演示文稿将由一个 Html 文件和一个与之同名的文件夹构成，如图 8-29 所示。用浏览器打开演示文稿的效果如图 8-30 所示。

图 8-30　利用浏览器打开发布后的演示文稿

8.4.2　共享工作区

共享工作区是一个 Microsoft Windows SharePoint Services 网站，【文档工作区】和【会议工作区】是特殊类型的共享工作区。【文档工作区】是为共同处理某个文档的小组设计的，而【会议工作区】是集中一个或多个会议的所有信息和资料的网站。

【共享工作区】任务窗格的使用方式与 Microsoft Office 程序中的查看器相似，可查看共享工作区的各个部分而无需打开 Web 浏览器。无论文档库是文档工作区、会议工作区的一部分，还是其他某些 Windows SharePoint Services 网站的一部分，只要打开文档库中的文档，即可使用该任务窗格。

只有在打开了文档库中的文档时，不支持文档工作区的 Microsoft Office 程序才会显示【共享工作区】任务窗格。在这些程序中，如果关闭了【共享工作区】任务窗格，可通过在【工具】菜单中单击【共享工作区】按钮来再次打开它。

默认情况下，在打开文档库中的文档或打开以共享附件形式发送的文档时，【共享工作区】面板也将同时打开。若要防止【共享工作区】面板自动打开，可选择【工具】→【选项】菜单命令，单击【常规】选项卡上的【服务选项】按钮，然后在【共享工作区】类别中，清除【该文档是工作区或 SharePoint 网站的一部分】复选框。

创建文档工作区的具体操作步骤如下：

步骤 1　选择【工具】→【共享工作区】菜单命令，打开【共享工作区】面板，如图 8-31 所示。

步骤 2　在【新工作区位置】列表中输入工作区所在的网站地址，单击【创建】按钮。PowerPoint 2003 创建的过程中会出现一个提示对话框。

步骤3 认证登录网站的身份。

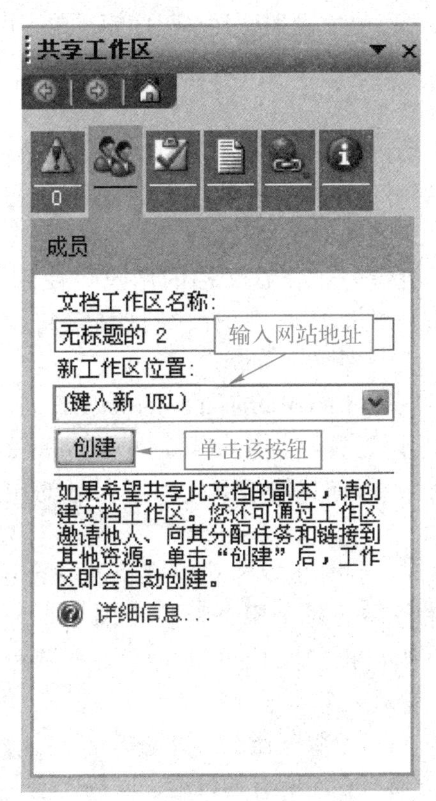

图 8-31 【共享工作区】面板

8.4.3 召开联机会议

Microsoft Windows NetMeeting 集成在 Microsoft Office 中，不同地点的用户可以实时地进行联机会议。当通过 Office 程序开始联机会议时，NetMeeting 将自动在后台启动，以便共享文档的内容。开始联机会议之后，用户可共享程序和文档、通过闲谈发送文本消息、传送文件，并通过白板进行工作。

用户既可主持联机会议，又可应邀参加会议。联机会议主持人和所有参加人的计算机上都必须安装 NetMeeting，但只有主持人需要具有共享文档并安装其相应的程序。另外，主持人应确保所有参加人都知道会议将使用哪个目录服务器，并且可以访问该服务器。

要安排一个联机会议的具体操作步骤如下：

步骤1 选择【工具】→【联机协作】→【现在开会】菜单命令，打开【NetMeeting】的呼叫列表对话框。

步骤2 在【找到某人】对话框中选择目录服务器。

步骤3 选中呼叫对象，单击【呼叫】按钮，进入呼叫等待状态。

步骤4 等待对方在计算机上单击【接受】按钮，进入通信状态。

步骤5 根据需要启动相应的服务。

步骤6 利用 NetMeeting 可以完成聊天、共享程序额、弟子白板、文件传输等服务。

8.4.4 Web 讨论

Web 讨论功能使用户能够将备注附加到网页或可用浏览器打开的任何文档上（如 . htm、. xls、. doc 和 . ppt 文件），以便备注与文档一同显示，但却存储在讨论服务器上。

讨论是按讨论线索进行组织的。查看文档的用户可使用【Web 讨论】工具栏查看并答复任何讨论。用户随后可根据所收到的反馈信息审阅讨论内容，并将更改合并到文档中。

拥有讨论权限的所有用户均可在 Microsoft Internet Explorer 中打开文档并使用 Internet Explorer 中的【Web 讨论】工具栏。Microsoft PowerPoint 的用户还可使用这些应用程序中的【Web 讨论】工具栏。所有其他 Office 应用程序的用户则必须使用 Internet Explorer。

当向文档添加讨论备注时，讨论的文本内容存储在一台讨论服务器的数据库中。所讨论的文档可能与用于存储备注的讨论服务器位于同一台计算机上，但也可能不在一台服务器上。事实上，用户所讨论的文档可以位于用户所在的 LAN 或 Internet 上的任意位置。

如果所讨论的文档位于一台讨论服务器上，讨论备注将自动存储在该服务器上。尽管如此，用户可通过指定特定服务器来存储所有的讨论，以替代这一行为。此时，如果要查看其他人创建的讨论，用户需要切换到另一台讨论服务器。

8.5 PowerPoint 与 Word 协同工作

在 Office 办公系列软件中，PowerPoint 专门用来制作演示类的电子文稿，同样可以将 Word 文档或 Excel 工作表插入到 PowerPoint 幻灯片中，Word、Excel、PowerPoint 等程序是可以与任何 Windows 应用程序交换和共享信息的。例如，打开和编辑来自其他应用程序的文件，在不同的程序之间进行数据交换，以链接或嵌入方式接收各种信息等。另外，Office 程序之间也可以相互协作，大大提高了办公效率，使用户在办公过程中能够更加轻松、快捷地完成工作。

8.5.1 在 Word 中使用 PowerPoint 文档

Word 中提供了几种将 PowerPoint 信息插入到 Word 文档中的方法。例如，用户可以方便地复制或粘贴文字或图形，或者向 Word 发送演示文稿，然后进行修改、打印或分发；可用 PowerPoint 输出讲义、幻灯片、大纲或全部演示文稿，也可以将幻灯片或全部演示文稿作为链接对象或嵌入对象插入。

将演示文稿内容发送到 Word 中编辑的具体操作步骤如下：

步骤 1　选择【文件】→【发送】→【Microsoft Office Word】菜单命令，打开【发送到 Microsoft Office Word】对话框，如图 8-32 所示。

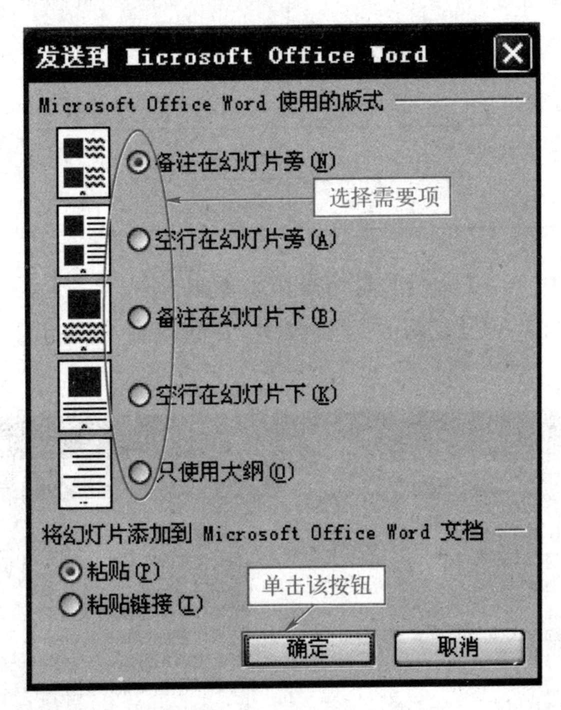

图 8-32　【发送到 Microsoft Office Word】对话框

步骤 2　根据需要选择发送的内容与形式。

步骤 3　单击【确定】按钮，发送到 Word 中。

8.5.2　在 PowerPoint 中使用 Word 文档

在 PowerPoint 中使用复制粘贴命令的缺点在于 PowerPoint 不能按照 Word 文档的大纲结构自动转换成相互独立的幻灯片，而要用户自己手动去操作。

在 PowerPoint 中的【插入】主菜单中有一个【幻灯片（从大纲）】命令，利用该命令 PowerPoint 可以自动地根据 Word 文档的大纲结构快速创建多张幻灯片，效率远高于第一种方式。但是利用该方法的前提条件是，必须为 Word 文档的各个标题指定相应级别的标题样式，表 8-1 是导入的 Word 文档和用该文档创建的演示文稿之间级别的对应规律。

表 8-1　Word 文档及其演示文稿的对应规律

Word 文档中的级别	转换为 PowerPoint 后对应的级别
一级标题样式	演示文稿中的幻灯片标题
二级标题样式	幻灯片正文一级段落

（续）

Word 文档中的级别	转换为 PowerPoint 后对应的级别
三级标题样式	幻灯片正文二级段落
四级标题样式	幻灯片正文三级段落
五级标题样式	幻灯片正文四级段落
六至九级标题样式	幻灯片正文五级段落
无级别的其他样式	在幻灯片中不显示

在 PowerPoint 中使用 Word 文档的具体操作步骤如下：

步骤 1 选择【插入】→【幻灯片（从大纲）】菜单命令，打开【插入大纲】对话框，如图 8-33 所示。

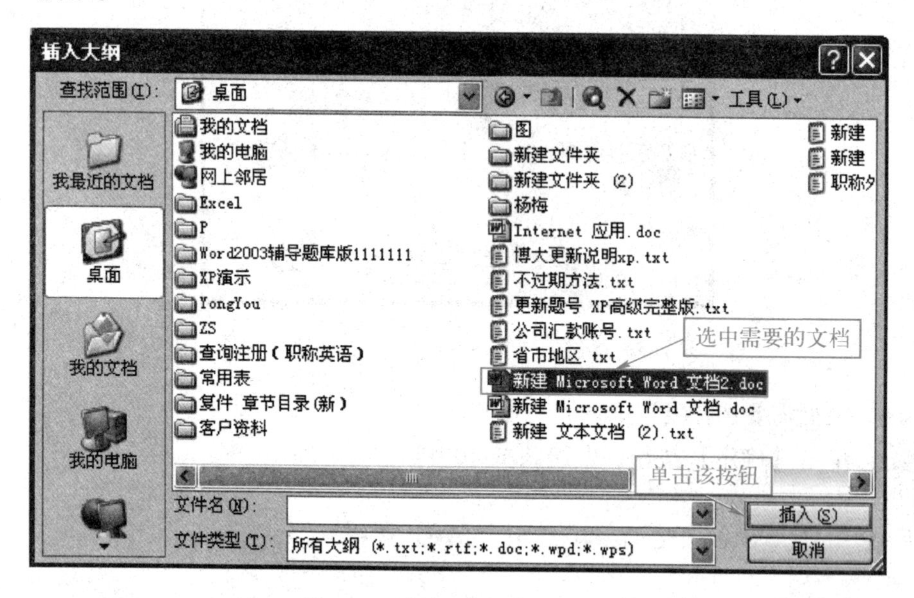

图 8-33 【插入大纲】对话框

步骤 2 选中带有大纲的 Word 文档。

步骤 3 单击【插入】按钮，返回 PowerPoint 主窗口，可以看到 Word 文档已导入 PowerPoint 中，而且 PowerPoint 自动根据 Word 文档中的标题样式级别生成了多张幻灯片，如图 8-34 所示。

在 PowerPoint 中使用 Word 文档，还可以使用直接打开法。具体操作步骤如下：

步骤 1 启动 PowerPoint 后，选择【文件】→【打开】菜单命令，打开【打开】对话框。

步骤 2 在【文件类型】下拉列表框中选择【所有文件】选项，然后定位至 Word 文档的存放位置，双击该 Word 文档后，Word 文档便在 PowerPoint 中打开。这种方法也会和上述方法一样，按照级别对应规律创建多张幻灯片。唯一的差别是，该方法创建的第一张幻灯片不是空白的。

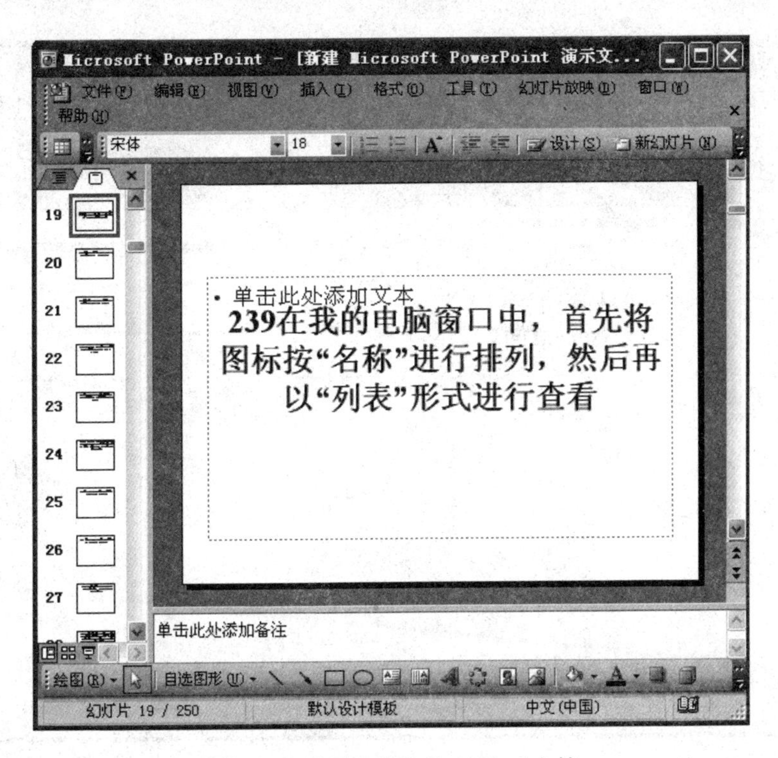

图 8-34 演示文稿中导入 Word 文档

8.6 PowerPoint 与 Excel 协同工作

在 PowerPoint 中还可以使用【插入】命令来创建图表，而实质上使用该方法创建的图表是借助 Excel 来完成的。

8.7 PowerPoint 与 Outlook 协同工作

Microsoft Outlook 是一个集成的桌面信息管理程序，可用于发送邮件，为会议、时间及约会制定时间表，存储通讯录，维护自己任务清单并给他人分配任务，跟踪各项操作。

Outlook 任务是指任何个人的或相关的工作，或是列在 Outlook 任务清单上要跟踪其完成情况的工作。用户可以在当前的 PowerPoint 文档中将某些任务添加到 Outlook 的任务清单中。例如，如果需要在某天前审阅一个演示文稿，就可以在 PowerPoint 中打开该幻灯片，再将审阅文稿作为一项任务添加到 Outlook 任务清单中，然后将任务从 Outlook 上分配给其他人员并跟踪这些任务的完成进度。

将已制作好的演示文稿发送给审阅者的具体操作步骤如下：

步骤 1 选择【文件】→【发送】→【邮件收件人（审阅）】菜单命令，打开 Outlook 写信窗口，如图 8-35 所示。

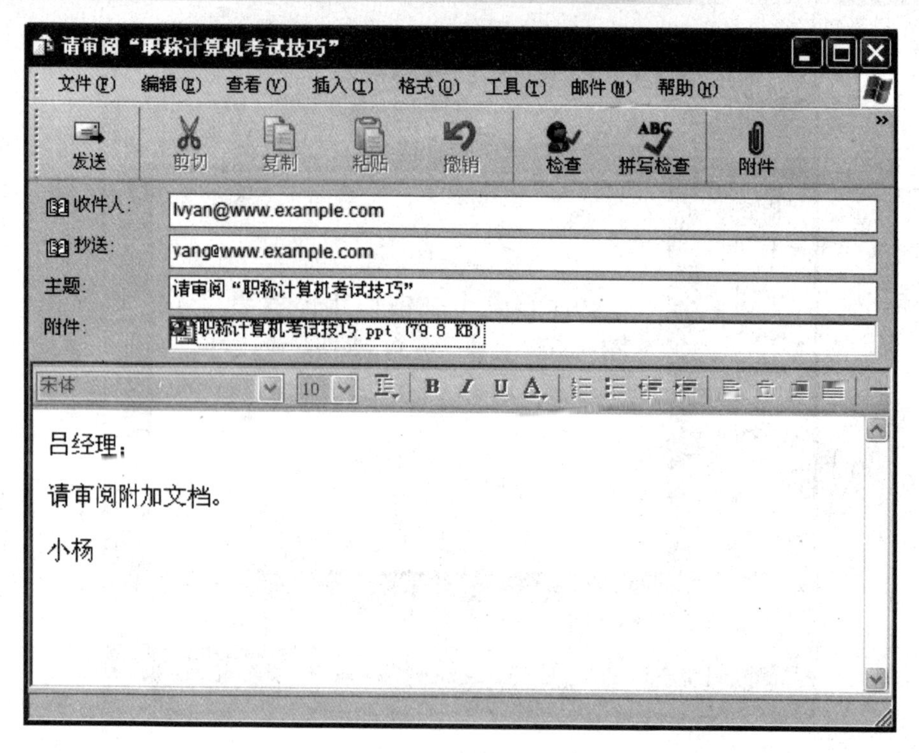

图 8-35　Outlook 写信窗口

步骤 2 PowerPoint 2003 将自动填写邮件中的主题、附件信息及一个【请审阅】的跟踪标记。

8.8 上机练习

1. 在当前演示文稿中查看所选剪贴画的属性，然后关闭对话框。将它复制到“我的收藏集”中的“收藏夹”。
2. 将当前演示文稿作为单个文件网页发布，要求在浏览器中浏览。
3. 设置当前演示文稿在保存时在文件属性中保存个人信息。
4. 打开当前文档，打开密码为 123，修改密码为 456，并删除演示文稿的所有权限密码。
5. 将当前演示文稿的作者改为“Inu”，单位为“长春天宇”。
6. 在当前演示文稿中，使用信息检索功能，将中文词“游戏”翻译成英文。
7. 列出单词“object”的同义词库。
8. 检索单词“总结”的所有资料。
9. 首先录制一个名为“我的宏”的宏（不要求给出具体操作序列，只要求模拟其录制过程），然后再删除它。
10. 首先删除名为“宏 2”的宏，然后运行名为“宏 3”的宏。
11. 将当前演示文稿宏的安全性设置为最高级别。

12. 设置当前演示文稿的宏的安全性为“只允许运行可靠来源签署的宏”。

13. 在当前演示文稿中合并另外两个演示文稿“plan. ppt”和“蓝图 . ppt”，要求：一次把两个演示文稿合并到当前演示文稿，并把两个演示文稿的所有幻灯片都插入到当前演示文稿的前面。

14. 删除当前幻灯片中的批注。

15. 另存演示文稿为单个文件网页格式，文件名为“我的文稿”，其余保持默认。

16. 添加“阿尔巴尼亚语”为 Office 的工作语言。

17. 定义 Microsoft Office 应用程序默认的语言为“中文（繁体）”。

18. 将当前演示文稿另存为单个文件网页，并且发布到第 2 张到第 3 张幻灯片，其他选项默认。

19. 将当前演示文稿作为单个文件网页发布，要求支持尽可能多的浏览器类型，并在浏览器中打开已发布的网页。

上机操作提示（具体操作请参考随书光盘中【手把手教学】第 8 章 01～19 题）

1. 步骤1 将鼠标移动到第 2 行第 1 列图片上，单击图片右侧的下拉箭头，在弹出下拉菜单中选择【预览/属性】命令，打开【预览/属性】对话框，单击【关闭】按钮。

步骤2 单击图片右侧的下拉箭头，在弹出下拉菜单中选择【复制到收藏集】命令，打开【复制到收藏集】对话框。

步骤3 单击【收藏集】，单击【确定】按钮。

2. 步骤1 选择【文件】→【另存为网页】菜单命令，打开【另存为】对话框。

步骤2 单击【发布】按钮，打开【发布为网页】对话框。

步骤3 取消已选中【在浏览器中打开已发布的网页】复选框。

步骤4 单击【发布】按钮。

3. 步骤1 选择【工具】→【选项】菜单命令，打开【选项】对话框。

步骤2 单击【安全性】选项卡，取消已选中【保存时从文件属性中删除个人信息】复选框。

步骤3 单击【确定】按钮。

4. 步骤1 双击【中国茶文化 . ppt】演示文稿。

步骤2 在【输入密码以打开文件】文本框中输入“123”，单击【确定】按钮。

步骤3 在【密码】文本框中输入“456”，单击【确定】按钮。

步骤4 选择【工具】→【选项】菜单命令，打开【选项】对话框。

步骤5 拖动鼠标选中【打开权限密码】文本框中的密码，按〈Delete〉键。

步骤6 拖动鼠标选中【修改权限密码】文本框中的密码，按〈Delete〉键。

步骤7 单击【确定】按钮。

5. 步骤1 选择【文件】→【属性】菜单命令，打开【属性】对话框。

步骤2 在【作者】文本框中输入“Inu”，在【单位】文本框中输入“长春天宇”。

步骤3 单击【确定】按钮。

6. 步骤1 选择【工具】→【信息检索】命令菜单。

步骤2 在【信息检索】面板的【搜索】文本框中输入“游戏”，单击【信息检索】列表框，在弹出的列表中选择【翻译】，单击【翻译】。

7. 步骤1 选择【工具】→【信息检索】菜单命令。

步骤2 在【信息检索】面板的【搜索】文本框中输入“object”，单击【开始搜索】按钮，单击【同义词库：英语（美国）】。

8. 步骤1 选择【工具】→【信息检索】菜单命令。

步骤2 在【信息检索】面板的【搜索】文本框中输入“总结”，单击【信息检索】列表框，在弹出的列表中选择【所有参考资料】。

9. 步骤1 选择【工具】→【宏】→【录制新宏】菜单命令，打开【录制新宏】对话框。

步骤2 在【宏名】文本框中输入“我的宏”，单击【确定】按钮。

步骤3 选择【工具】→【宏】→【宏】菜单命令，打开【宏】对话框。

步骤4 单击【删除】按钮，打开提示对话框。

步骤5 单击【删除】按钮。

10. 步骤1 选择【工具】→【宏】→【宏】菜单命令，打开【宏】对话框。

步骤2 单击【宏名】列表下的【宏2】，单击【删除】按钮，打开提示对话框。

步骤3 单击【删除】按钮。

步骤4 选择【工具】→【宏】→【宏】菜单命令，打开【宏】对话框。

步骤5 单击【宏名】列表下的【宏3】，单击【运行】按钮。

11. 步骤1 选择【工具】→【宏】→【安全性】菜单命令，打开【安全性】对话框。

步骤2 选中【非常高】单选按钮。

步骤3 单击【确定】按钮。

12. 步骤1 选择【工具】→【宏】→【安全性】菜单命令，打开【安全性】对话框。

步骤2 选中【高】单选按钮。

步骤3 单击【确定】按钮。

13. 步骤1 选择【工具】→【比较合并演示文稿】菜单命令，打开【选择要与当前演示文稿合并的文件】对话框。

步骤2 拖拽鼠标选中【plan. ppt】和【蓝图 . ppt】，单击【合并】按钮。

步骤3 在弹出的对话框中单击【继续】按钮。

步骤4 单击【查看插入此处的所有幻灯片】按钮，在弹出的列表中选择【所有幻灯片都插入此处】。

14. 步骤 在幻灯片中的批注上单击鼠标右键，在弹出的快捷菜单中选择【删除批注】命令。

15. 步骤1 选择【文件】→【另存为网页】菜单命令，打开【另存为】对话框。

步骤2 单击【更改标题】按钮，打开【输入文字】对话框。

步骤3 将【页标题】文本框中的内容修改为“我的文稿”，单击【确定】按钮。

步骤4 单击【保存】按钮。

16. 步骤1 选择【开始】→【所有程序】→【Microsoft Office】→【Microsoft Office

2003 语言设置】，打开【Microsoft Office 2003 语言设置】对话框。

步骤2 单击【阿尔巴尼亚语（有限支持）】，单击【添加】按钮，单击【确定】按钮。

步骤3 单击【确定】按钮。

17. 步骤1 选择【开始】→【所有程序】→【Microsoft Office】→【Microsoft Office 工具】→【Microsoft Office 2003 语言设置】，打开【Microsoft Office 2003 语言设置】对话框。

步骤2 单击【请选择定义 Microsoft Office 应用程序默认方式的语言】列表框，在弹出的列表中选择【中文（繁体）】，单击【确定】按钮。

步骤3 单击【继续并丢失自定义设置】按钮，单击【确定】按钮。

18. 步骤1 选择【文件】→【另存为】菜单命令，打开【另存为】对话框。

步骤2 单击【保存类型】列表框，在弹出的下拉列表框中选择【单个文件网页】选项，单击【发布】按钮，打开【发布为网页】对话框。

步骤3 将【幻灯片编号】数值框中的内容修改为"2"，将【到】数值框中的内容修改为"3"。

步骤4 单击【发布】按钮。

19. 步骤1 选择【文件】→【另存为网页】菜单命令，打开【另存为】对话框。

步骤2 单击【发布】按钮，打开【发布为网页】对话框。

步骤3 单击【Web 选项】按钮，打开【Web 选项】对话框。

步骤4 单击【浏览器】选项卡，单击【查看此网页时使用】列表框，在弹出的列表中选择【Microsoft Internet Explorer 3.0，Netscape Navigator 3.0 或更高】，单击【确定】按钮，返回到【发布为网页】对话框，选中【在浏览器中打开已发布的网页】复选框。

步骤5 单击【发布】按钮。